L'Afrique face au défi de la technoscience

Histoire et Enjeux

Écrire l'Afrique

Collection dirigée par Denis Pryen

Romans, récits, témoignages littéraires et sociologiques, cette collection reflète les multiples aspects du quotidien des Africains.

Dernières parutions

Vicky Mujinga KALAMBAY, *Bilonda. Une écolière face à son destin*, 2013.
Obambé GAKOSSO, *Les malades précieux*, 2013.
Ano NIANZOU, *Sous les bombes de Char-kozy*, 2013.
Francine NGO IBOUM, *Fleur brisée*, 2013.
Lang Fafa DAMPHA, *African Aliens*, 2013.
Claude-Ernest NDALLA, *Le Gourou. Une imposture congolaise*, 2013.
Salvator NAHIMANA, *Angélique Gisèle Nshimirimana. Mon homme m'aurait mangée toute crue. Edition bilingue kirundi-français*, 2013.
Aboubacar LANKOANDE, *La palabre des Calaos*, 2013.
Christian ROCHE, *Amaï. Amour et rébellion en Casamance*, 2013.
Giovanni MELEDJE, *Scandales d'amour*, 2013.
Maxime OUARO, *Boro*, 2013.
Martin KAPTOUOM, *Promesse africaine. Parole d'immigré*, 2013.
Sidi ZAKARI, *Un élu du peuple*, 2013
Géraldine Ida BAKIMA POUNDZA, *Le retour en France des expatriés. De Conakry à Paris*, 2013.
José THISUNGU, *Les chantiers intimes*, 2013.
Djibril SALAM, *Au bonheur des damnés*, 2013.
Denis BOMBA-NKOLO, *Le rêve du Pygmée Oyoa-Baka*, 2013.
Jema DAZOABA SILA, *Bons vents*, 2012.
Fweley DIANGITUKWA, *Notre vie est un mystère. Cette chambre-là May*, 2012.
Cyriaque MUHAWENAYO, *La guerre des nez au Burundi. Je l'ai vue et vécue*, 2012.
Élie MAVOUNGOU, *Incertitudes*, 2013.
Serge FINIA Buassa, *Une semaine mémorable. Qui a tué Laurent-Désiré Kabila ?*, 2012.

Baudouin Mwamba Mputu

L'Afrique face au défi de la technoscience

Histoire et Enjeux

L'Harmattan

Autres publications :

Hommage à Ki-Zerbo, sous la direction de Kambayi Bwatshia, Kinshasa, Eugemonia, 2007.

Histoire des rivalités franco-belges au Congo, de Léopold II à Mobutu, Paris, Bayanda, 2008.

Le Congo-Kasaï (1865-1950). De l'exploration allemande à la consécration de Luluabourg, Paris, L'Harmattan, 2011.

Pages d'histoire des relations et institutions internationales. Notes de cours, Kinshasa, Editions de l'Odyssée, 2013.

5-7, rue de l'École-Polytechnique, 75005 Paris

http://www.librairieharmattan.com
diffusion.harmattan@wanadoo.fr
harmattan1@wanadoo.fr

ISBN : 978-2-343-01437-1
EAN : 9782343014371

« En Afrique, lorsqu'un vieillard meurt,
c'est une bibliothèque qui brûle ». (Amadou Hampâté Bâ)

Je dédie ce livre à Christina Gazque.

AVANT-PROPOS

En Afrique, science et technique n'évoluent pas du tout à cause de l'inexistence de la sociologie de la connaissance. L'histoire des sciences et l'épistémologie n'ayant pas des repères, le processus du changement technique manque son cadre de dévolution. Cet immobilisme est la conséquence non seulement de l'absence de l'esprit scientifique, mais de l'incapacité à construire la science, à la rendre matérielle et institutionnelle. En Afrique le savoir étant tributaire de mémoire collective, des compilations cognitives archivées par des générations antérieures font défaut. Les universités africaines ne sont pas à mesure d'élaborer des schèmes, paradigmes ou principes capables de révolutionner la recherche et l'adapter aux réalités de leur environnement. Cet élan manque aux Africains comparativement à ce que les Européens ont produit depuis l'époque de la Renaissance (15e siècle).

En ce qui concerne la recherche scientifique, l'Afrique devra emprunter sa propre voie, bien qu'en faisant recours aux substrats occidentaux. Certes, elle ne saura pas s'adapter au projet de la technoscience qui consiste à modifier la Nature avec une technique sanctifiée. L'homme africain ne doit plus continuer à limiter la recherche historique aux thèmes considérés comme classiques et intangibles. Car, l'histoire de l'Occident ne donne que des références, loin d'être une histoire globale.

Les penseurs africains, dans le souci d'enrichir l'histoire des techniques africaines, n'ont essayé que d'étayer avec probabilité quelques savoirs endogènes de manière anachronique en dépit de quoi se dégage une profonde pauvreté scientifique. En conséquence, l'histoire africaine demeure toujours essentiellement fondée sur l'oralité incapable de réunir l'unanimité et difficilement transmissible. Les règles de ces savoirs sont disparates : aucune formule expérimentale fondée sur des formules mathématiques. Ce facteur exclut donc l'Afrique au projet de la technoscience.

L'homme africain, au lieu de pénétrer dans les lois naturelles, les décrypter et les codifier, se contente de ce qu'il appelle « ethnoscience », l'ensemble des savoirs traditionnels transmis de génération en génération. Or il se pose la question fondamentale des mécanismes d'unification de tous ces savoirs endogènes ethnie par ethnie, tribu par tribu, clan par clan, étant donné l'existence d'une diversité remarquable des connaissances ainsi que l'absence de rationalités. En bref, l'homme africain, indépendamment de la science, continue de tirer sa substance dans la Nature en considérant toujours la technique comme son propre prolongement.

De son côté, la culture africaine, basée sur des valeurs humanistes, ne rime pas avec la civilisation technicienne. Mais, une telle culture associée aux ingrédients d'un modernisme raisonné, trouverait bien sa place dans la civilisation de l'universel. Voilà le fond du problème. La nature africaine ne privilégie point une « technologie ostentatoire » comme trame de survie. Elle a besoin des techniques de pointe, certes, mais qui concourent au développement durable de son espace matériel, culturel et spirituel. L'Afrique n'adule pas le dieu-Technique jusqu'à se laisser bercer dans une technolâtrie viscérale. Elle n'a pas du tout besoin de pénétrer dans le circuit du tape-à-l'œil. L'Afrique a surtout besoin d'une science consciente et responsable, celle qui animera son souffle et assurera le bien-être collectif.

Première partie

NATURE, TECHNIQUE ET SOCIÉTÉ

Une triade d'interférence et d'harmonie

I. DU FONDEMENT NATUREL DE LA TECHNIQUE
Émergence socio-technique entre la Nature et le vivant

Démontrer une représentation de la Nature dans les sociétés humaines est un travail vaste, fascinant et extrêmement complexe. Les sentiments naturels sont différemment exprimés suivant les régions, les peuples et les civilisations[1]. Parfois leurs spécificités divergent et parfois elles se rapprochent sur un point ou sur un autre.

Une société étant un système exclusivement humain, nombre d'anthropologues et sociologues ont déployé de grands efforts pour trouver ses racines dans la Nature. Les uns l'ont considérée comme un ordre triomphant du désordre, celui-ci généralement animal ; pour les autres, il ne s'agit que d'un groupe structuré, hiérarchisé, où les hommes entretiennent des rapports d'indépendance. Mais selon les observations de certains penseurs, comme Serge Moscovici[2], si l'homme est arrivé autrement que la majorité des êtres vivants à instaurer la société en tant que système naturel, il n'a pas pour autant accompli un acte exceptionnel, il a suivi une tendance connue de tous. Selon cet auteur, la plupart des espèces se donnent une organisation collective afin de pouvoir maîtriser leur environnement, par exemple régler le volume de la population, pallier les déséquilibres éventuels avec le milieu favorable à la survie, etc.

L'être humain, en tant qu'animal pensant, se démarque de tout ce qui lui approche des autres espèces vivantes en matière d'organisation. Après avoir développé les techniques du corps, il découvre celles de l'esprit pour façonner son milieu. Cette caractéristique fait état d'une certaine faiblesse dont il serait doué dans son essence, livré à une lutte continuelle pour se maintenir face à un environnement en mal d'agressivité. C'est cet environnement assez superflu qu'on appelle « Nature[3]». Mais pour la préciser et la situer, les penseurs utilisent souvent le terme de "Cosmos" qui, en lui-même, signifie un univers

---

[1] On peut lire à ce sujet le remarquable ouvrage publié sous la direction de Dominique BOURG, *Les sentiments de la nature*, Paris, La Découverte, 1993, 246 pages.

[2] Serge MOSCOVICI, *La société contre nature*, Paris, Union générale d'éditions, 1969, pp. 27-37.

[3] Dans cet ouvrage, je prends le soin d'introduire une distinction entre Nature et nature. La première, dotée d'un N (majuscule), est créatrice et providentielle, tandis que la seconde - avec n (minuscule), est simplement domestique, écologique. On dira, par exemple : les lois de la Nature, l'ordre de la Nature, la nature de l'homme, la nature des espèces vivantes, l'état de nature, etc.

ordonné selon sa juste proportion, et ordonnancé à la fois d'une façon si rigoureuse qu'il présente à la fois le positif et le négatif, incarne la beauté et l'affreux, et "respire" l'harmonie et le chaos.

Pour se libérer des contraintes chaotiques, l'homme clame son indépendance vis-à-vis de la Nature. Il se confie ainsi à la technique prometteuse des possibilités de lui frayer des voies susceptibles de le conduire au-delà de sa condition. Celle-ci s'associe à l'homme et les deux forment une nature dans la Nature. Cette vision ne met nullement en cause la maîtrise technique reconnue aux autres espèces vivantes, nous le verrons plus bas. La particularité chez l'être humain est d'avoir attendu de la technique un total salut l'arrachant à lui-même d'une manière progressive. Il s'agit d'une véritable mission eschatologique dont celle-ci se charge, mission en vertu de laquelle la "ruse" consiste à se présenter comme une conquête de la Nature, dirigée par un progrès libérateur.

Les contraintes naturelles sont comme le courant d'un fleuve difficile à remonter. Elles placent l'homme dans l'immobilisme et, parfois, le déroutent, l'exposent à l'embarras et à l'incertitude. Leurs manifestations momentanées, le miroitement de leurs volutes que sont les souffrances et les tracasseries, n'ont pas cessé d'obséder les romanciers, les artistes et surtout les savants qui cherchent à trouver des solutions aux problèmes du monde.

Afin d'appréhender le phénomène des contraintes, réalité aussi vaste qu'un océan et aussi permanente que l'air qu'on respire, il convient de le saisir en termes de force, l'étudier et le mesurer comme une force naturelle parmi tant d'autres. Et puisque toutes les forces se meuvent souvent en dialectique les unes vis-à-vis des autres, l'identification de la technique libératrice saute naturellement dans celle qui affronte le courant des eaux, finissant par conduire l'homme à sa destinée.

Je veux dire par-là que devant ce phénomène des contraintes qui caractérise le milieu humain, existe une autre réalité infiniment plus grande qu'est la technique. Contrairement à la science qui a émergé particulièrement de l'homme, la technique tire son origine dans la nature des espèces vivantes. L'éthologie, la botanique, la zoologie et la géographie humaine ayant déjà préparé la voie, ma tentative sera de montrer comment l'homme a domestiqué et standardisé la technique. Ces disciplines sont parvenues à composer une image relativement claire du dynamisme des espèces vivantes.

L'éthologie, en tant que science du comportement animal, permet de découvrir certaines facultés singulières dotant telle ou telle espèce vivante, telle ou telle catégorie d'animal, en l'occurrence leurs instincts, tendances et réflexes. Ces dispositions naturelles dont les espèces vivantes sont douées représentent en elles des moyens par lesquels elles assurent leur survie, mènent et ménagent leur existence. Ainsi, on parvient à remarquer généralement qu'un animal domestique naissant et vivant dans un même environnement que l'homme, soulève des problèmes éthologiques différents de ceux qui concernent l'animal sauvage. La botanique nous apprend que la plante pousse mieux lorsqu'elle se situe sur un sol bien fertile, exposée au soleil. Le phénomène de photosynthèse qui en découle place le monde animal et le monde végétal en interdépendance. L'espèce animale devient agent auxiliaire pour l'espèce végétale, lorsqu'elle transporte son pollen ou lorsqu'elle disperse ses graines. Ce mécanisme met la reproduction végétale en équilibre et assure sa pérennité dans la lutte pour la vie. De même en zoologie, outre les structures extérieures et intérieures des animaux, et le fonctionnement de leurs organes, nous en arrivons à connaître les milieux qu'ils fréquentent, les zones compatibles avec leurs exigences et leurs comportements, qu'il s'agisse du comportement de l'animal isolé ou celui des animaux en groupe.

Certes, le darwinisme s'impose dans l'évolution des êtres vivants, mais un fait est certain que la coopération intervient souvent : les végétaux et les animaux tendent à élargir leur domaine aux dépens les uns des autres, et souvent en s'entraidant, dans une course de chaque jour vers la lumière et les substances nourricières. Dans la jungle, les lions dévorent constamment les gazelles, cela parce qu'ils sont dotés d'une force qui leur permet de dévorer d'autres animaux. Mais, s'ils devenaient trop nombreux, ne trouvant plus de pâture vivante, ils commenceraient à se dévorer entre eux et finiraient par disparaître.

La géographie humaine est une discipline de caractère universel. La coexistence de l'homme et du monde, de la matière et de la vie a pour conséquence qu'au cœur de la géographie se place le problème des rapports entre l'homme et le milieu. Le destin de l'homme, dépourvu d'une force physique de domination, oscille entre ses instincts et son intelligence. Cette oscillation du devenir primitif des ancêtres hominiens est le premier trait qui les distingue dans la concurrence des espèces. Tailleurs de pierres aiguës et coupantes, ils se sont créé des techniques élémentaires, mais dont les usages sont déjà multiples. En effet, plus que d'autres mammifères, les hominiens sont devenus maîtres de l'utilisation des techniques. Dans l'effrayant coude à coude de la concurrence vitale, l'homme réussit à interposer, entre lui et tous les autres, l'arme outil, grâce à quoi il pourra finalement avoir affaire à n'importe quel animal ou végétal. Cette prodigieuse nouveauté dans l'histoire du globe est apparue, selon même les écrits mythologiques, depuis que l'*Homo Sapiens* existe.

A. Anthropologie de la technique libératrice

1. La légende classique de la technique libératrice et de l'action de l'homme sur la Nature

Une certaine mythologie gréco-phénicienne[4] raconte qu'au commencement, il y avait le vent. Le vent engendra Mot qui, à sa naissance, avait une forme d'œuf. Peu après, Mot devient lumineux et engendra à son tour le soleil, la lune, les étoiles et les grandes constellations. Il donne ensuite naissance à des animaux qui ne possèdent aucune sensibilité. Petit à petit, cependant, les êtres créés se perfectionnent : des animaux raisonnables, nommés Zophasemin, ce qui veut dire « observateurs du ciel », apparaissent.

Vient ensuite l'apparition des êtres sous la forme que nous connaissons : le mâle et la femelle sont engendrés. De là, provient le cycle normal : la reproduction se fait par l'accouplement du mâle et de la femelle.

De ces êtres vivants, surgit l'homme. Selon cette mythologie, les premiers hommes ayant apparu furent divins. Ils auraient régné sur Atlantis.

Qui sont-ils ? À l'origine, un couple Aeon et Protogone, créé par la nuit, engendra Genos et Genea. Quand survient alors une grande sécheresse, ils invoquent le soleil qu'ils considèrent comme maître du ciel et qu'ils nomment Beelsamen, qui est l'Ammon-Rê égyptien, le Zeus grec et le Jupiter latin, équivalents de *Mvidie* bantou.

De Genos et Genea naissent trois enfants : Phos, la lumière, Pyr, le feu et Phlox, la flamme. Ce sont ces trois êtres divins qui inventent le feu et qui comprennent l'usage que les hommes terrestres

[4] Ann KAY, *Mythes et légendes du monde archaïque*, Paris, PUF, 1987, pp. 173-176.

peuvent en faire. Tout le secret de l'usage du feu était sous la garde de Technitès, artisan - vassal de Zeus - appelé aussi Prométhée.

Un jour, l'épouse d'Autochtone, homme terrestre, séduit Technitès qui lui livre le secret du feu. Elle le confie immédiatement à son mari. Fâché, Zeus condamne Technitès à la chaîne, sur le Caucase : un aigle vient dévorer son foie qui se réforme sans cesse.

La colère de Zeus provoque alors un grand cataclysme : la terre est ravagée et entièrement inondée. Pour sauver sa vie, Ousous, fils d'Autochtone est le premier à se lancer sur la mer. Son bateau n'est, au départ, qu'un tronc d'arbre. Mais l'homme sait maintenant qu'il peut dominer les flots, il fabrique une arche. Pour remercier les éléments naturels d'avoir favorisé son entreprise, Ousous consacre deux stèles - une au vent et une au feu - et les adore en y versant régulièrement du sang d'animaux. Il réussit à se servir des peaux des bêtes pour s'en faire des vêtements. Son fils Hepsourianos invente la maison: il apprend à fabriquer des cabanes en roseau, en jonc et en papyrus.

Les siècles passent. Agreus et Alieus inventent la pêche et la chasse, leurs fils le fer et les arts de la rhétorique et de la divination. La race des hommes divins a déjà fini son œuvre. Désormais, c'est la civilisation terrestre qui triomphe avec son cortège de connaissances. Amounon et Magon imaginent les bourgs et les bergeries. D'eux naissent Misor et Sydic qui découvrent le sel. Misor donne le jour à Taautos, appelé Thoor par les Egyptiens, Touth par les Alexandrins et Hermès par les Grecs, l'inventeur de l'écriture. De Sydic sont nés les Dioscures, appelés aussi Cabires, Corybantes ou Samothraces, les pères de la navigation. Leurs descendants découvrent les simples[5] qui guérissent des morsures empoisonnées. La pénétration dans la Nature s'approfondit. Partout, elle porte l'empreinte de l'homme. C'est un fait que depuis des millénaires, le travail de l'homme ne cesse de transformer l'aspect de la Nature. Grâce à la technique, cette action de l'homme devient plus cohérente et mieux organisée. Ses ambitions aussi se révèlent plus vastes et à la mesure de ses moyens perfectionnés dans la limite de ses besoins.

Ainsi, de cette technique libératrice telle que présentée sous forme de récit mythologique, il convient de prime abord, de définir ce

[5] Les simples sont des plantes que l'on trouve dans la campagne et qui ont certaines propriétés médicales. Leur utilisation dans la pharmacopée remonte à l'Antiquité. De nos jours, encore, les herboristes en utilisent les ingrédients pour fabriquer de très nombreux médicaments pourvus de tous les visas scientifiques désirables.

qu'on entend par technique, indiquer les différentes représentations des techniques, ensuite montrer de quelle manière l'homme maîtrise réellement la Nature.

2. La technique, sa définition et ses représentations dans l'ordre naturel

L'anthropologue Marcel Mauss définit la technique comme « l'ensemble des actes traditionnels groupés en vue d'un effet mécanique, physique ou chimique, actes connus comme tels[6] ». Dans l'un de ses ouvrages, intitulé « Sociologie et anthropologie », Mauss exprime son point de vue de cette manière :

> « J'appelle technique un acte traditionnel efficace (et vous voyez qu'en ceci il n'est pas différent de l'acte magique, religieux, symbolique). Il faut qu'il soit traditionnel et efficace. Il n'y a pas de technique et de transmission, s'il n'y a pas de tradition. C'est en quoi l'homme se distingue avant tout des animaux : par la transmission de ses techniques et très probablement par leur transmission orale. (...) Mais quelle est la différence entre l'acte traditionnel efficace de la religion, l'acte traditionnel, efficace, symbolique, juridique, les actes de la vie en commun, les actes moraux d'une part, et l'acte traditionnel des techniques d'autre part ? (…)[7] ».

Pour ma part, je conçois la technique comme un prolongement des bras de l'homme et aussi un objet de renforcement de ses mains. Si quelqu'un veut cueillir un fruit sans devoir escalader l'arbre fruitier, il n'a qu'à utiliser un long bâton pour arracher le fruit avec facilité. De même, lorsqu'on veut enfoncer un piquet dans un sol dur ou un clou sur une planche de bois, on utilise un marteau et on tape dessus. À ces opérations techniques, l'homme fournit moins de force physique qu'il n'en pouvait s'il n'avait pas fait recours aux outils et instruments. Il n'y a peut-être que le monstre qui pourrait enfoncer un clou sur un morceau de bois avec les doigts.

Il sera parfois difficile de distinguer les techniques ou de les représenter. Mais en ce qui concerne les techniques des arts et beaux-arts, par exemple, l'activité esthétique est créatrice au même titre que l'activité technique elle-même. Dans les arts plastiques, il est impossible d'établir une distinction autre que celle qui existe dans la mentalité de l'auteur. Quant à l'efficacité religieuse d'une technique, toute la différence réside dans la manière dont l'opérateur conçoit l'efficacité.

---

[6] Marcel MAUSS, *Manuel d'ethnographie*, Paris, Payot, 1967, p. 29

[7] Marcel MAUSS, *Sociologie et anthropologie*, Paris, PUF, 1966, p. 372

Il faut donc doser les proportions respectives de la technique et de l'efficacité magique dans l'esprit de l'indigène. C'est le cas des flèches empoisonnées utilisées par les indiens d'Amazonie et par certaines tribus africaines, dont les effets n'ont jamais été mis en doute.

Selon Mauss, l'ensemble des techniques forme des industries et des métiers. L'ensemble technique, en l'occurrence industries et métiers, forme le système technique essentiel à la société[8].

Généralement, la technique est souvent représentée par un instrument. L'instrumentation technique rassemble différentes catégories d'instruments, mais la division fondamentale reste la suivante :

- les outils : on les confond généralement avec les instruments proprement dits ; un outil est toujours simple, composé d'une seule pièce ; c'est par exemple un burin, un levier, un bâton...
- les instruments : ce sont des compositions faites d'outils ; c'est le cas d'une hache qui, outre le fer, comprend un manche formant levier ; un couteau emmanché, un marteau et une flèche sont des instruments.
- les machines : elles sont composées d'instruments généralement structurés ; c'est le cas de l'arc qui comporte le bois de l'arc, la corde et la flèche.

Une machine ne suppose pas seulement un instrument mécaniquement complexe monté avec des roulements et des pièces d'acier. Un radeau est aussi une machine dans la mesure où des pièces en bois et en bambou qui ont servi à sa construction sont montées de telle manière qu'il soit utilisé à bonne fin. Et sur le plan de l'objet, la grande différence entre un radeau, une machine à vapeur et une automobile réside seulement au niveau des forces de propulsion.

L'évolution récente de la société moderne – comme on le verra plus bas - a permis une autre catégorie de machines qu'on appelle "appareils" et qui se distingue de celle des machines gigantesques à cause de leurs compositions matérielles assez complexes et de la petitesse de leurs dimensions : radio, télévision, micro-ordinateur, etc.

3. La technique comme symbiose des forces socio-naturelles intervenant dans l'évolution humaine

En tant qu'être vivant, l'homme reste constamment marqué par sa vie et son milieu naturel. Lorsque, dans la dynamique des rapports,

---

[8] Marcel MAUSS, *Manuel d'ethnographie*, op. cit., p. 32.

le poids de ce milieu commence à peser démesurément sur sa vie, l'homme s'adjoint un appoint matériel accessoire : la technique.

La force biologique d'une espèce, les forces sociales et naturelles - favorables - constituant son milieu naturel, l'esprit qui suscite la technique pour attaquer ou capter les forces naturelles défavorables, sont les éléments moteurs dès l'abord les plus apparents de l'évolution humaine. Dès lors qu'il y a supplantation des forces naturelles par les activités techniques, la nature humaine devient alors imposante dans son milieu. Un autre paramètre s'affirmera lorsque cette évolution aura franchi ses très longs stades inférieurs. Quand les techniques s'améliorent, elles ne tardent pas à s'accompagner de style d'art dont la richesse est naturellement surprenante et dont les générations témoignent d'un véritable génie. Cette valeur spirituelle a pu se développer dans toutes les sociétés humaines, même celles devenues aujourd'hui beaucoup plus complexes. La structure sociale apparaît à son tour comme le dernier stade d'évolution, associée aux éléments précités.

Certes, le groupement social n'est pas le privilège exclusif de l'homme. Il est des espèces animales qui chassent en se répartissant intelligemment les fonctions de rabatteurs et d'attaquants, comme font certainement les tribus africaines lorsqu'elles traquent un éléphant.

Contrairement à ce qu'on pourrait penser, les forces socio-naturelles ne naissent pas des structures sociales, mais les créent ou les renforcent selon le très antique mécanisme du rythme créant une tradition. Elles sont antérieures et souveraines par rapport aux dispositifs d'attitudes et de rapports réciproques dont leur mécanisme intime provoque naturellement la cristallisation. Car les forces socio-naturelles, aimantées par des mythes plus que par la réalité sensible, tendent à s'organiser en rituels plus encore qu'en conduites pratiques. Ainsi s'explique un paradoxe selon lequel un peuple sans mythes est un peuple sans capacité historique.

Ainsi, plus loin, je démontrerai comment l'aspect des forces socio-naturelles - ayant engendré la technique - s'est-il transformé de nos jours au point d'en renverser les explications apparemment plausibles. On verra comment l'équipement énorme, sans cesse agrandi par des révolutions technoscientifiques - depuis ses minimes débuts au 16e siècle de notre ère - conduit aujourd'hui l'observateur de bonne foi à partir des structures socio-économiques modernes comme de la réalité initiale, dont ces facteurs socio-naturels seraient les résultantes, alors que l'inverse continue d'être vrai. De là, se démarque la prédominance des raisonnements matérialistes et d'un sociologisme à base économique qui ne figurent pas dans ma croyance. Seule la considération des forces élémentaires qui convergent pour constituer les forces sociales sera susceptible de nous prémunir tous contre ce simplisme, cet aveuglement. La force sociale - ou socio-naturelle - est fondamentalement la lutte de l'homme tout entier (espèce biologique et capacité spirituelle) avec le milieu naturel particulier que choisit son niveau technique. Elle est une résultante infiniment complexe, qu'il serait vain de prétendre déduire de la seule considération des équipements et des structures sociales existantes.

Voici donc, dans la section suivante, comment ces composantes de l'ordre de la Nature, en étant distinctes dans la phase primaire de l'évolution humaine, ont produit l'émergence de la technique.

4. La technique comme composante du système naturel

À cause de leur complicité ontologique, transcendantale, l'homme et la Nature sont toujours considérés comme composantes de base du système naturel. Complicité parce que l'homme est sorti de la Nature, qui en revanche, ne peut se justifier que par l'existence de l'homme. Les théologiens et les évolutionnistes nous laissent dans la perplexité la plus profonde à cause de leurs discours contradictoires et inconciliables : pour les premiers, la Nature est la preuve de l'existence de Dieu[9] et l'homme est le fruit de la création ; pour les seconds, elle provient d'un *big bang* ayant provoqué, par la suite, une génération spontanée. Cependant, la conception naturaliste la plus radicale admet qu'il existe une symbiose parfaite entre l'homme et la Nature. D'après cette conception, l'homme et la Nature font essentiellement un. L'homme se considère comme étant une partie de la Nature ; il estime de son désir de s'y intégrer le plus possible, de maintenir la liaison avec les forces naturelles et, si ce lien vient à se rompre, de le rétablir au plus tôt. Le cours naturel des choses est conçu comme un cycle : l'être naît, grandit, s'épanouit et meurt. Ces étapes se succèdent et le cycle recommence indéfiniment. Comme disait Lavoisier, « dans la nature, rien ne se perd, rien ne s'ajoute ».

En tout état de cause, il convient de souligner le fait que la Nature et l'homme constituent deux éléments distincts. C'est une thèse

---

[9] Cette thèse trouve sa confirmation dans Romains 1 : 20, lorsque l'apôtre Paul écrit : « les perfections invisibles de Dieu, sa puissance éternelle et sa divinité, se voient comme à l'œil nu, depuis la création du monde, quand on les considère dans ses ouvrages ». Voir aussi Sagesse 13 : 1 et 5.

contraire à celle que j'ai évoquée auparavant. L'homme s'identifie comme être animé et puise constamment dans la Nature pour se maintenir et, par conséquent, celle-ci s'impose à lui. L'être humain est resté longtemps à la portée de la Nature dont il voulait à tout prix se libérer. C'est un constat assez pragmatique que nul ne peut mettre en doute quand on considère les grands bouleversements connus dans l'histoire de l'humanité. C'est dans ce sens que les hommes de l'Antiquité jugeaient les épidémies comme des coups assenés par un ennemi invisible. D'ailleurs, le mot plaie vient du mot latin *plaga* qui signifie "coup". En Afrique, jusqu'aujourd'hui, les gens rendent responsables de tels coups des forces occultes de la Nature, en l'occurrence des démons, des dieux, ou même des animaux. Il en est de même pour la famine et la sécheresse que les Africains imputent souvent aux forces maléfiques.

La Nature ressemble à une vaste mer à travers laquelle les navigateurs s'exposent aux différents caprices météorologiques (cyclones, ondulations et vagues) et aux dangers de se faire dévorer par les requins. Quand elle est calme, on rame et on s'avance ; mais quand le courant marin pousse le navire à contre-sens, on louvoie. Les rapports entre l'homme et la Nature sont dialectiques. Ces rapports supposent globalement l'engagement unanime de l'homme dans la conquête de celle-ci. Pour y parvenir, Il fait recours à une force qui lui est accessible, par son propre génie créatif : il fait ainsi intervenir la technique qu'il considère comme son propre prolongement. Depuis, l'homme qui vit toujours dans un milieu naturel souvent agressif, utilise constamment des instruments techniques pour pouvoir le maîtriser.

J'ai montré précédemment que Prométhée, dit Technitès, déroba le feu aux dieux pour le confier aux humains. Zeus le punit en revanche. C'est une relation qui ne présente pas moins une certaine concordance avec l'histoire même de la domestication du feu, car l'horreur sauvage et irrépressible d'un incendie de forêt serait probablement le premier contact de l'homme avec cette fabuleuse chose qui, en quelques instants, peut transformer une agréable petite flamme en une affreuse catastrophe. Après des siècles, l'homme a su utiliser le feu pour réchauffer les grottes ou pour tenir éloignés les animaux sauvages pendant la nuit. Plus tard, il allait employer le feu pour ses aliments, forger des armes et cuire la poterie. Il avait dompté sa terreur.

Si on peut définir l'être humain, autrement dit l'homme, comme étant une fin ontologique de toute existence, représentant une force suprême, agissante au sein de la Nature, la définition même de la Nature s'avère toujours ambiguë et beaucoup plus complexe.

Les Grecs antiques qui sont les premiers à fournir des explications scientifiques sur l'univers et ses composantes, définissaient *(phusis*[10]*)*. Encore convient-il de s'entendre définitivement sur le sens à donner au mot « Nature ». Il n'évoque aucun concept, c'est-à-dire une classe typologique permettant d'identifier l'univers social, mais une idée, un agencement de concepts. D'où, par exemple, l'absence d'un équivalent au mot Nature (*Phusis* en grec ou *Natura* en latin) dans les saintes écritures : la Bible ou le Coran.

D'après les encyclopédies, la Nature est un principe qui anime, organise l'ensemble de ce qui existe selon un ordre qu'il faut respecter. Dans d'autres termes, il s'agit de l'ensemble des effets qui présentent un ordre et se produisent suivant des lois. On parlera ainsi par exemple, des lois de la Nature, des secrets de la Nature, des phénomènes de la Nature, etc. Ainsi la Nature, dans toutes ses dimensions, suppose tout ce qui existe hors de l'homme et des œuvres de l'homme, c'est-à-dire ce qui est indépendant de l'homme et de l'activité humaine ; mais on dit protection de la nature lorsqu'il ne s'agit que de l'environnement naturel. Toutefois, l'essor de la technoscience ne tardera pas à provoquer un retrait progressif de la Nature sur trois fronts : autour de l'homme, en l'homme et entre les hommes. Ce retrait concerne la Nature non pas en tant qu'ensemble de lois physiques qui déterminent les conditions des êtres vivants, mais se situe dans les limites des rapports entre l'homme et la biosphère. Il se mesure en fonction des transformations que l'homme apporte à son écosystème. Cette capacité de transformer indique le paramètre qui distingue fondamentalement le comportement humain de celui de l'animal. La maîtrise du feu, par exemple, a fait de l'homme le seul être vivant capable de prélever dans son environnement de l'énergie indispensable à l'alimentation, au façonnage ou à la transformation des biens.

Les penseurs grecs, animés par l'euphorie de l'ordre de la nature, semblèrent ignorer les contrastes surgissant entre l'homme et la Nature. Platon imaginait que tout ce se produit, s'est produit ou se produira, est tantôt le fait de la Nature *(Phusis)*, tantôt celui de l'art *(technè)*, tantôt du hasard *(tuché)*[11]. C'est ainsi qu'il définissait ce

---

[10] *Encyclopédie Universalis*, Lois, Paris, E.U.F., 1993, p. 888 e

[11] *Idem*. Cfr. PLATON, *Les Lois*, VII-X (888d), *Œuvres complètes*, tome XII, 1ère partie, Paris, Les Belles Lettres, 1956, p. 147.

concept de Nature en le distinguant des notions de hasard et d'artifice. Pour Platon, en effet, le hasard est un mode d'existence physique étranger à tout ordre, à toute loi ; tandis que l'artifice se confond avec l'ensemble des activités propres à l'homme. Ce penseur voulait bien montrer que la Nature joue l'interface entre le domaine de l'inertie matérielle et celui de la volonté humaine : il y a ainsi un ordre naturel – physique, biologique notamment – distinct de celui qu'impose l'homme par son activité spécifique. Nous trouvons cette conception assez détaillée dans son œuvre *Les Lois*[12], où nous pouvons lire :

> Je vais te l'expliquer plus clairement encore. Le feu, l'eau, la terre et l'air, tout cela, (…), est dû à la nature et au hasard, aucunement à l'art. Quant aux corps qui viennent ensuite, tels que la terre, le soleil, la lune, les astres, ils sont nés de ces premiers éléments, totalement privés de vie ; ceux-ci, emportés au hasard de leurs tendances respectives, à mesure qu'ils se rencontraient et s'associaient suivant certaines affinités, chaud avec froid, sec avec humide, mou avec dur, et tous autres mélanges des contraires, qui se combinaient suivant les jeux inévitables du hasard, engendrèrent ainsi et sans autre secours le Ciel tout entier et tout ce qu'il contient, puis tous les animaux et toutes les plantes, une fois que, du mélange, furent nées les saisons ; et cette création se fit, (…), sans aucune intervention de l'intelligence, ni de quelque dieu que ce soit, ni de l'art ; simplement comme nous le disions, par nature et le hasard. L'art, lui, naquit d'autres choses mortelles, engendra, finalement ces jouets qui n'ont qu'un faible part de vérité et ne sont que de simples simulacres, de la même famille que les arts eux-mêmes ; tels, ceux que créent la peinture, la musique et les arts auxiliaires. S'il est des arts dont les créations ont un peu de valeur solide, ce sont ceux qui ont emprunté à la nature ce qu'ils ont de vertu : la médecine, par exemple, l'agriculture et la gymnastique. Quant à la politique, une faible part seulement en est de nature ; elle doit surtout à l'art.

Sur un tout autre plan, l'idée de Nature a un sens essentiellement négatif. Les médiévaux, convaincus de la preuve de l'existence divine, mirent l'accent sur la domination de la Nature par l'homme qui n'est autre que l'image de Dieu. Ils se conformaient surtout au récit biblique du livre de Genèse 1 : 28, selon lequel « après qu'Il eut créé le premier homme et la première femme, Dieu les bénit et Dieu leur dit : soyez féconds et prolifiques, remplissez la Terre et dominez-là. Soumettez les poissons de la mer, les oiseaux du ciel et toute bête qui remue sur la Terre ». Cette parole divine – anthropocentriste – justifie, à première vue, la supériorité de l'homme sur toutes les autres créa-

[12] PLATON, *Les Lois*, VII-X (889a-889b), Ibid., p. 147-148.

tures et confère la bénédiction à tout acte de maîtrise technique de la Nature jusqu'à l'exploitation industrielle de ses ressources.

Dès 1966, dans un article sur la Bible et l'écologie, l'Américain Lynn White[13] critiqua avec la dernière énergie cet enseignement judéo-chrétien auquel il attribuait la responsabilité sur la crise écologique actuelle. Il avait fait grand cas du fait que le terme *kabas*, « dominer, asservir, piétiner », est aussi utilisé dans la Bible pour désigner l'action de violer une femme, comme dans Esther 7 : 8. Selon lui, l'homme occidental, inspiré par ce passage du livre de Genèse se sentait libre de violer la planète. Cette critique a été reprise et durcie, en 1972, par l'Allemand Carl Amery[14].

Pour ma part, cette investiture de pouvoir à partir d'un commandement divin – dominer la Terre, placer tous les êtres vivants, poissons, oiseaux et bêtes sous la mainmise de l'homme – me fait penser à un paradoxe[15] très pratique aussi longtemps que Dieu et Nature restent deux réalités interchangeables, et que la Nature suppose toujours tout ce qui est identifiable à Dieu. L'Afrique partage cette croyance avec plusieurs civilisations orientales. Dans le livre de la Sagesse, par exemple, la divinisation de la Nature est exprimée sous ces termes[16] :

> Vains sont ceux-là des hommes chez qui l'ignorance de Dieu s'est installée : à partir des biens visibles, ils n'ont pas été capables de connaître Celui qui est, pas plus qu'ils n'ont reconnu l'Artisan en considérant ses œuvres. (…) Car la grandeur et la beauté des créatures conduisent par analogie à contempler leur Créateur.

---

[13] Lynn WHITE, Jr., "The Historical Roots of Our Ecological Crisis", in Science n° 155, 1967, pp. 1203 – 1207. Cet article a fait l'objet de plusieurs critiques de la part de théologiens qui estiment qu'en tirant un verset hors de son contexte, l'auteur lui a fait dire le contraire de ce que le texte affirme. Le pasteur allemand Otto Schäfer-Guignier, dans son livre *Et demain la terre …*, pp. 20-21, évoquant l'interprétation de Lynn White, donne une affirmation selon laquelle de nombreuses nuances auraient été apportées à ce sujet.

[14] Otto SCHÄFER-GUIGNIER, *Et demain la terre ... Christianisme et écologie*, Genève, Editions Labor et Fides, 1990, p. 21.

[15] Aussi une contradiction parce que dans le même livre (Genèse 2 : 15), il est dit que « Dieu prit l'homme et le plaça dans le jardin d'Eden pour le cultiver et pour le garder ». Ici l'homme n'est pas destructeur de l'environnement mais le plus haut représentant de Dieu et gérant de sa création. La Terre elle-même est conçue comme le temple de Dieu. L'image de la création de la Terre et de l'univers en tant que maison de Dieu est explicitement développée dans le livre de Job (38 : 4-7).

[16] Sagesse 13 : 1 et 5 ; voir aussi Romains 1 : 20.

En tout cas, ces termes sont écrits dans la Bible et nul ne peut mettre cette confirmation en doute. D'aucuns estiment que toute atteinte à la création est une atteinte au Créateur. D'ailleurs, cette concordance des situations – identification matérielle de Dieu et sa représentation cosmogonique par la Nature – ne suscite pas moins d'analogie entre l'apocalypse biblique et l'éclatement du système solaire parmi les différentes versions relatives à la fin du monde.

Dans certaines croyances africaines, Nature signifie monde terrestre dans lequel l'être humain mène une vie passagère. Mais selon Jhon Mbiti, dans son livre « Religions et philosophie africaines », tous les phénomènes naturels ainsi que les objets de la Nature, sont intimement liés à Dieu, raison pour laquelle l'homme (africain) vit au sein d'un univers religieux. Ces phénomènes et objets ont non seulement leur origine en Lui, mais ils en sont les témoins[17]. À travers son analyse, Mbiti insiste sur l'unicité cosmique de l'existence ; il estime que dans la conception africaine, le physique et le spirituel sont les dimensions d'un seul et même univers[18]. L'ethnologue Pierre Erny rapporte presque dans le même sens cette conception négro-africaine selon laquelle le visible n'est autre chose qu'une « manifestation de l'invisible qui anime les apparences, leur donne couleur, rythme, vie et sens [19]». Le professeur Gabriel Vahanian[20] dans son cours à l'Université de Strasbourg ne cessait de nous répéter : « La Nature, c'est ce à quoi la technique nous expose ». C'est donc par la technique que l'on commence à la découvrir.

Pour ma part, je conçois la Nature comme milieu originel de l'homme, une sorte d'écosystème sans artifice, au sein duquel l'homme s'installe et s'émeut. Est naturel ce qui ne relève d'aucune action, mais advint spontanément à l'existence, indépendamment de

---

[17] Jhon MBITI, *Religions et philosophie africaines*, Yaoundé, Editions CLE, 1972, p. 58.

[18] *Ibid.*, p. 68.

[19] P. ERNY, *L'enfant dans la pensée traditionnelle de l'Afrique noire*, Paris, L'Harmattan, 1990, p. 14.

[20] Le professeur Gabriel Vahanian qui a dirigé ma thèse de doctorat avec rigueur et ténacité, fut un grand intellectuel (philosophe, historien, sociologue et théologien). Ancien étudiant à la Sorbonne, il a enseigné aux universités de Princeton et Syracuse (aux États-Unis), et aux universités de Metz et Strasbourg (en France). Auteur d'une cinquantaine d'ouvrages, ce disciple de Jacques Ellul s'est éteint à Strasbourg le 30 août 2012 à l'âge de 85 ans. Son célèbre livre « La mort de Dieu » publié aux États-Unis en 1961 fut salué dans le monde intellectuel comme un événement majeur dans la critique théologique.

toute intervention humaine. C'est une conception proche de la pensée d'Aristote qui estime qu'est naturel ce qui possède en soi son principe de mouvement et de repos[21]. En substance, l'ensemble de ce qui existe indépendamment des sciences et techniques représente la Nature, y compris l'homme lui-même. Elle est différente d'un monde peuplé d'objets artificiels, au sens étymologique du terme, c'est-à-dire fabriqués par des machines qui remplacent l'homme. Cette observation conduit en dernier lieu à approuver l'idée du professeur Vahanian qui considère la Nature comme ce à quoi nous expose la technique. Car, c'est parce qu'elle représente un réservoir de mystères que la technique trouve sa justification dans l'homme. Celui-ci fait appel à la technique, qui de surcroît, devient aussi un élément naturel. Ce facteur important dans la constitution du système naturel renforce les structures. Il s'est introduit non seulement dans la dynamique du système, mais dans une querelle d'influence entre la Nature et l'homme, avec objectif de trouver une solution finale vouée à n'être jamais mise en cause. Désormais, la technique s'engage à liquider le clivage traditionnel résultant de la dépendance humaine sous l'empire de la Nature. En tout cas, l'impératif de sa libération immédiate et son ardent désir de subjuguer l'état de nature, en revanche, poussent l'être humain à faire appel à la technique, sinon il n'y a rien d'autre.

Cependant, la technique est aussi le don de la Nature puisque l'esprit de l'homme l'est. Elle est également le don de Dieu, selon la conception judéo-chrétienne, dans la mesure où seule la Providence est source d'inspiration. Dans ce contexte, les rédacteurs bibliques ont travaillé et affirmé de manière multiple une théologie où Dieu apparaît comme inspirateur de la technique. C'est ainsi que par opposition divine, la Tour de Babel s'effondra et les hommes se dispersèrent et commencèrent à parler différentes langues pour ne plus se reconnaître dans la technique. Par contre, la volonté divine permit à l'architecte Noé de construire son paquebot.

Il en est de même chez les peuples d'Afrique noire qui s'adressent toujours à la Providence, c'est-à-dire à Dieu par l'intermédiaire des mânes de leurs ancêtres, lorsqu'il s'agit de production des biens de subsistance. Avant de se rendre à la chasse, le chasseur africain sollicite de ses ancêtres la technique par laquelle il tendra des pièges qui lui permettront d'attraper un nombreux gibier. S'il lui arrive que ses pièges ne rapportent plus, il suppose que ses liens avec

[21] *Encyclopedia Universalis*, corpus 2, Paris, E.U.F., 1995, p. 967.

le cosmos se sont rompus. À cet effet, il essaie, par des moyens prescrits, en l'occurrence le culte des ancêtres, de régulariser ses relations avec le monde cosmique. La recherche de cette harmonie entre l'homme et son environnement justifie toute la vocation primaire de la technique, c'est-à-dire, les fonctions qui lui sont dévolues dans l'ordre socio-naturel.

B. Les attributs naturels de la technique

Toutes les espèces animales ont exclusivement dirigé leurs activités (pour la nourriture ou le combat) vers d'autres espèces vivantes, végétales ou animales. En tant qu'espèce, l'homme va concentrer une part de son activité sur la préparation de moyens matériels de défense, d'attaque, ou d'alimentation. Ses attitudes devant les autres êtres, ou ses relations avec ses semblables, ne résulteront plus exclusivement de leur constitution physique et de la sienne, mais de l'usage de l'outillage extérieur : aux dents du carnassier il opposera le couteau tranchant, à ses griffes, la lame de rasoir, pour ne citer que ceux-là. Mais dans la société africaine traditionnelle où il n'y a pas eu l'usage du bistouri, le cordon ombilical d'un nouveau-né est sectionné à l'aide d'une liane sauvage, sans aucun risque. De même, dans les sociétés où le fer n'est pas bien connu, on fabrique des flèches avec des bambous taillés à la manière des crayons ; l'outillage d'atelier n'est qu'un simple morceau d'écorce palmiste : cela puisque la Nature se présente dans sa quasi-totalité comme fourniture pour la technique et son réservoir potentiel.

Qu'il s'agisse des sociétés dites primitives ou des sociétés modernes, l'opération technique reste le dénominateur commun ; la fabrication d'une pirogue et la construction d'un bateau à voile ou à moteur poursuivent le même objectif : la navigation sur un cours d'eau. Aussi, le conducteur de char romain et le conducteur de l'automobile la plus sophistiquée aujourd'hui sont animés du même désir de conquérir la route et la vitesse. De l'utilisation du moulin à vent à celle de la centrale atomique, se retrouve le même désir de disposer d'une puissance sans cesse accrue. La seule différence réside au niveau de la modélisation des procédés techniques utilisés par l'une ou l'autre catégorie de sociétés. Mais le célèbre anthropologue de la technique, Gilbert Simondon, semble être en désaccord avec mon avis quand il estime qu' « une base aussi étroite que celle de l'opération technique paraît difficilement pouvoir soutenir un paradigme ayant une pareille force d'universalité [22]». Simondon se justifie en soulignant que le caractère technique de l'origine d'un schème n'invalide pas ce schème, à la condition toutefois que l'opération qui sert de base à la formation des concepts utilisés passe entièrement et s'exprime sans altération dans le schème abstrait. Il montre que le dynamisme réel de l'opération technique est fort loin de pouvoir être représenté par le couple forme-matière. Selon Simondon, la forme et la matière du schéma hylémorphique sont abstraites. Car on ne peut pas mettre le mortier du sable fin dans un moule pour obtenir une brique après le démoulage. Or l'auteur semble oublier que quand il s'agit de l'œuvre humaine, ce couple forme-matière est toujours sous-tendu par un esprit qui opère le choix. Dans ce cas, ce n'est pas le hasard qui intervient, mais plutôt l'esprit habilité à faire le discernement de l'argile et du sable quant à leur degré d'efficacité. Et pour qu'il y ait une brique en forme cubique, il faut l'intervention de cette même intelligence qui sera également présente pendant l'édification de la maison. Car le maçon ne va pas placer les briques les unes sur les autres, mais les posera l'une au milieu de deux autres en les joignant avec un mortier durable de telle manière que d'éventuelles fentes ne se produisent. Il en est de même pour le chasseur à l'arc, il ne fabriquera pas ses flèches avec des joncs, et encore moins avec des roseaux, il choisira plutôt des tiges de bambou à cause de leur solidité.

En effet, les attributs traditionnels de la technique peuvent se présenter sous un triple aspect ; un fait de médiation, un outil de sûreté et un instrument de survie. Ces trois fonctions se rapportent à la définition de Jean Fourastié selon laquelle « la technique est l'art d'utiliser les ressources naturelles pour la satisfaction des besoins matériels de l'homme [23]». Autrement dit, c'est l'expression transformatrice de la réserve naturelle dans l'intérêt humain. Aussi l'homme manifeste un désir ludique en utilisant les instruments techniques qu'il affecte à ses détentes. Dans l'économie traditionnelle, l'activité technique étant constante, la production maximum était aussi constante, destinée à des besoins déterminés à satisfaire.

L'exemple des briques et de la maison montre clairement comment l'homme produit une chaîne d'opérations techniques qui font

---

[22] G. SIMONDON, *L'individu et sa Genèse physico-biologique*, Paris, PUF, 1964, p. 28.

[23] J. FOURASTIE, *La civilisation de 1975*, Paris, PUF (Que sais-je ?), 1957, p. 71.

converger esprit, matière et forme vers la constitution d'un produit fini qui est l'aboutissement de l'action technique. Ces opérations constituent en elles-mêmes un moyen de médiation entre l'homme et l'objet. Simondon explique cette réalité en mettant beaucoup l'accent sur la médiation que peut symboliser toute opération technique. Il définit lui-même « l'opération technique comme médiation entre un ensemble inter élémentaire et un ensemble intra-élémentaire[24] ». Cette dimension d'élémentarité à laquelle l'auteur fait allusion est sans doute celle qui inclut les besoins primaires de l'homme, en l'occurrence ceux de manger, de s'abriter et de se vêtir. Mais il existe aussi d'autres besoins élémentaires qui font appel à la technique ; je les classe au rang secondaire : il s'agit de besoins ludiques.

1. Médiation au diapason de l'homme

La technique médiatise les rapports que les hommes ont avec les choses, en assurant l'efficacité de la prise qu'ils ont sur elles - comme d'ailleurs, sur les corps vivants, y compris humains[25]. Comme moyen de médiation, la technique s'avère être alors une considération globalisante dans la mesure où elle englobe non seulement la catégorie élémentaire, mais aussi la spécificité des procédés aux fins polémologiques (armements d'attaque ou de défense) qui impliquent la sûreté, ainsi que celle des pratiques bio-médicales qui sont essentiellement liées à la survie de l'homme. Il convient de signaler à cette occasion que manger et boire sont les besoins élémentaires de survie, tandis que s'abriter et se vêtir expriment un besoin élémentaire de sécurité.

Dans la généralité de ses manifestations, la technique apparaît bien, de prime abord, comme l'ensemble des moyens produits par les hommes pour donner à leurs gestes une efficacité qu'ils n'auraient pas s'ils en étaient réduits à la mise en œuvre des prises naturelles qu'ils aient sur les choses. Ces moyens sont l'émanation des efforts aussi bien physiques que spirituels déployés dans l'appropriation des choses obtenues à partir des opérations de transformation et qui sont destinées à la satisfaction des besoins ou des désirs. La totalité de ces opérations de transformation traduit ce qu'on appelle « processus technique », car

---

[24] *Ibid.*, p. 33

[25] Ph. BRETON, A.M. RIEU, F. TINLAND, *La techno-science en question. Eléments pour une technologie du XXème siècle* , Seyssel, Editions Champ Vallon, 1990, p. 121.

constitué de chaînes opératoires et de séquences[26]. Par chaîne opératoire, il faut entendre « l'ensemble des opérations qu'un groupe humain organise et effectue, ici et maintenant, selon les moyens dont il dispose, notamment le savoir technique qu'il maîtrise, en vue d'un résultat : la satisfaction d'un besoin socialement reconnu[27] ».

Patrice Fontaine[28], quand il fait le découpage de la chaîne opératoire, définit l'opération comme une série de gestes ou d'actions élémentaires, répétée ou non, réalisée dans un cadre unique par un même personnel occupant un seul poste et travaillant sur le même matériau avec un seul outil ou une seule machine. Quant à la séquence, selon lui, c'est une suite d'opérations, effectuée dans un lieu unique, par un même personnel occupant un seul poste de travail. Dans certaines sociétés africaines anciennes, les séquences étaient souvent accompagnées des observations et des rites ; tel le cas chez les « mangeurs de cuivre » du Katanga, dans les sources du Fleuve Congo, vers la fin du 19e siècle.

L'action technique, elle, n'est autre chose que la totalité de l'utilité de « l'offre technique ». Elle est la combinaison des forces biophysiques de l'homme, mêlées à ses dispositions spirituelles et aux facteurs matériels en présence. Il s'agit d'une finition au seuil de laquelle tous les moyens et procédés techniques mis en œuvre ont été sélectionnés et utilisés pour l'obtention d'un bien de consommation donné. En d'autres termes, je dois dire que l'action technique est une évaluation optimale d'une chaîne opératoire à l'issue de sa dynamique.

De nos jours, l'action technique manifeste le plein effet d'un mécanisme mis en place dans la société européenne au début des temps modernes. Elle fonctionne sur le fond d'une liaison étroite entre l'intensification des échanges dans le cadre d'un marché élargi alimenté par de nouvelles structures de l'appareil de production libéré des contraintes liées à la société médiévale (bien que marquée par l'espérance d'un bonheur à venir) et une forme nouvelle de connaissance.

Cette cognition est fondée sur les méthodes mathématico-expérimentales, et donc sur une manipulation réglée de la réalité naturelle, à partir de laquelle une traduction quantitative des résultats obtenus est possible. Par vulgarisation, elle est sortie de l'illégalité et, de

---

[26] Hélène BALFET, *Observer l'action technique : des chaînes opératoires pour quoi faire?*, Paris, Editions du CNRS,1991, p. 105.

[27] *Ibid.*, p. 12.

[28] Patrice FONTAINE, La fabrication des tapis dans la région d'Arâk (Iran central). Eléments pour l'analyse des chaînes opératoires, in *Ibidem*, pp.97-99.

plus en plus, s'est imposée en ce bas monde, prônant avec succès la maîtrise d'une Nature qui a cessé d'être la construction finalisée et hiérarchique en laquelle se lisait l'œuvre créatrice de Dieu ou l'intervention de la Providence.

2. Impératif de sécurité

Si depuis les temps immémoriaux, la technique a été utilisée comme moyen de sécurité, c'est parce que l'autodéfense représente chez l'homme un « tic inné », un réflexe de conservation. Autrement dit, l'homme en tant qu'espèce biologique réagit vite devant l'agression. Il manifeste des réactions de défense qu'on retrouve également chez certaines espèces vivantes (animaux et insectes). Mais l'hominien, n'ayant pas des dents longues et pointues à la manière des lions et tigres, ne pouvait recourir qu'aux moyens techniques pour se défendre. S'il a réussi à façonner la pierre polie pour s'en servir, ses descendants ont forgé le fer de lance, ils en sont aujourd'hui à la fabrication des missiles, après le silex et la mitraillette. Les hommes ont utilisé ces moyens pour attaquer leurs ennemis ou pour conquérir les autres : il y a ici en permanence ce que l'on appelle « instinct d'agression ». Michel Casenave, faisant allusion au texte de Malraux « L'homme et le fantôme », montre que la psychanalyse a découvert les démons dans l'homme et n'y a pas trouvé de dieux[29]. Dans ce cas, je ne peux qu'affirmer qu'en dépit d'un certain discours naturaliste, en l'occurrence celui de Jean-Jacques Rousseau qui présente l'homme naturel dans un parfait état moral, l'hominien s'est servi des objets techniques pour commettre le mal : « *Homo homini lupus* », disait Thomas Hobbes. D'ailleurs, la Bible montre que l'histoire de l'homme commence avec le fratricide. Le laboureur Caïn se dressa contre son propre frère, le pasteur Abel, qu'il fit succomber sous un coup de baïonnette. Ce drame familial, tiré du livre de la Genèse, indique à suffisance la cause immédiate des guerres, aux origines de l'humanité. « Qu'as-tu fait de ton frère ? Suis-je le gardien de mon frère ? » Un tel échange de paroles représente bien la dialectique d'intolérance qui sévit naturellement dans les relations humaines.

La mythologie et l'histoire des sociétés ont aussi souvent montré qu'elles avaient toujours lieu entre des bergers nomades et les agri-

---

[29] Michel CAZENAVE, *La science et les figures de l'âme*, Paris, Editions du Rocher, 1996, p. 285.

culteurs fixés dans les vallées fertiles. Romulus, dans les mêmes circonstances, tua son frère jumeau Remus pour devenir roi de Rome. Les Juifs également, après quarante ans de pérégrination, conquirent le pays riche et peuplé de Canaan grâce à la technique qu'ils avaient amenée d'Égypte. Par la technique militaire dont ils disposaient, les Indo-Européens, les Huns et les Arabes déclenchèrent aussi des guerres et attaquèrent des pays en Europe, en Afrique du Nord, au Proche-Orient, en Inde et en Chine. Descendant tous d'un ancêtre commun Abraham, ces Juifs et Arabes se sont dressés les uns contre les autres pour raison de terre depuis plus d'un demi-siècle près et, aujourd'hui encore, ils sont loin de conclure une paix durable. En effet, les Israéliens et les Palestiniens refusent toujours de partager équitablement des territoires pour pouvoir créer une entente. Il en est de même chez les compatriotes Rwandais, divisés sociologiquement entre Hutus (agriculteurs) et Tutsis (pasteurs), se massacrant sauvagement les uns les autres, à coup des machettes. Catholiques et Protestants s'entretuent en Irlande du Nord, simplement pour une question de foi. Et que dire du comportement barbare du peuple de la Bosnie Herzégovine, divisé entre Serbes, Croates et Musulmans ; lequel comportement fondé sur une haine sans limite, facilité par l'usage de la technique. La liste des exemples est longue ...

En tout cas, lorsqu'on évoque *Homo Sapiens*, il convient d'inclure toujours en lui son agressivité naturelle étant donné que la guerre, en tant que réalité universelle, tire son origine de ce que je peux appeler « caïnisme », c'est-à-dire l'expression de la dialectique d'intolérance, de tout esprit d'agression ou d'exclusion ; bref, de la tendance belliqueuse qui réside dans l'homme[30]. Car, pour l'homme, il y a l'amour dans le sentiment et l'agressivité dans l'instinct. Puisque la guerre se fait porter dans les cœurs des hommes, ceux-ci y affectent des moyens techniques importants. Dans tout cela, l'ironie du sort est qu'il se révèle toujours facile de faire la guerre que de conclure la paix.

On dit en latin « *si vis pacem, para bellum* » (si tu veux la paix, prépare la guerre). Dans l'ethnie Ngbaka située en pleine forêt équatoriale dans la région qui s'étend entre le Congo et l'Oubangi, en Afrique centrale, chaque individu porte sur lui une arme en permanence pour assurer sa propre défense. Lorsqu'un homme, armé, rencontre un autre dans un bosquet, au lieu de le saluer d'abord, il l'interroge : « As-tu ton poignard ? » Si celui-ci lui en présente un, l'interlo-

[30] Ce point de vue est confirmé dans *La Sainte Bible*, en Marc 7:21.

cuteur le congratule et le laisse partir en paix, mais s'il n'en dispose pas, il le blesse.

Les prédicateurs chrétiens d'aujourd'hui enseignent que Jésus-Christ est le Prince de la paix, or dans son évangile, Jésus affirme le contraire : « je ne suis pas venu apporter la paix, mais l'épée (Mathieu 10 : 34). » Et dans l'évangile selon Luc, presque les mêmes propos sont repris lorsque Jésus recommande : « que celui qui n'a pas d'épée vende son vêtement et achète une épée » (Luc 22 : 36)[31]. Au Moyen Âge, à l'époque des croisades, les chrétiens ne fondèrent pas moins leurs arguments sur ces passages bibliques afin de pouvoir justifier ce qu'ils appelaient « guerre sainte ». Ces mêmes arguments sont coraniques (djihad). Le prophète Mahomet ne cessait de répéter dans ses prières quotidiennes en forme de sourates : « Oh Allah ! Donnes-moi ton sabre ». Aujourd'hui encore, les fondamentalistes musulmans s'en servent pour commettre la barbarie.

3. Le désir ludique

Contrairement aux tempéraments horribles des hommes en temps de guerre, les activités de la société humaine en temps de paix sont dominées par les pratiques ludiques et des distractions. On sait bien que le jeu est à la fois un phénomène biologique et une activité culturelle. En tant que réalité biologique observable, le jeu s'étend à la fois au monde animal et au monde humain. Beaucoup d'animaux savent jouer et danser. *Homo Ludens*[32]partage également cette nature, mais la différence avec les animaux se situe au niveau où le jeu chez l'homme trouve son élévation jusqu'à devenir une culture. La ludologie enseigne que la culture vient du jeu qui est à la fois liberté et invention, fantaisie et discipline[33]. Toutes les manifestations importantes de la culture, affirme Roger Caillois, sont calquées sur le jeu[34]. Elles sont tributaires de l'esprit de recherche, du respect de la règle, du détachement qu'il crée et qu'il entretient. Dans sa dimension essentielle-

---

[31] En évoquant ces versets bibliques, mon souci est de donner simplement une certaine interprétation sur le sens de l'autodéfense et sa gravité face à l'ennemi. Mais, les théologiens, se référant à l'épitre aux Ephésiens 6:17, expliquent que l'épée dont Jésus parle n'est autre chose que la parole de Dieu.

[32] Johan HUIZINGA, *Homo Ludens. Essai sur la fonction sociale du jeu*, Paris, Gallimard, 1951, 340 pages.

[33] Roger CAILLOIS, *Les jeux et les hommes*, Paris, Gallimard, 1958, p. 94.

[34] *Idem.*

ment culturelle, le jeu est, certes, une activité récréative destinée à agrémenter les sentiments humains, mais aussi un instrument de socialisation et d'éducation. Les hommes auraient mimé, par le jeu les occupations corporelles et morales auxquelles la vie moderne les forçait à renoncer. Théâtres, jeux de rôle, jeux d'adresse, jeux compétitifs, charades, satires, etc., sont l'expression d'une éducation par le jeu à travers les âges.

Sur le plan biologique, le jeu n'a d'autre but que le plaisir qu'il procure au sein même du corps de l'homme. Le désir de jouer est un besoin, un sentiment pour l'être humain. Dans l'état de nature, la pratique du jeu caractérise la liberté de l'homme et sa capacité de se mouvoir. Ce dernier affecte des moyens techniques importants pour parvenir à une parfaite organisation ludique. La fabrication des instruments de jeu - par exemple tambours, cymbales, xylophones, échiquiers, boules, paumes, billes, dés, etc. - constitue une marque du désir qui anime l'être humain dans sa culture de l'esprit par les activités ludiques. En Afrique, par exemple, le jeu occupe une place de choix parce qu'il crée l'harmonie et l'entente entre les membres d'une même société. La danse et la musique ont pour but de maintenir l'univers dans ses voies et de contraindre la Nature au profit de l'homme. Ces deux activités artistiques s'intègrent dans le jeu et forment une identité d'essence : c'est l'expression d'un état de joie dense. Des festivités organisées pendant les saisons témoignent de la prospérité de la cité. À l'occasion d'une fête saisonnière, la communauté célèbre par des spectacles sacrés un grand événement de la vie de la Nature. Mais, les instruments ludiques servent aussi à l'animation des cultes (liturgie) et deuils (*requiem*). Certains instruments sont sacrés parce que fabriqués à l'aide des puissances surnaturelles, tels le tambour ventriloque et le tam-tam à langage tambouriné.

Lorsqu'il s'agit d'un rituel religieux, la musique y tient une place prépondérante. Elle change l'existence en aspiration et, par-là, favorise l'approche du surnaturel. Toute la mélodie, tous les sons, sont censés venir du cœur. Ils possèdent cette qualité intérieure à cause de récitations cantillées, psalmodiées, chantées pour exprimer la joie ou le mal de vivre.

L'organisation des compétitions sportives est courante entre les individus d'une même localité ou entre les personnes des différentes contrées. Par souci d'émulation, chaque territoire se trouve ainsi dans l'obligation de perfectionner son savoir-faire pour bien équiper ses vaillants. Le jeu prend ici un caractère éducatif pour servir à une mission patriotique. Ce système a été développé par les anciens Grecs, initiateurs des « jeux olympiques ».

4. Activité providentielle

La technique est un instrument de survie par excellence pour l'homme et la société. Elle accomplit à ce titre une fonction providentielle. Sans elle, l'être humain perd son état d'homme, descendant de *Sapiens*. Car, sur le plan éco-culturel, l'activité qui le démarque le plus de l'animal reste la pratique de l'agriculture, autant que l'usage du langage l'est sur le plan biophysiologique. Depuis toujours, l'être humain assure sa survie par des activités que l'espèce animale n'est pas en mesure d'accomplir, notamment l'agriculture et la forge ; d'où l'utilité qu'il ressent constamment et qui lui permet d'y affecter d'importants moyens humains et matériels.

Il existe dans la pensée classique une certaine ambiguïté à propos de l'objet de la technique en tant qu'instrument de survie. Dans les cités gréco-latines antiques, la technique ne se présente pas comme moyen providentiel ; car elle fait souvent appel à des outils dont les procédés d'emploi nécessitent un effort pénible : le travail. Toute maîtrise technique n'est pas l'apanage de l'homme libre. Dans son livre *Pour un autre Moyen Âge*, Jacques Le Goff affirme que jusqu'au début de l'époque médiévale, le travail n'était pas une valeur[35]. Selon cet auteur, l'héritage judéo-chrétien a offert aux hommes du Moyen Âge un arsenal idéologique contenant des armes à l'appui de toutes les positions sur le caractère intrinsèque de la technique[36]. Ces positions se polarisent, d'une part autour des textes évangéliques proposant l'abandon à la Providence, à l'exemple « des lys des champs et des oiseaux du ciel[37] », et d'autre part autour des épîtres pauliennes évoquant l'importance inconditionnelle du travail dans la société : « Si quelqu'un ne veut pas travailler, qu'il ne mange pas non plus[38]».

En dépit de cette ambivalence idéologique, la question de technique-providence s'insère mieux dans la logique d'Hésiode, poète de l'antiquité grecque qui estimait que la technique est un don de Dieu, au même titre que la terre, parce qu'elle permet à l'homme de pro-

---

[35] Jacques LE GOFF, *Pour un autre Moyen Âge. Temps, travail et culture en Occident : 18 essais*, Paris, Gallimard, 1977, p. 109.

[36] *Ibid.*, p. 115.

[37] Mathieu 6 : 25-34, Luc 12 : 27.

[38] Thessaloniciens 3 : 10.

duire[39]. Selon Hésiode, l'agriculture reste la forme la plus noble de l'activité technique. Le travail agricole donne lieu à deux catégories de cultures : arbustive et céréalière. L'arboriculture prolonge l'économie de cueillette. Ses produits apparaissent comme des dons de la Nature, des bénédictions qu'on rapporte à des divinités dispensatrices de richesses qui, chez les Grecs, signifient « abondance de joie[40]».

Cette conception de divinités dispensatrices se fait aussi remarquer dans certaines sociétés négro-africaines au sein desquelles un culte solennel est rendu aux mânes des ancêtres à l'occasion de la nouvelle récolte saisonnière. Jean-Pierre Vernant d'estimer que la fonction de ces divinités « est de faire croître les rameaux et d'épanouir les fruits suivant un rythme des saisons auquel l'homme participe moins par son labeur que par le retour périodique de fêtes et de festins qui réalisent la communion avec les dieux[41] ». Ici la technique de l'homme présente une infime utilité. Pendant la consommation, la société n'apprécie pas la force physique affectée au processus productif, ni le mode de production, ni les moyens techniques utilisés, elle loue au contraire la bienveillance de Déméter, le dieu de la terre.

C. **Utilité de la technique dans l'autosuffisance et dans la frugalité**

1. Théorisation de l'utilité technique

L'utilité est une notion essentiellement économique. Elle exprime l'attitude d'un facteur productif à satisfaire un besoin économique individuel ou collectif. Ce facteur peut être, soit la Nature, soit l'homme, soit la technique. Mais c'est la combinaison d'au moins deux facteurs qui procure l'assouvissement d'un besoin.

Généralement, lorsqu'un facteur de l'activité économique accuse une rareté déprimante, son utilité augmente ; au contraire lorsqu'il est abondant, son utilité diminue. Cette théorie se justifie objectivement dans des sociétés traditionnelles où les hommes vivent aux dépens des données providentielles. Dans ces sociétés soumises aux variations naturelles, le volume des données providentielles (ressources naturelles, bonnes conditions climatiques, main d'œuvre abondante) signale l'indice de l'autonomie d'une société devant les

[39] Jean-Pierre VERNANT, *Mythe et pensée chez les Grecs. Études de psychologie historique, tome II*, Paris, François Maspero, 1974, p. 18.
[40] *Idem*.
[41] *Idem*.

exigences techniques. Par contre, la rareté et l'infertilité (sécheresse, intempéries hivernales ou pluvieuses, etc.), stimulent davantage la curiosité scientifique et technique. Paradoxal à certains égards, ce point de vue corrobore l'affirmation de Jacques Neirynck qui estime qu'une société n'a aucune propension à changer son système technique si elle n'est pas insatisfaite du système précédent[42].

Ce phénomène d'utilité est beaucoup plus remarquable dans le monde animal où se manifeste souvent une grande précarité de l'environnement devant les agressions extérieures. À savoir, l'oiseau a perfectionné la technique de tissage du nid pour braver les intempéries saisonnières ; le lièvre et le rat savent étrogner la terre afin d'aménager leurs gîtes avec garantie d'assurance. Mais la tortue, dotée de sa carapace, un habitat incorporé par la Providence, ne maîtrise aucune technique en la matière. Aussi le lion et le tigre, réputés plus forts que d'autres animaux, ne savent ni construire ni édifier par manque d'utilité de le faire.

Cependant, la notion d'utilité devient incongrue dans notre monde moderne. Elle est paradoxale, certes, mais justifiable à la lumière de certaines illustrations tirées du monde africain.

En effet, l'Afrique subsaharienne profonde, par exemple, se répartit en deux civilisations matérielles : la civilisation de la savane et la civilisation de la forêt. Dans les régions de la savane, l'économie est d'origine agraire, nécessitant plus de moyens techniques que dans les régions forestières où le système économique se base essentiellement sur la cueillette. Par conséquent, on découvre une société productrice dans la civilisation de la savane et une société prédatrice dans la civilisation de la forêt.

Voici comment Jacques Neirynck donne une explication à ce même phénomène : « On peut analyser la grande mutation qu'ont représentés l'agriculture, l'élevage, la sédentarisation lors de la révolution néolithique : des chasseurs satisfaits de leur sort ne se seraient pas mués spontanément en agriculteurs, astreints à une tâche harassante et monotone, s'ils n'y avaient été poussés par la raréfaction du gibier et la densité croissante de la population humaine. Nul ne bouleverse son style de vie aussi longtemps qu'il en est raisonnablement satisfait[43]». L'auteur affirme de surcroît qu'il en a été de même pour la révolution

[42] Jacques NEIRYNCK, La troisième révolution industrielle et ses enjeux humains, *Revue européenne des sciences sociales, Cahiers Vilfredo Pareto*, Tome XXIX, n° 91, Genève - Paris, Librairie Droz, 1991, p. 13.
[43] *Idem.*

industrielle. Il écrit : « la compétition pour les ressources rendait le système technique médiéval, essentiellement agricole, tout à fait insuffisant par rapport aux besoins. Quels qu'aient pu être les dangers de l'exploitation du charbon, il a fallu les courir : l'utilisation de la machine à vapeur permit à la fois de réaliser une extraction massive de charbon et de se fournir à elle-même son combustible. De fil en aiguille la solution au problème de l'énergie a entraîné une foule d'innovations, qui n'ont pas cessé d'apparaître depuis[44] ».

Dans l'histoire de l'humanité, le progrès technique résulte toujours de sommes de découvertes matérielles croissantes faites par les hommes à travers le temps pour résoudre leurs difficultés vitales, pour éliminer les contraintes naturelles. Toutes les sociétés qui ont atteint aujourd'hui un degré de développement matériel fort avancé ont été à leur stade traditionnel fortement concernées par la réalité d'utilité technique. Ce facteur a permis de promouvoir de nombreuses découvertes qui, au cours des âges, ont accru la puissance d'action de l'homme sur la matière.

2. Autosuffisance et technique

En réalité, il n'existe pas de société d'abondance à l'état pur : un monde où coulent le lait et le miel ; où la manne tombe du ciel. Certes, il est un souhait naturel pour toutes les races humaines confondues de vivre dans un environnement au sein duquel rien ne manque, un monde comblé de tous les biens nécessaires pour l'homme ; mais toute société que l'on puisse imaginer sous cet aspect en faveur du genre humain ne pouvait être que chimérique. En France, avec la mise en place des banques alimentaires, des boutiques de la solidarité et des restaurants du cœur, on rêve d'atteindre cet idéal, mais la société française reste encore confrontée à de nombreux problèmes sociaux aptes à l'empêcher de réaliser sitôt un tel pari.

Le discours judéo-chrétien présente le paradis d'Adam comme monde de l'autosuffisance, de l'abondance, sans préciser si cet hominien biblique avait déjà maîtrisé la technique. Dans ce contexte, je pense bien que la technique n'avait pas sa raison d'être, car Dieu avait pourvu à tout ce dont Adam et son épouse avaient besoin, avant qu'ils ne soient chassés du paradis.

---

[44] *Idem.*

Le christianisme et d'autres religions prêchent sans cesse qu'il existe un bonheur illimité au ciel, et ceux qui y vivront ne connaîtront ni contrainte, ni supplice, ni travail, ni famine... ; bref, ni technique. Cette croyance persiste aussi dans la société négro-africaine, notamment chez les Bantous, qui estiment que la vie aurait une continuité dans l'Au-delà, village où vivent encore des ancêtres dans une situation paisible. Mais puisque les Africains admettent que la technique est un don de l'Au-delà, cela suppose que la technique serait bel et bien pratiquée dans l'Au-delà.

À l'issue de la révolution prométhéenne, le monde occidental entrait dans la première phase de la domestication de la technique. Platon et Aristote dans leurs discours ne cessaient de préconiser l'idéal d'un monde de bonheur où les hommes vivraient matériellement heureux et moralement meilleurs. Pour eux, la technique était le lot des esclaves qui devaient l'utiliser au profit des hommes libres. Bien qu'une excellente inspiration pour le système capitaliste, je pense que lorsque, tôt ou tard, la société occidentale aura atteint l'abondance absolue des biens de consommation, la technique pourra disparaître d'elle-même. À ce sujet, Karl Marx, dans son projet de société, semblait être aussi chimérique parce qu'il envisageait un changement par la révolution pour réaliser cette abondance que lui-même appelait « soir rouge », au lieu de laisser les choses aller d'elles-mêmes.

Si les sociétés africaines n'ont pas pu développer des moyens techniques de plus en plus performants avant le 15e siècle, c'est tout simplement à cause d'une situation d'abondance et d'autosuffisance dans laquelle elles se sentaient. La Nature leur était favorable jusqu'à cette période parce que tout provenait d'elle, notamment les produits de la pêche, de la chasse, de la cueillette et de l'agriculture vivrière. Elle était nourricière et ils étaient enfants de la Mère-Nature. Cette illusion a occasionné aujourd'hui un retard en leur défaveur, dans la course au développement. Paradoxe étonnant est qu'un pays du Sahel comme le Burkina-Faso privé de facteurs naturels par le désert parvienne à exporter certaines denrées alimentaires que le Congo ou la Centrafrique, mieux dotés en Nature, doivent importer. C'est parce que le Burkina a privilégié les techniques agricoles, négligées au Congo et en Centrafrique.

Mais puisque tout excès nuit, dit-on, l'abondance doit présenter son inconvénient majeur : elle épuise la Nature. J'en suis moi-même témoin d'avoir pu remarquer durant mon séjour en Europe comment le monde rural européen force la Nature à produire, avec des engrais à base de formules chimiques diverses, enfouis dans le sol pour le rendre fertile.

L'agriculteur occidental ne pratique plus ni l'assolement ni la jachère pour laisser reposer la terre arable. Snob ou pas, il reste toujours engagé, pour des raisons de concurrence et de croissance, dans la course à la production. Et au sujet du snobisme, David Riesman écrit[45] : « Il y a longtemps que l'on a remarqué que les cultivateurs américains ont tendance à se suréquiper, et l'on pourrait aujourd'hui faire observer que les industriels américains ont tendance à « faire de l'épate » avec leurs nouvelles usines et leurs nouvelles machines-outils : les Amish[46] n'ont-ils pas été tant soit peu « de ce monde » en cédant à cette vanité des producteurs si facile à légitimer par de bons prétextes? » Riesman appelle cette recette fort coûteuse : production ostentatoire, c'est-à-dire une sorte de consommation productive où les énergies écartées de la consommation individuelle par des règles somptuaires se trouvent canalisées vers des façons de produire imposantes, luxueuses ou tape-à-l'œil[47]. Dans tout cela, l'objectif n'est pas la consommation, mais la croissance de l'abondance. Mais, à quoi servira-t-elle lorsque l'utilité marginale du consommateur aura atteint son point zéro, lorsque tous seront à satiété, lorsque finalement le marché n'aura plus de demandeurs à cause de sa saturation. Cela ne pourra qu'entraîner le gaspillage sans doute. Déjà en 1989, le Club de Rome s'alarmait dans un rapport titré « Halte à la croissance ». L'essentiel de ce rapport résidait dans l'idée très simple selon laquelle un système en expansion accélérée ne peut indéfiniment se développer dans une enveloppe finie[48]. Car, au voisinage des limites inhérentes devaient se produire des déséquilibres et se généraliser des désordres capables de désarticuler une civilisation en train de devenir planétaire. Cette dimension du problème va d'ailleurs nous permettre de comprendre comment l'homme se maintient dans la société de survie par l'usage des instruments techniques.

3. Frugalité et technique

À la différence d'une société d'abondance absolue (qui ne pourrait être qu'utopique), une société frugale, c'est-à-dire société de crise ou de pénurie, reste celle au sein de laquelle la technique trouve son

[45] David RIESMAN, *L'abondance, à quoi bon ?*, Paris, Robert Laffont, 1969, p.40.

[46] Selon la note de David Riesman (op. cit.), les Amish sont les créateurs de la coopérative américaine "*Amana Society* " spécialisée dans la fabrication des appareils électroménagers qui constituaient le premier ornement du foyer d'une maîtresse citadine aux Etats-Unis.

[47] David RIESMAN, *op. cit.*, p. 40.

[48] Ph. BRETON, A.M. RIEU, F. TINLAND, *op. cit.*, p. 111.

fondement réel, car objectivement, les hommes y luttent pour leur survie. Au paradis d'Adam aussi bien qu'au ciel où Dieu est domicilié, la technique n'a pas sa raison d'être parce que les anges et les saints ne connaissent pas de pénurie. Dans ce contexte, la véritable vocation de la technique ne peut se justifier que dans une société de rareté où les biens sont évalués en termes économiques. C'est dans ce sens que l'on pourra imaginer l'existence de la technique dans l'empire infernal de Lucifer.

Pour comprendre ce phénomène, il convient de le présenter en se rapportant aux forces du milieu. La notion d'environnement est l'une de celles qui tendent le plus facilement à suggérer des conceptions mécanistes et à rendre compte d'une évolution par des phénomènes de passivité : la résistance aux agressions environnementales, par exemple. Ceci permet d'estimer qu'à force de lutter contre les intempéries du froid, le monde du nord a eu l'occasion d'accéder à la technique de chauffage, et de surcroît, découvrir la machine à vapeur puis l'électricité. Aussi, il importe de bien tenir compte des acquisitions des sciences biologiques, dont les enseignements nous parlent un autre langage, en l'occurrence le darwinisme, c'est-à-dire sélection naturelle, lutte pour la survie considérée comme mécanisme essentiel de l'existence humaine. Ce phénomène reste à la base d'une mutation fondamentale ayant fait que l'homme s'est emparé de son milieu et a commencé pour la première fois à intervenir dans les cycles naturels, à cultiver une terre, à façonner une propriété. La justification de cette mutation se trouve dans la croissance démographique face à laquelle les ressources sauvages deviennent peu à peu insuffisantes. L'homme, compte tenu du déséquilibre entre population et ressources, est alors obligé de se livrer à l'agriculture pour pallier un manque, une pénurie.

Certes, aucun être vivant n'a pour milieu naturel la totalité des phénomènes physiques qui coïncident avec sa propre existence. Tout être dispose d'une activité répondant à ses besoins et se trouve sujet aux activités dans un certain cadre de réalité géographique, qui constitue le milieu naturel. Ce milieu dépendra en grande partie de la concurrence vitale. C'est ce que, sur le plan macroéconomique, l'économiste David Ricardo appelle « théorie des avantages comparatifs ». En effet, dans son illustre ouvrage intitulé *Des principes de l'Economie politique et de l'impôt*, Ricardo énonce que toute société doit produire et exporter les produits pour lesquels elle présente beaucoup d'avantages, et à l'inverse, elle doit moins produire et importer ceux qui ne lui sont pas avantageux. À titre d'exemple, l'auteur suppose le cas du commerce anglo-portugais : « L'Angleterre peut se trouver dans des circonstances telles qu'il lui faille, pour fabriquer le drap, le travail de cent hommes par an, tandis que, si elle voulait faire du vin, il lui faudrait peut-être le travail de cent vingt hommes par an : il serait donc de l'intérêt de l'Angleterre d'importer du vin, et d'exporter en échange du drap[49] ». C'est cette stratégie qui a manqué à tous les pays d'Afrique subsaharienne au lendemain de leur indépendance. Au lieu de s'engager dans les techniques agricoles d'autant qu'ils étaient assez dotés de facteurs naturels, ils ont préféré se spécialiser dans le secteur industriel dont ils n'avaient ni la maîtrise ni l'équipement.

Si les Africains s'étaient d'abord engagés dans le secteur primaire, notamment dans les techniques agricoles appropriées, ils auraient exporté plus jusqu'à accumuler des capitaux qui leur auraient servi à investir dans les biens d'équipement. Ceci s'accorde à l'exemple de Ricardo quand il écrit : « Supposons maintenant que l'on découvre en Angleterre, pour faire du vin, un procédé tellement avantageux qu'il fût profitable à ce pays de la faire avec son propre raisin que de l'importer ; dans ce cas, une partie du capital de l'Angleterre serait détournée du commerce intérieur. L'Angleterre cesserait de fabriquer du drap pour l'exportation, et elle ferait du vin pour sa consommation. Le prix en argent de ces articles se serait réglé en conséquence. Le vin baisserait en Angleterre, pendant que le drap se maintiendrait à l'ancien prix ; tandis qu'en Portugal il n'y aurait aucun changement dans le prix de l'un ni de l'autre[50]». Les pays africains auraient réalisé cette situation si, après avoir investi dans les biens d'équipement modernes avec les ressources d'origine agricole, ils étaient parvenus à développer le secteur secondaire. Autrement dit, ces pays auraient commencé à produire eux-mêmes des biens de consommation et à transformer leurs matières premières en produits finis, s'ils avaient mobilisé des capitaux à partir d'une commercialisation intense des produits agricoles, en dépit de la détérioration artificielle des termes de l'échange cautionnée aujourd'hui par des intérêts essentiellement cupides.

Depuis que l'agriculture est restée l'activité majeure de la famille humaine, le défi de vaincre la pénurie semble être gagné. Aujourd'hui, dans le monde, presque tous les pays technicisés sont avant tout agricoles. C'est à cause de l'agriculture qu'il existe toujours un

---

[49] David RICARDO, *Des principes de l'économie politique et de l'impôt*, Paris, Flammarion, 1977, p.117.
[50] *Ibid.*, p. 119.

centre et une périphérie, la ville et la campagne : phénomène provoqué par la crainte de la disette, c'est-à-dire la résistance des uns et la rétraction des autres. Dans l'Antiquité gréco-romaine, chaque ville disposait toujours dans son environnement immédiat d'un territoire dont le rôle était de l'alimenter. Mais, Carthage, Athènes, Alexandrie et Rome, vont être amenées à chercher bien au-delà de leur environnement immédiat leurs ressources alimentaires[51], sans doute à cause de leur importance démographique. De même, la pénurie qui sévissait en Europe au 16e siècle permit aux Européens de découvrir une terre d'esclaves en Afrique... En tout cas, la crainte de la disette est constante et de nombreux exemples prouvent qu'elle repose sur des réalités vécues.

Quoi qu'il en soit, les possibilités offertes par le cadre physique d'une société sont, au départ, souveraines, et seuls les progrès des techniques ont permis à l'espèce humaine de s'en affranchir relativement, à partir d'un certain niveau d'évolution. D'ailleurs, ceci nous permet d'entrevoir la façon dont l'homme réalise ces transformations par les différents systèmes techniques tirés de son corps et de son esprit.

D. Typologie des systèmes techniques

Très souvent, quand nous parlons de la technique, nous avons dans l'esprit une opération mécanique. C'est là une vue trop sommaire. L'ensemble des techniques antérieures à la technoscience comporte, à vrai dire, trois aspects : l'aspect instinctuel, primitif, tiré de la force biologique ; le type mécanique et ses traditions d'usage ; et enfin, le système intuitionnel ou sensuel, qui crée et innove des mécanismes par l'intelligence. À cette observation semble correspondre l'image qu'évoque Maxime Laguerre lorsqu'il écrit : « Chaque homme peut se définir par trois éléments principaux : l'inné (nature profonde, intransformable) ; les habitudes, qui forment la seconde nature : ce sont des dispositions acquises, généralement avant l'âge adulte, qui règlent notre comportement. Cette seconde nature est plus ou moins transformable. Enfin, troisième élément, l'acquis culturel, le plus souvent formé de connaissances abstraites[52] ».

---

[51] M.C. AMOURETTI et G. COMET, *Hommes et techniques de l'Antiquité à la Renaissance*, Paris, A. Colin, 1993, p. 61.

[52] Maxime LAGUERRE, *L'Ordre Naturel. Essai à contre-courant*, Paris, Editions de l'Eternel retour, 1993, pp. 131-132.

1. Système technique instinctuel ou primitif

Le système technique instinctuel ou primitif est vraisemblablement inné. Seule la psychologie expliquerait mieux comment il fonctionne dans les sociétés humaines. Mais, les anthropologues et certains ethnographes les appellent « techniques du corps »[53], c'est-à-dire techniques qui ne comportent ni mécanisme, ni fabrication et qui sont des savoir-faire collectifs. Nager, grimper rapidement aux arbres, etc., sont autant de techniques, au même titre que le maniement de l'outillage, puisque ces comportements ne sont pas communs à tout genre humain comme la marche, la course ou le saut, mais font partie de tel ou tel capital culturel caractérisant telle société et non telle autre. Aussi, il conviendrait d'établir cette filiation : la caractéristique initiale des hommes par rapport aux animaux est le rituel. Car ce sont les rituels qui ont permis d'étendre les instincts en « techniques du corps »; les « techniques du corps », à leur tour, ont lentement formé une humanité capable de travailler. Pierre Erny, dans son livre « L'enfant et son milieu en Afrique noire[54] », fait remarquer que l'homme négro-africain, dès sa naissance, doit passer par l'itinéraire que lui tracent des rites s'il veut être un homme complet en tant que membre utile d'une collectivité, « s'il veut être fixé dans sa nature propre qui convient à chaque âge, à chaque phase de sa vie ». Ainsi l'auteur compare les rites aux sacrements dans la mesure où « ils constituent autant d'étapes vers une certaine plénitude d'être[55] ». L'objectif de ces initiations, selon Pierre Erny, est de placer l'individu à l'intérieur d'une sorte de problématique existentielle et d'esquisser devant lui les grandes lignes de sa nature et de sa destinée d'homme[56]. Dans la société Mongala, au nord du Congo, par exemple, un natif riverain ne peut jamais se noyer dans le fleuve. La pirogue étant parfois un lieu d'accouchement, le nouveau-né se voit immergé - pour ne pas dire baptisé - dans le courant du fleuve immédiatement après sa naissance. Ce rite lui confère une capacité naturelle de s'accoutumer à l'écosystème fluvial. Les colonisateurs appelaient les populations de cette société « les gens d'eau », puisque toutes leurs activités étaient concentrées sur le fleuve.

---

[53] Marcel MAUSS, *Sociologie et anthropologie*, op. cit., 372

[54] Pierre ERNY, *L'enfant et son milieu en Afrique noire*, Paris, L'Harmattan, 1987, p.44.

[55] *Idem.*

[56] Pierre ERNY, *L'enfant dans la pensée traditionnelle de l'Afrique noire*, Paris, L'Harmattan, 1990, p. 171.

Il en est de même aussi pour les gens de la forêt que les ethnologues appellent « aborigènes » ; ceux-ci savent grimper aux arbres de façon fort étonnante et, en même temps, ils manifestent une extraordinaire maîtrise dans les domaines de la chasse et de la cueillette.

Par ailleurs, les animaux ne présentent que des rares exemples d'une telle extension collective des instincts par le dressage. D'ordinaire le comportement animal juxtapose constamment l'extrême fixité et l'extrême fantaisie. Extrême fixité pour tout ce qui est instinct - fixité d'origine biologique, puisque les petits n'ont pas besoin d'exemples ou de dressage, et se comportent spontanément comme si un modèle leur avait été fourni. Comme écrit encore Maxime Laguerre : « Lorsque l'oisillon quitte le nid qu'il n'a jamais vu construire, il sait à peine comment il est. Il n'y retourne jamais, et au printemps suivant, il est prêt à construire le sien pour la première fois, qui sera parfait du premier coup[57] ». Dans sa nature, l'oisillon maîtrise l'architecture du nid tellement que l'on peut supposer qu'elle s'est perfectionnée au cours de dizaines de milliers d'années, estime l'auteur. Fantaisie, certainement pour tout ce qui n'est pas affaire instinctive (réflexes conditionnés) ; fantaisie également qui fait que tant d'humains trouvent un délassement, un amusement sans fin à quelque compagnie animale. Mais, un jour, je pus moi-même observer, dans la campagne alsacienne, un nid d'hirondelles construit à base d'un mortier de terre armé. C'est pourquoi, j'ai toujours donné raison à Laguerre pour sa conclusion lorsqu'il écrit : « C'est fantastique le nombre de choses que savent faire les animaux, d'instinct, sans recevoir aucune leçon. Et nous, les hommes, on veut nous faire croire que nous ne saurions rien faire si on ne nous l'apprenait pas[58]».

De son côté, Pierre Ducassé aborde presque de la même façon le problème en estimant que tout être vivant porte en lui, sous une forme ou sous une autre, la loi interne de son activité[59]. D'abord, certaines espèces vivantes sont naturellement dotées des dispositions physiques performantes. La nageoire et l'aile sont les œuvres apparentes de cette ingéniosité constructrice, aujourd'hui enviée même par l'homme qui en a fait des imitations spectaculaires. Ducassé avoue alors que l'instinct qui pousse les abeilles, les castors, les oiseaux à des actes aussi précis que la fabrication de cellules hexagonales, la cons-

[57] Maxime LAGUERRE, *op. cit.,* p. 104.
[58] *Ibid.*, p. 105.
[59] Pierre DUCASSÉ, *Histoire des techniques*, Paris, PUF, 1945, p. 6.

truction régulière d'une digue, l'édification d'un nid, reste mystérieux devant notre entendement. Toutefois, l'auteur en arrive à une nuance suite à laquelle reste clair ce que l'instinct réalise. Car l'animal, en répétant une ligne d'actes bien définis, suffisamment coordonnés, aboutit à une transformation opportune des choses extérieures, à une élaboration efficace des matériaux que la Nature lui offre. Or l'on retrouve également ce même procédé chez l'homme dominé par l'instinct. Mais puisqu'il s'agit de l'homme, on parle alors des procédés techniques, ou simplement des techniques, pour justifier cette suite d'opérations, d'actes coordonnés qui sont aussi maîtrisés chez l'animal et qui aboutissent à la transformation du milieu initial.

2. Système technique routinier ou mécanique

Contrairement au système primitif, inné, le système technique routinier ou mécanique est fondé sur les traditions d'emploi caractérisées par la permanence de l'outillage et des méthodes. Dira-t-on à un singe qu'il dispose d'une tradition technique puisqu'il imagine fort bien de transformer une baguette ou un bâton en un instrument, par exemple, pour ouvrir une lucarne hors de sa portée ? Non, car non seulement il n'aura pas fabriqué son instrument en modifiant intentionnellement l'objet dont il va se servir, mais surtout il le jettera ou le brisera aussitôt après ; il n'aura pas créé la moindre amorce de tradition.

Il ne suffit donc nullement, pour qu'il y ait acte technique, qu'une opération mécanique soit imaginée et réalisée. Il faut aussi la préparation du mécanisme, donc un travail, et surtout le recommencement, indéfiniment renouvelable, donc une tradition. Dans les techniques du corps (natation, etc.), il n'y a même ni préparation, ni utilisation de moyens mécaniques non corporels : mais il y a création et transmission indéfinie de comportements traditionnels, dont l'instinct ne suffit pas à rendre compte.

Je peux dire autrement qu'à peine née par instinct, la technique aurait été premièrement effective et manifeste avant de progresser, faute de quoi elle n'existerait pas. Certes, le point de départ de la technique est une tendance à l'immobilisme, mais celui-ci s'efface lorsque la tradition se développe. Et finalement, ce qui n'est que répétition devient plate routine.

Puisque les rituels ont une large influence sur les techniques du corps, ils interviennent aussi dans les traditions techniques. Pour que l'acte concret, toujours divers sous ses formes instinctives, soit devenu le geste de travail rigoureusement conforme à une tradition, il a vraisemblablement fallu que le geste rituel servît d'intermédiaire, puisque l'efficacité du rituel réside non pas dans l'effet matériel final mais dans le moindre détail des installations, des mouvements, des bruits, des chants qui le composent. C'est une efficacité permanente et non une efficacité de bilan. Les paysans africains ont l'habitude d'exposer quelques échantillons de lingots de maïs écossés sous les vérandas pour symboliser la récolte, j'ai observé aussi cette coutume chez les paysans européens, dans leurs granges. Les exemples de ce genre sont légion. Ceci prouve qu'il ne semble pas avoir existé pour l'humanité naissante d'autre école d'exactitude dans la tradition technique. D'ailleurs, on attribue volontiers aux groupements sacerdotaux un rôle de premier plan dans le développement des premières techniques agricoles ; les ordres monastiques ont été à l'avant-garde du développement économique après la fin du monde romain ; et jusqu'à nos jours les métiers artisanaux et paysans ont gardé certaines structures sociales traditionnelles en partie religieuses : les confréries, et les compagnonnages (où le mythe et le rite sont très développés).

3. Système technique sensuel ou intuitionnel

Je viens de vous faire voir que la technique est née de l'instinct transformé et n'a pu se constituer que grâce à la force de l'esprit de conservation, exercée par le groupe. Du moment que l'intuition humaine intervient, soit pour multiplier les mécanismes de standardisation de l'outillage technique, soit pour les modifier par l'innovation, ceci m'amène à parler d'un système technique sensuel ou intuitionnel.

Quand l'intuition et la tradition se rejoignent, la technique évolue, grâce à la multiplication de nouvelles méthodes et de nouveaux procédés donnant lieu aux nouveaux moyens techniques. Il y a ainsi une dimension culturelle qui caractérise l'action technique. La culture ménage cette action intuitive qu'elle rénove régulièrement par le savoir-faire ou l'esprit de standardisation. C'est là aussi la grande différence qui existe entre l'homme et l'animal.

En achevant cette catégorisation exhibant les différents niveaux de la technique dans le milieu naturel, il convient donc d'insister sur cette différence entre l'être humain et les autres espèces vivantes. Il s'agit, bien entendu, d'indiquer les caractères fondamentaux de la technicité humaine - ceux qui distinguent dès le début l'outil des instruments inorganiques occasionnellement utilisés par des animaux appartenant à des espèces éloignées les unes des autres.

Les espèces vivantes végétales et animales réagissent aux transformations de leur milieu par des extensions et régressions que commande directement ce conditionnement extérieur, voire par des modifications biologiques favorables à leur adaptation. Quant à l'espèce humaine, elle a toujours réagi par des transformations intelligentes de son genre de vie, grâce à un foisonnement d'innovations techniques. C'est ce qui fait d'ailleurs son caractère mystérieux. Cette disposition permet alors à l'homme de résister aux contraintes du milieu contrairement à la façon dont s'adaptent les autres espèces vivantes. Si l'homme s'adapte, c'est en créant, donc en transformant son propre milieu, à travers le temps, selon les conditions de l'espace. Sa supériorité technique réside dans la coordination du cerveau et de la main : d'un cerveau plus apte à permettre des combinaisons multiples, d'une main plus apte à les réaliser, parce qu'elle n'est pas servilement adaptée à une seule fonction[60]. Cette coordination du cerveau et de la main n'est pas séparable de l'harmonie complète, mécanique et psychique, nerveuse et musculaire que représente, dans l'espèce animale, la structure humaine. Le destin de la technique s'annonce ainsi dans le total de ces aptitudes, aussi bien morales que physiques, par lesquelles l'homme apparaît comme le plus lumineux, et aussi le plus énigmatique, des êtres organisés[61]. En l'occurrence, l'aptitude à vivre en commun, à développer sans cesse les caractères de la vie sociale, transforme la puissance technique de l'homme ; elle lui assure la maîtrise de l'espace et du temps.

Quoi qu'il en soit, c'est avec l'homme que les techniques prennent leur développement complet, parce que l'homme, par sa forme biologique et par l'aptitude de son cerveau, est non pas un simple répétiteur des procédés industriels de la vie, mais un novateur, un prodigieux inventeur de mécanismes nouveaux, tout différents de ceux que la Nature, par l'instinct, avait associés à la forme même du corps de l'animal, et à son propre comportement en tant qu'espèce bien déterminée.

Pour comprendre la singularité de cette puissance, de cette technicité, c'est-à-dire de la capacité de l'homme à transformer, il suffit de penser à la relation qui unit l'outil à son inventeur, donc relation

---

[60] *Ibid.*, p. 7.
[61] *Ibid.*, p. 8.

fondée sur une imagination matérialisable. Car, dans l'histoire de l'humanité, c'est cette faculté intuitionnelle de l'être humain (technicité humaine) qui lui a permis d'instaurer des symboles, de créer l'art et de produire la science, domaines de l'action technique que je vais bientôt examiner.

II. LA CULTURE TECHNIQUE HUMAINE DANS SON ÉTAT NATUREL

A. La notion traditionnelle de culture

1. Essai d'explication

Dans son livre « De l'éducation technologique à la culture technique », Yves Deforge indique deux chercheurs américains qui, dans une « Revue critique des concepts et définitions de la culture », ont réussi à recenser 164 acceptions du terme "culture" dans la littérature en anglais. Il en conclut : « c'est dire que le concept de "culture" s'entoure d'un certain flou[62] ».

Le mot de culture, dans son acception française classique, exprime l'idée d'un développement, d'un perfectionnement de la personne qui a enrichi en s'instruisant son goût, son sens critique et son jugement. Or, selon un mythe platonicien fort répandu, lors de la création du monde, les dieux chargèrent Epiméthée d'attribuer à chacune des espèces animales, des qualités appropriées. Il donna aux uns la force sans la vitesse, aux autres, la vitesse sans la force, et à tous, les moyens nécessaires à leur survie. Voulant les aider à supporter les saisons, il les revêtit d'épaisses fourrures et les dota de sabots de corne. Enfin il leur procura de la nourriture. Prométhée, venu examiner le travail de son frère, est surpris de constater que celui-ci a oublié de pourvoir la race humaine : l'homme est nu, sans chaussures, ni couvertures, ni armes. Alors Prométhée, ne sachant que faire, vole à Héphaïstos (Zeus) et à Athéna le feu et la connaissance technique, puis il en fait présent à l'homme pour lui permettre de survivre.

Ce mythe signifie que l'être humain est originairement nu et qu'il ne réussit à se protéger qu'en ayant recours aux artifices de l'outillage et aux ressources de la connaissance, comme le montre notamment Jean Brun dans son ouvrage intitulé « La nudité humaine[63]». Cette nudité primitive a été couverte, peut-on dire, par ce que les anthropologues modernes appellent culture pour désigner l'ensemble des formes acquises de comportement d'un groupe d'individus par une tradition commune, transmises par l'éducation. Il s'agit d'une concep-

[62] Yves DEFORGE, *De l'éducation technologique à la culture technique*, Paris, ESF Editeur, 1993, p. 21.
[63] Jean BRUN, *La nudité humaine*, Paris, Fayard, 1973.

tion proche à la vision de Jean Ladrière qui définit la culture d'une collectivité comme « l'ensemble formé par les systèmes de représentation, les systèmes normatifs, les systèmes d'expression et les systèmes d'action de cette collectivité[64] ». À travers cette définition, Ladrière met en exergue le rôle prééminent de la tradition considérée comme base fondatrice d'une culture collective. Les systèmes de représentation comprennent les symboles, les signes et les concepts à travers lesquels les membres de la collectivité s'identifient et trouvent ensemble une interprétation commune de l'univers dans lequel ils vivent. Les systèmes normatifs engagent toutes les valeurs qui caractérisent l'organisation interne de cette collectivité. Les systèmes d'expression comprennent les modalités matérielles et formelles par lesquelles les représentations et les normes peuvent être extériorisées. Enfin, les systèmes d'action englobent les modèles de médiations techniques qui permettent aux membres de la collectivité de maîtriser le milieu naturel.

De son côté, le sociologue Edgar Morin considère la culture comme « un système faisant communiquer, dialectisant une expérience existentielle, un savoir constitué[65] ». Il estime que la culture n'est ni une superstructure ni une infrastructure, mais le circuit métabolique qui joint l'infrastructure à la superstructure. Il en arrive finalement à la définition suivante : « La culture est une sphère informationnelle/organisationnelle qui assure et maintient la complexité humaine, individuelle et sociale, au-delà de la complexité spontanée qui naîtrait de la société, si elle était privée de ce capital informationnel organisationnel acquis[66] ». Cette définition étant profondément philosophique, je préfèrerais celle de l'UNESCO (1982) pour qui « La culture doit décrire l'ensemble des traits existentiels, c'est-à-dire concrets, des peuples entiers ; elle comprend les modes de vie et de production, les systèmes de valeurs, les opinions et les croyances ».

Pour ma part, ce que j'entends par « culture », c'est aussi l'habitude renforcée par l'intelligence, la mémoire et le langage. Sur le plan collectif, c'est l'unité du style, un comportement largement maîtrisé par un groupe et considéré comme patrimoine intellectuel. Puisque l'alimentation de la nature de l'homme constitue ce que j'appelle culture, il peut en résulter un grand danger de fermentation

---

[64] Jean LADRIERE, *Les enjeux de la rationalité. Le défi de la science et de la technologie aux cultures*, Paris, Aubier-Montaigne/Unesco, 1977, p. 16.
[65] Edgar MORIN, *Sociologie*, Paris, Fayard, 1984, p. 109.
[66] *Ibid.*, p. 345.

qui l'écarte des principes naturels. Mais lorsqu'elle suit la logique naturelle, la culture reste un produit nutritif destiné à développer la nature humaine.

2. Rapport entre nature humaine et culture

On ne peut mettre en doute le fait qu'à la diversité des sociétés, correspond la diversité des cultures. Mais il existe aussi une culture universelle commune à tous les hommes, qui est la marque de leur nature. C'est ce qu'affirme d'ailleurs Claude Lévi-Strauss : « Posons donc que tout ce qui est universel chez l'homme relève de la nature et se caractérise par la spontanéité, que tout ce qui est astreint à une norme, appartient à la culture et présente les attributs du relatif et du particulier[67] ».

Dans son entretien avec Charbonnier, Lévi-Strauss montre la distinction qui existe entre nature et culture. La nature, dit-il, c'est tout ce qui est en nous par hérédité biologique ; la culture, c'est au contraire, tout ce que nous tenons de la tradition externe : coutumes, croyances et institutions[68]. Autrement dit, la culture englobe les différents moyens de communication, les langages, les traditions orales, les croyances, les rites, les jeux, les coutumes, les conventions sociales, les modes de production et de consommation ainsi que la conscience des objectifs matériels, biologiques, psychologiques et spirituels dignes d'être poursuivis dans la vie. Ce qui constitue la culture, c'est en réalité toutes les habitudes ou aptitudes apprises par l'homme en tant que membre d'une société. Sous cet aspect, la culture suppose un ensemble de réponses qu'un homme ou un groupe d'hommes peut donner à son environnement, où il peut donner un sens à son activité et une raison à son existence. Elle est donc la matrice sociale qui confère sa valeur à l'existence individuelle.

Toutefois, la culture en tant qu'ordre à part entière, doit provenir de la nature car elle implique une quantité de facteurs d'ordre naturel. Dans ce sens, on trouve que dans toute société, quelle qu'elle soit, les hommes ont fondamentalement les mêmes besoins : nourriture, abri, cache-sexe, loisir, jeux, sport, etc. C'est ici que la culture hu-

---

[67] Claude LEVI-STRAUSS, *Les structures élémentaires de la parenté*, Paris, Editions Mouton et Cie, 1967, p. 352.

[68] Georges CHARBONNIER, *Entretiens avec Claude Lévi-Strauss*, Paris, Librairie Plon, 1969, p. 72.

maine doit se penser comme un ensemble des solutions trouvées par l'homme et par son groupe aux problèmes qui leur sont posés par leur environnement naturel et social. Sous cet angle, la culture humaine devient elle-même un phénomène naturel.

Mais, à côté de cet aspect phénoménal qui donne justification à la culture humaine, il existe des valeurs que l'homme et le groupe social doivent pratiquer et sauvegarder. Ces valeurs culturelles représentent l'*ethos* fondamental de la vitalité de toute société qui fait naître la conscience de soi et qui détermine les élans vers la dignité et la réussite. Elles s'incarnent dans les éléments biologiques, matériels et spirituels considérés comme principales composantes de la culture humaine.

3. Principales composantes de la culture humaine

Les éléments de la structure sociale qui concourent dans l'action humaine sont nombreux, on les trouve dans la culture et dans la civilisation de chaque peuple. Elles constituent également dans leur ensemble le substrat de la culture humaine. Je les ai énumérés et accouplés pour montrer la ressemblance des rôles qu'ils jouent dans telle ou telle société, dans la mesure où le défaut de l'un peut être comblé par la performance de l'autre ; et aussi pour faire voir la possibilité que certains d'entre eux auraient dans leurs couples respectifs, d'évoluer, de mœurs à institution.

a) La langue et l'écriture

Généralement, la langue et l'écriture sont des signes par lesquels les hommes entrent en communication entre eux. À partir d'elles, une culture institue son code et ses conventions. La différence entre les deux réside au niveau de leurs modes de transmission et de réception. Si la langue, avec son expressionnisme, fait appel aux données phonétiques en mettant en relation la bouche et l'oreille, interconnectées au cerveau, l'écriture - avec son graphisme - reste directement le produit du cerveau lié à la main. L'association entre la langue et l'écriture donne naissance à un autre élément important de la culture humaine : le langage. Et celui-ci est toujours matérialisé par des signes. C'est pourquoi, je le conçois tout simplement comme étant un système de signes servant de moyen de communication.

L'homme aussi bien que l'animal, vit dans un environnement peuplé de signes. Le langage du chien se fait entendre par les différents gestes qu'il exerce : quand il sautille on dit qu'il danse parce qu'il éprouve la joie ; quand il ventile sa queue on dit qu'il est accueillant ; quand il la replie on dit qu'il s'humilie ; quand il redresse son pelage dorsal on dit qu'il est fâché ; etc. Les objets et les êtres ont la signification que leur confèrent les besoins, les tendances et les aspirations humaines. Pour qui a soif, l'eau est le signe d'une action spécifique. Et l'on conçoit que l'intelligence humaine ait multiplié les signes au-delà de la sphère de l'activité vitale.

Sans trop pénétrer dans la notion de signe, qui est à la fois large et imprécise, nous pouvons retenir d'une manière générale que le signe renvoie à une chose signifiée. C'est une réalité concrète qui évoque une autre réalité en vertu d'une liaison soit naturelle soit artificielle : ainsi, dans le premier cas, on dira que la fumée est le signe du feu ; dans le second, les signes donnent naissance aux symboles comme nous le verrons plus bas.

La langue est le véhicule de la pensée sociale et un moyen d'expression pour une culture. Elle reste un fait culturel par excellence puisque c'est par elle que l'homme assimile la culture de sa société, qu'il prédétermine sa vision du monde. Langue et culture ne se conçoivent pas l'une sans l'autre. Quant à l'écriture, elle joue seulement le rôle d'enregistreur des messages culturels que la langue diffuse. Son objet est de fixer et de transmettre la parole à partir de signes graphiques.

Dans son étude sur le langage des "préhominiens", l'anthropologue français André Leroi-Gourhan affirme qu'avant l'existence de l'écriture, toute saisie directe du langage était irréalisable[69]. C'est vrai en partie, mais l'auteur semble ignorer que le défaut d'un organe est toujours compensé par un autre. Les physiologistes n'expliquent-ils pas que l'aveugle dispose d'un sens de toucher très développé parce que la vue lui fait défaut ? Aussi dans toute société sans écriture, on trouve la mémoire de l'homme beaucoup plus développée. Ici, la tradition orale reste l'élément par excellence de la transmission de la culture. En Afrique noire, par exemple, certaines connaissances ayant disparu de l'éventail du savoir l'ont été, partiellement, du fait de l'ab-

---

[69] André LEROI-GOURHAN, *Le geste et la parole, 1ère partie : Technique et langage*, Paris, A. Michel, 1964, p. 161.

sence de l'écriture, mais la majorité substantielle a été démantelée par la colonisation.

Le concept de langage renferme en lui-même un domaine très vaste de représentation. Il s'étend aussi à l'art et à la technique. Il n'y a qu'à regarder les flèches ou les lances, on pense directement à une civilisation guerrière ou à celle de la chasse. Lorsqu'on est devant une voiture de marque V.W., par exemple, on pense à l'Allemagne même si cette voiture a été fabriquée sous licence au Brésil. Ainsi donc, nous pouvons affirmer que le langage est l'âme de l'objet, ou que la technique et l'art sont à mi-chemin entre le langage et l'objet.

b) Les mœurs et traditions

Par mœurs et traditions, il faut entendre l'ensemble de coutumes pratiquées indistinctement dans une société par tous ses membres dans le strict respect des principes moraux. Ces pratiques devenues des coutumes constituent l'héritage des aïeux. Contrairement au droit naturel qui reste quasi-universel, les mœurs et traditions sont différentes selon les sociétés, les peuples, et selon les régions où l'on se trouve. Dans les sociétés à régime matrilinéaire, par exemple, les enfants suivent la lignée de leur mère et non de leur père, tandis qu'en régime patrilinéaire, la pratique de descendance est contraire.

En Afrique, des peuples identifient leur appartenance à partir de noms d'animaux qu'ils vénèrent. Le système de parenté dans une communauté clanique est tel que tous les membres se reconnaissent parents. L'observance du totem et la crainte de l'inceste sont de stricte application. Par le biais du totémisme, affirme Constantin Gbâané Dabiré, le règne animal participe aussi à cette parenté cosmique[70]. En Inde, la vache reste l'animal sacré dont la viande ne peut faire l'objet de consommation, tandis qu'en Arabie ou dans le monde islamique, celle du porc - animal considéré comme incarnation du Satan - suscite répulsion, et est de surcroît rejeté par toute la population.

Les mœurs et traditions sont aussi fonction des principes religieux que l'on a acquis de longue date. Une femme arabe se couvre sa tête parce que le coran le lui recommande, pendant que la femme européenne voudra exhiber sa longue chevelure. Le régime matrimonial, qu'il s'agisse de la monogamie ou de la polygamie, entre aussi en ligne

[70] Constantin GBAANE DABIRE, Afrique : le "mythe" de la vie en symbiose, Dominique BOURG, *Les sentiments de la nature*, Paris, La Découverte, 1993, p. 89.

de compte. Si l'Europe condamne la polygamie avec acharnement en optant pour le mariage monogamique, c'est à cause de l'influence chrétienne. L'Islam réprime sévèrement l'adultère d'une femme mariée, mais en Afrique noire, une telle condamnation ne fait pas l'unanimité de toutes les sociétés. Les unes sanctionnent le délit en réservant à l'amant une peine pouvant aller de lourdes amendes jusqu'à la menace de mort, pendant que la femme doit se laisser traîner sans habillement à travers la cité pour exposer sa nudité devant le public ; les autres sont tolérantes, estimant que l'adultère d'une femme mariée est une preuve de sa beauté, de sa capacité à séduire les hommes. Mais ce dernier comportement social reste très exceptionnel dans la société africaine. Il n'est pratiqué que par certaines peuplades sans pudeur et n'a rien de commun avec la polyandrie. Chez les Européens, cependant, lorsque l'homme ne parvient plus à satisfaire son épouse sexuellement, il peut l'autoriser à s'accoupler par moments à un amant extra-conjugal. Cela n'engage aucun cas de délit parce qu'il y a eu au départ un consentement mutuel. Aux États-Unis d'Amérique, l'égalité proclamée entre l'homme et la femme pousse toujours les épouses à vivre indépendamment de leurs maris ; mais ce comportement semble être dû à l'influence d'une certaine conception américaine de liberté. En tout état de cause, un fait indéniable est qu'aujourd'hui l'Amérique présente certaines caractéristiques d'une nation effectivement puritaine.

« Vérité en deçà des Pyrénées, erreur au-delà », pour citer de mémoire la célèbre phrase de Pascal. En observant les teintures cutanées, par exemple, les réalités sont relativement contradictoires : une peau bronzée est réputée claire en Afrique, mais sombre en Europe. L'usage des techniques suit presque la même logique. Lorsqu'on se rend dans les savanes africaines, on trouve des populations actives, très spécialisées dans l'agriculture. Par contre, dans les régions forestières africaines, des peuples ne connaissent pas l'agriculture, car spécialisés dans la cueillette, la chasse et la pêche. Établissant presque la même nuance, Leroi-Gourhan affirme : « les peuples forestiers et en particulier ceux qui vivent de chasse et de cueillette font largement usage de la hache et surtout d'outils plus légers adaptés à l'abattage rapide de branches et de lianes de faible diamètre[71] », laissant penser que ceux qui vivent dans des steppes utilisent des outils lourds (houes

[71] André LEROI-GOURHAN, *Evolution et Techniques, Volume 1 : L'Homme et la Matière*, Paris, A. Michel, 1943, p. 188.

et bêches) qui leur permettent de labourer la terre. Ainsi, ces deux types de sociétés présentent de différences considérables quant à leurs civilisations respectives : modèles d'habitat, régimes alimentaires, art, musique, mœurs, etc.

Dans les milieux ruraux, au travers du monde, on aperçoit une nette différence liée aux systèmes d'agglomération. Cela dépend surtout des conditions climatiques. En Europe, par exemple, les villages sont généralement érigés dans des vallées pour parer les habitants contre le froid hivernal, tandis qu'en Afrique les villages se situent sur les sommets de collines à cause des canicules. Tout ceci exprime quelques différenciations qui existent dans les mœurs et traditions des sociétés humaines.

c) La religion et le droit naturel

On admet généralement que les premières manifestations du sentiment religieux se rencontrent dès les temps préhistoriques, c'est-à-dire, depuis l'apparition de l'homme sur la Terre. Je prends le mot "religieux" dans le sens le plus simple du dictionnaire, c'est-à-dire de culte rendu à des divinités. Il y a sans doute d'autres façons pour l'homme d'être religieux, c'est-à-dire suivant l'étymologie latine *religare*[72], de se situer lui-même dans la nature visible et invisible et d'interpréter sa condition et son rôle. Ce qui m'intéresse ici, c'est la conception suivant laquelle il existe des êtres suprêmes, ou un être suprême - suivant qu'on est polythéiste ou monothéiste - extérieurs à l'univers visible, supérieurs à l'homme et à qui l'humanité rend un culte. Ce sont les divinités. La religion suppose ainsi une croyance en des êtres invisibles et puissants (polythéismes) ou en un Dieu personnel (monothéisme). Elle suppose un contrat permanent existant entre l'homme et son Créateur, raison pour laquelle l'homme doit régulièrement rendre compte à son Dieu. Autrement dit, puisqu'il y a divinité dans cet Etre suprême (ou dans ces êtres supérieurs), l'homme lui confère des attributs spéciaux de perfection, de pouvoir hors de portée du niveau naturel, donc une conception verticale du sacré.

En tant qu'institution, la religion est un phénomène social ; elle comporte un corps de doctrines (relatives à Dieu et à la morale no-

---

[72] Par son étymologie, le mot religion vient du latin *relegere* qui signifie se recueillir, et par extension, vouer un culte divin ; mais selon certains, il dérive du verbe *religare* qui signifie relier : la religion constitue un lien qui unit l'homme à Dieu qu'il considère comme l'Auteur de son existence.

tamment) et un ensemble de rites par lesquels on honore la divinité. Au seuil de son ouvrage intitulé « Les formes élémentaires de la vie religieuse », le sociologue français Emile Durkheim s'efforce de donner une explication du phénomène religieux[73]. Après avoir critiqué les définitions traditionnelles qui associent la religion au surnaturel, au mystérieux ou à l'idée de Dieu et d'être spirituel, Durkheim arrive à une première caractéristique des croyances religieuses : la division bipartite des choses en sacrées et profanes. En réalité, le sentiment religieux est d'abord un phénomène intérieur, donc individuel, et il commence par être celui du sacré, c'est-à-dire un sentiment qui comporte trois composantes : la crainte, le mystère et la fascination.

À l'instar d'Emile Durkheim, d'autres auteurs, comme Mircéa Eliade, opposent le sacré au profane. Selon Eliade, « l'homme prend connaissance du sacré parce que celui-ci se manifeste, se montre comme quelque chose de tout à fait différent du profane[74] ». Pour traduire l'acte de cette manifestation du sacré, il propose le terme hiérophanie[75]. « De la plus élémentaire hiérophanie, par exemple, la manifestation du sacré dans un objet quelconque, une pierre ou un arbre, jusqu'à la hiérophanie suprême qui est, pour un chrétien, l'incarnation de Dieu dans Jésus-Christ, il n'existe pas de solution de continuité[76] », écrit-il. L'acte mystérieux réside alors dans la manifestation de quelque chose de tout autre, d'une réalité qui n'appartient pas au système naturel, dans des objets qui font partie intégrante du monde naturel, profane (l'eau bénite de Lourdes, le sable de la Mecque ou l'eau sacrée du Gange pour ne citer que trois exemples). Eliade estime ainsi que la Nature tout entière est susceptible de se révéler en tant que sacralité cosmique et que le cosmos dans sa totalité peut devenir une hiérophanie.

Dans la civilisation négro-africaine la Nature dans sa globalité est une hiérophanie. Tout est l'œuvre du cosmos qui représente l'Au-delà. L'être humain reste très attaché à la religion qui traduit le fond même de sa culture. L'homme se considère comme un maillon que l'on situe sur une chaîne de générations. Sa force vitale et sa condition dans la société sont fonction de ses rapports transcendantaux. Il croit à

[73] Emile DURKHEIM, *Les formes élémentaires de la vie religieuse*, Paris, PUF, 1960, pp. 56-57.
[74] Mircéa ELIADE, *Le sacré et le profane*, Paris, Gallimard, 1966, p. 89.
[75] Le terme « hiérophanie » vient du grec "*ieros*": sacré et "*phaïnos*": montrer, manifester.
[76] *Idem.*

la hiérarchie cosmique et respecte les êtres qui lui seraient supérieurs par un rite appelé « culte aux ancêtres[77] ».

Si le sentiment religieux est intérieur à l'homme, le droit naturel reste une donnée culturelle qui lui est extérieure, car elle s'adresse en doses égales à tous les membres de la société. Ce droit de la Nature peut être considéré comme un ensemble de règles de conduite pratiquées par les membres d'une société et reconnues en tant que telles pour éviter les abus sociaux. Généralement ces règles disparates sont toujours confondues avec la morale qui, elle, reste essentiellement individualisée. Car elles demeurent très abstraites surtout dans les sociétés modernes d'aujourd'hui. Pour Nietzsche, droit naturel, coutume et morale constituent ensemble « la somme de toutes les vérités de l'homme[78] ».

Beaucoup d'observations poussent à penser que nombre de préceptes bibliques seraient fondés sur le droit naturel. Pour revenir aux mœurs, certaines coutumes juives que l'on trouve dans la Bible sont semblables à celles pratiquées par de nombreuses tribus négro-africaines, tels le cas de la soumission de la femme à son mari et de la mise de sa femme en quarantaine pendant ses menstruations. Dans le code de Hammourabi, ce qu'on appelle communément loi du talion *(lex talionis)* : « œil pour œil, dent pour dent », est admissible universellement et pourtant il remonte à l'Antiquité. Ceci nous prouve à suffisance que le droit existe depuis que l'homme existe, contrairement à ce que nous apprenons lorsqu'on nous parle avec insistance du droit romain et du droit napoléonien.

En Afrique, avant la colonisation, les hommes ont pratiqué le droit. Ce droit diffère largement de celui qu'énoncent Rousseau et Montesquieu. Il est vrai que la volonté générale - source du droit - n'est pas la somme des volontés individuelles, tel que ces auteurs l'ont précisé, mais dans une certaine mesure le droit ne devrait pas être non plus l'expression d'une volonté générale. Car cette volonté générale n'est autre chose que la volonté de la majorité. En Afrique, le droit tire son origine des anciens usages et pratiques positifs hérités des aïeux. Ces ancêtres, considérés comme survivant quelque part dans l'Au-delà, continuent à se manifester et inspirent aux législateurs une parfaite application du droit dès qu'ils sont invoqués. La source du droit

[77] Cette question est largement traitée par le Père Placide TEMPELS dans son ouvrage célèbre intitulé *La philosophie bantoue,* Paris, Présence africaine, 1948.

[78] Friedrich NIETZSCHE, *Contribution à la généalogie de la morale*, Paris, Union générale des éditions, 1974, Introduction d'Angèle KREMER-MARIETTI, p. 23.

africain réside simplement dans la parole. Une mise en examen pour crime ou délit quelconque reste l'objet d'un simple breuvage de l'ordalie (eau d'épreuve) auquel le soupçonné est soumis. Ce breuvage produit des effets lorsque la culpabilité est réelle. Toute résistance prouve l'innocence du prévenu, mais son effondrement qui peut le conduire à sa mort, selon la gravité du délit, devient alors une punition. Dans ce système juridique, aucune sanction ne peut être appliquée sur base d'une simple présomption, même accompagnée d'un témoignage. Les effets de l'ordalie ou de la parole seulement peuvent confirmer ou infirmer la culpabilité d'un sujet. Le droit de la défense n'est pas d'usage. Je pense que si un tel procédé avait été d'application dans la société française, par exemple, le capitaine Alfred Dreyfus n'aurait pas été condamné à la déportation, en 1894, pour une affaire où il allait être innocent. Cette société ne serait pas non plus divisée entre dreyfusards et anti-dreyfusards, car la présomption serait l'objet d'une simple vérification par la technique de potion d'épreuve : une justice qui ne connaît point d'erreur judiciaire.

La simple comparaison des droits positifs des Etats montre des similitudes qui ne peuvent être le seul produit du hasard. L'observation des sociétés révèle une large convergence des règles morales reconnues par le droit : décence, justice, honnêteté, bonne foi, respect de la parole donnée. Le souci du bien commun, le besoin de sécurité juridique et de stabilité existent partout. Certaines espèces vivantes présentent aussi des analogies avec le comportement humain : union des sexes, soins des enfants, instinct de propriété, défense du territoire. De ces constatations ne peut-on pas déduire qu'il existe une nature humaine, éternelle et universelle, dont le droit doit tenir compte ? On appelle droit naturel ces règles conformes à la nature humaine, que le droit reconnaît ou devrait reconnaître[79].

Très souvent le droit naturel est invoqué pour justifier des règles du droit positif. Ainsi Aristote s'efforce de justifier l'esclavage par la nature humaine : certains hommes seraient nés pour commander, d'autres pour obéir. Mais il ne devait pas être lui-même très convaincu par son argument, car il ajoute une justification économique : on ne pourrait abolir l'esclavage que « si la navette courait toute seule sur le métier ».

[79] François CHABAS, *Introduction à l'étude du droit*, Paris, Mont chrétien, 1991, p.33.

Les juristes romains et leurs doctrines ont considérablement puisé dans le droit naturel, mais en trois écoles variables[80]. La première école (représentée par Ulpien) présente le *jus naturale* comme celui qui est commun aux hommes et aux animaux : la famille est une institution du droit naturel. Elle distingue le *jus civile*, qui est le droit positif de la cité, et le *jus gentium* qui est fondé sur le droit commun de l'humanité. La seconde école (celle de Gaïus) estime que le droit des gens est fondé sur la raison naturelle, elle distingue également deux catégories de droit : le *jus civile* et le *jus gentium.* Mais cette école précise les limites de l'étendue des libertés individuelles et détermine les obligations. La troisième école (celle de Celse), définit le droit naturel comme ce qui a toujours été bon et juste (*ars boni et aequi*), c'est-à-dire, ce qui n'est pas interdit.

De toutes les façons, le domaine du droit reste assez complexe qu'il ne convient qu'aux élucidations des juristes. La seule réalité est que le droit naturel, sans se confondre avec le droit positif, en reste le modèle. Le droit positif est la consécration du droit naturel : sa sanction par une règle. Autrement dit, il s'agit d'une armature juridique qui protège la société et qui lui permet de perpétuer sa structure. En tant que règle, le droit détermine ce qui est permis dans le but de fixer les limites objectives des libertés individuelles ; encore faut-il distinguer la règle morale, intérieure à la conscience, et la règle sociale - diffuse - imposée par la collectivité sous forme de loi écrite ou de coutume acceptée par tous les membres du groupe. Cette dernière pose la norme du droit qui fait l'objet du laxisme juridique - nul n'est censé ignorer la loi -, principe qui consacre à la fois la généralité, l'impersonnalité et l'applicabilité de la loi.

d) La politique et l'économie

L'homme, selon Aristote, est par nature un animal politique. Les hommes désirent vivre en société, non pas seulement par utilité matérielle, mais aussi pour atteindre le bonheur. « C'est même certainement cette vie heureuse, écrit Aristote, qui est la fin principale d'une société, à la fois pour tous ses membres pris collectivement et pour chacun d'eux en particulier[81] ».

---

[80] *Ibid.*, p. 34.
[81] ARISTOTE, *La politique*, Paris, Vrin, 1962, p. 194.

Le terme politique vient du grec *polis* qui signifie cité. Pour les Grecs, la cité n'est pas une communauté de lieu, elle représente la communauté du bien-vivre en vue d'une vie parfaite et qui se suffise à elle-même. La vertu est la fin véritable de la cité. La politique n'est autre chose que l'art de gouverner cette cité.

Généralement, la notion de politique fait appel à celle de pouvoir. Car on estime que la cité (*polis*) ne peut être que par une certaine force que l'on peut tirer soit d'un individu, soit du peuple. Naturellement, le pouvoir politique facilite l'activité de la société, mais nc conditionne pas son être. Cette vue très simpliste est aussi celle de Georges Burdeau, un spécialiste de science politique[82]. Dans les sociétés modernes, on trouve le contraire. Certes là aussi, c'est sa finalité qui assure la cohésion de l'ensemble, mais le but commun n'est pas la préoccupation première des membres. Sollicités par des objectifs partiels souvent propres à chacun d'eux et susceptibles de les diviser plus que de les unir, ils ne forment pas spontanément une société. Leur existence se caractérise par les traits que certains auteurs ont attachés à l'état de nature : indifférence et robinsonnade si l'on adopte une vue optimiste de la nature humaine telle que présentée par Rousseau ; brutalité et terreur dans la perspective pessimiste de Hobbes. Pour que la société se dégage de cet ensemble amorphe ou anarchique, il faut qu'un Pouvoir établisse un ordre et formule des règles. Peu importe ici la manière dont cet ordre et ces règles s'enracinent dans le groupe. Ce qui est essentiel, c'est qu'il accède par eux au rang de société.

Le pouvoir est inséparable du droit qu'il établit. Il se définit par le type d'ordre juridique qu'il introduit et sanctionne. Les luttes auxquelles donnent lieu sa conquête et sa conservation ne sont jamais, au fond, qu'une compétition entre forces sociales rivales. Dans les sociétés les plus stables, le détenteur du pouvoir se place toujours au-dessus de la mêlée et assure le règne avec impartialité. C'est le point de départ de « La République » de Platon, c'est-à-dire la définition de la notion de justice. Pour comprendre la nature de la justice, il faut s'efforcer de construire une cité idéale fondée sur cette vertu. Selon Platon[83], la cité parfaite repose sur quatre vertus : la sagesse, vertu suprême, apanage de la classe des chefs ; le courage, qui a son siège dans la classe des défenseurs de la cité, les gardiens ; la tempérance, qui n'appartient en

---

[82] Georges BURDEAU, *Traité de science politique*, tome 1, volume 2, Paris, L.G.D.J, 1980, p. 15.

[83] PLATON, *La République*, IV (431e-433d), Paris, Garnier-Flammarion, 1966, pp. 185 - 186.

propre à aucune des classes de la cité, mais qui établit un parfait accord entre les éléments supérieurs et les éléments inférieurs de la cité ; la justice, enfin, qui synthétise ces quatre vertus : elle consiste dans la division du travail et la spécialisation des fonctions de chaque citoyen.

« Personne n'a jamais vu l'État », affirme George Burdeau[84]. Cependant, personne ne pourrait aussi nier qu'il soit une réalité. L'État, c'est l'organisation d'une communauté. De cette communauté émerge ce qu'on appelle nation. Le patriotisme est le sentiment de sa valeur. C'est par lui qu'elle reste attachée à son territoire et le fait progresser matériellement.

À côté du pouvoir politique, existe le pouvoir économique destiné à assurer le bien-être matériel des membres de la société, qu'elle soit partielle ou globale. Dans la société globale, par exemple, lorsque le bien-vivre s'allie au bien-être, on parle de l'Etat-providence. Le développement de la société économique et celui du pouvoir politique sont étroitement liés, comme le montre Engels[85], qui voit dans l'apparition de classes sociales aux intérêts économiques antagonistes, la raison d'être de l'État.

Au sujet de ce qu'on appelle "économie", il n'y a jamais eu d'unanimité sur la définition du terme. Quand un profane dans une discipline quelconque cherche à définir l'objet de cette dernière, son réflexe consiste à dresser d'abord la liste des sujets dont elle s'occupe. Ainsi, l'économie étudierait, par exemple, la production, les échanges, la monnaie, le chômage, la richesse, l'inflation, etc. Les économistes eux-mêmes ont d'ailleurs commencé par définir leur travail par un domaine concret. D'Aristote (4e siècle av. J.C.) à Adam Smith (1766), la plupart des définitions font de l'économie une science de l'acquisition des richesses pour l'individu ou pour la nation[86]. D'ailleurs, en 1615, l'économiste français Antoine de Montchrestien s'en inspire en utilisant le premier l'expression « économie politique » pour parler de l'administration des richesses du roi Louis XIII qui n'étaient pas distinctes de celles de l'État. Le 19e siècle opposera la vision marxiste de l'économie comme science de l'évolution historique des rapports de production entre les classes à la vision libérale comme théorie des choix individuels et de leur coordination par les marchés[87].

---

[84] George BURDEAU, *L'Etat*, Paris, Seuil, 1970, p. 13.

[85] F. ENGELS, *Origine de la famille, de la propriété et de l'Etat*, Paris, Editions sociales, 1966, pp. 156 - 159.

[86] Jacques GENEREUX, *Introduction à l'économie politique*, Paris, Seuil, 1992, p. 6.

[87] *Idem.*

Quoi qu'il en soit, la définition la plus simple présente l'économie comme domaine qui étudie la façon dont les individus ou les sociétés utilisent les ressources rares en vue de satisfaire au mieux leurs besoins. Ceci nous amène à affirmer que le pouvoir économique d'une société ne peut avoir son sens que dans une société de pénurie telle que je l'ai présentée plus haut. Ce pouvoir gère, développe les techniques de production à cette fin, et fixe les objectifs à atteindre.

e) Les arts et métiers

Les arts et métiers sont l'apanage de toutes les sociétés humaines. Il n'existe pas au monde de groupes humains sans spécificité dans les arts et dans les métiers. Ces domaines culturels constituent les indices de l'existence des civilisations. Les anciens Egyptiens ne sont pas seulement inventeurs de l'écriture hiéroglyphe, mais sont éminemment reconnus comme grands bâtisseurs de temples et tombeaux royaux, dont les pyramides. Les Mayas et les Aztèques, en Amérique, avaient édifié de grandes cités en pierre. Certains de ces édifices existent encore, enfouis sous la jungle. Ils étaient artistes et se servaient d'outils en pierre, n'ayant connu le métal que tardivement. Contrairement aux Européens, ils ne connaissaient pas la roue. En Afrique, les peuples Kuba enveloppaient leurs morts dans de splendides linceuls tissés avec du fil de raphia. Ils sont artistes, mais ne maîtrisent pas la forge autant que les Luba qui ont la connaissance du métal depuis des temps immémoriaux.

Je dois affirmer cependant que chacune des civilisations a diversifié les formes de spécialisations techniques suivant des contraintes ou des avantages matériels que lui donne sa géographie. Mais, depuis que la plupart des anciennes civilisations ont péri, celles qui leur ont succédé n'ont pas, loin de là, utilisé leurs ressources naturelles de la même façon. Quoi qu'il en soit, il y a des acquis techniques obtenus par la majorité des sociétés, notamment le labour, le métier à tisser, la céramique, la construction en terre et la guérison (médecine). À ce sujet, Marie-Claire Amouretti et Georges Comet font remarquer que les travaux agricoles, labours, semailles, cueillette, battage, peuvent être effectués très efficacement avec des outils simples ; raison pour laquelle l'outillage agraire, adapté à chaque région, a perduré très longtemps, et que l'illustration donnée par les peintures égyptiennes pour la Méditerranée se retrouve jusqu'au 20e siècle[88]. Selon ces auteurs, il ne s'agit pas de routine ou de conservatisme obtus, mais d'un système technique qui équilibre travail, production, outillage, en s'adaptant toujours à la demande de surplus des constructions culturelles et de la guerre[89].

D'autres métiers se diversifient suivant les groupes et n'apparaissent pas partout, notamment dans l'astronomie, la métallurgie, le transport et la construction des routes. Enfin quelques spécificités exclusives n'apparaissent que dans certaines sociétés : l'architecte (et l'édification de tour), l'ingénieur (et la fabrication de la roue). Ce sont ces sociétés qui ont fortement amélioré une partie des techniques précédentes, en particulier la métallurgie, les moyens de transports terrestres et maritimes.

B. Les domaines naturels d'action technique

1. La technique du symbolique et ses fonctions

Les considérations précédentes ayant présenté les fonctions « socio-vocationnelles » des techniques ainsi que les types des techniques qui ont existé, permettent d'aborder premièrement la question de la portée du symbole dans l'action technique. En effet la technique, considérée comme outil de représentation sociale, a été constamment reconnue par des sociétés comme valeur symbolisant les différents comportements culturels. Dans ce domaine, les modèles techniques sont alors des expressions symboliques des valeurs. La conformité extérieure à ces modèles symbolise l'adhésion intérieure du sujet à un certain ordre de valeurs. À son tour, l'adhésion à ces valeurs symboliques serait l'appartenance à une société ou à une collectivité donnée. Par voie de conséquence, l'univers des modèles et des valeurs apparaît comme un vaste univers symbolique dans lequel se meuvent tous les acteurs techniques, les différents groupes sociaux, les collectivités et les civilisations. Dans cette dynamique, ce sont les modèles prédominants, c'est-à-dire attrayants, qui tendent de plus en plus à s'élargir sur l'espace culturel pour devenir universels, tandis que d'autres modèles s'effritent jusqu'à disparaître d'eux-mêmes. C'est ainsi, par exemple,

[88] M.C. AMOURETTI et Georges COMET, *op. cit.*, p. 36.
[89] *Ibid.* p. 37.

que la technique d'écriture inventée par les Sumériens en 3000 av. J.C. s'est imposée sur le hiéroglyphe de l'ancienne Égypte. De même la technique de l'entaille jadis utilisée par les Noirs en Afrique subsaharienne dut disparaître d'un coup avec l'introduction de l'écriture moderne par la colonisation.

Il n'est pas exagéré d'affirmer que l'action technique naturelle est essentiellement symbolique. Toutes les techniques qui façonnent les objets de diverses façons et qui sont motivées par le souci de symboles sont l'apanage des hommes. Je peux aussi arguer que toute l'action humaine est technique parce que symbolique. Les hommes au pouvoir symbolisent leurs forces politiques par l'exhibition d'épée ou de glaive, et en Afrique, ils le font par le port de certaines peaux d'animaux féroces et des colliers fabriqués avec leurs dents. Prenons aussi le cas d'un chrétien catholique qui fait un signe de croix quand il voit un éclair de tonnerre : ici le symbole est abstrait, mais matérialisé par la véritable croix de Jésus.

a) Signification du symbole

Étymologiquement, le terme symbole vient du grec *symbolon*[90] du même radical que le verbe *symballein*, qui signifie réunir, jeter ensemble, rapprocher. Le *symbolon* désignait à l'origine une tessère d'hospitalité, un fragment de coupe ou de bol coupé en deux entre des hôtes qui transmettent les morceaux à leurs enfants pour qu'ils puissent un jour retrouver les mêmes relations de confiance en ajustant les deux fragments bord à bord. C'était un signe de reconnaissance d'un pacte, destiné à réparer une séparation ou franchir une distance. Et le dictionnaire de la civilisation grecque d'ajouter que « c'était aussi un signe de reconnaissance que les parents laissaient aux enfants qu'ils abandonnaient à leur naissance afin de les reconnaître plus tard s'ils les retrouvaient[91] ». Dans ce cas, le symbole est un objet de convention qui a pour raison d'être l'accord des esprits et la réunion des sujets. Plus qu'une chose, c'est une opération et une cérémonie, en l'occurrence celle d'adieux et de retrouvailles.

Selon le philosophe des sciences Michel Cazenave, « le mot symbole, par son étymologie *sum-bolon*, signifie ce qui fait pont, ce

---

[90] G. et M.F. RACHET, *Dictionnaire de la civilisation grecque*, Paris, Librairie Larousse, 1968, p. 238.
[91] *Idem*.

qui rejoint les termes séparés, ce qui réunit deux domaines différents[92] ». Sociologiquement, symbolique et fraternel sont synonymes : on ne fraternise pas sans quelque chose à partager, on ne symbolise pas sans unir ce qui était étranger. L'antonyme exact du symbole est *diabolon*[93] en grec, c'est-à-dire le diable : celui qui sépare. Donc diabolique exprime tout ce qui divise, symbolique tout ce qui rapproche.

D'après le sociologue Guy Rocher[94], un symbole est « quelque chose qui tient la place d'autre chose », ou encore, estime-t-il, « quelque chose qui remplace et évoque quelque chose d'autre ». C'est dans ce sens qu'est toujours considérée la croix de Jésus. Aussi une icône rappelle symboliquement un saint ; une statue, une stèle, un mausolée rappellent symboliquement un personnage illustre, un événement historique, une idéologie qui témoigne d'une présence et d'une action continues. Et, on dit toujours que le drapeau est l'emblème d'un pays parce qu'il en est le symbole d'une manière officielle.

Dans son analyse des faits sociaux, Guy Rocher montre que le symbole requiert trois éléments[95]:

- un signifiant, qui est l'objet qui tient la place d'un autre, c'est-à-dire le symbole lui-même, au sens strict et concret du terme (par exemple un médaillon portant l'effigie d'un saint ou simplement le nimbe qui entoure la tête du saint) ;

- un signifié, la chose dont le signifiant tient lieu (exemple : un saint) ;

- la signification, qui est le rapport entre le signifiant et le signifié, rapport qui doit être perçu et interprété au moins par la personne ou par les personnes à qui s'adresse le symbole. Cette signification peut s'exprimer, soit par une exaltation inconditionnelle du sujet au signifié, soit par l'importance du résultat attendu (exemples : la béatitude du saint, une bénédiction, etc.)

De ce qui précède, il convient de faire remarquer que, souvent, le signifiant a un rapport "naturel" avec le signifié. Exemples : la fumée indique la présence d'un feu ; le sol détrempé permet de dire qu'il a plu. Rocher estime alors que ce sont des signes ou des signaux élémentaires, bien plus que de véritables symboles. Selon cet auteur, tous les symboles sociaux ont généralement un rapport conventionnel avec

---

[92] Michel CAZENAVE, *op. cit.*, p. 51.
[93] *Ibid.*, p. 52.
[94] Guy ROCHER, *Introduction à la sociologie générale : 1. l'Action sociale* , Paris, Editions H.M.H., 1968, p. 88
[95] *Idem*

leur signifié. Et la présence de ce rapport conventionnel fait appel à un quatrième élément du symbolisme : le code.

Par « code », j'entends l'existence d'une structure qui définit le rapport entre les signifiés et les signifiants ; et ce code doit être connu et appris par les sujets auxquels s'adressent les symboles pour que ceux-ci deviennent significatifs. C'est le cas par exemple du totem qui est souvent l'objet d'identification d'un peuple (ethnie, tribu ou clan) en Afrique. Dans la logique de Michel Cazenave, c'est l'extrême pointe du symbole qui lui permet d'acquérir d'autant plus d'efficacité en servant de pont avec l'au-delà des choses et des êtres. Ici, le symbole s'attèle à exprimer ce qui est inexprimable, mais s'impose tout de même pour transmettre ce sur quoi le langage n'a pas prise. Il le transmet ainsi parce que cet indicible, selon le point de vue de Cazenave[96], est antérieur au langage et s'en trouve même à la base.

b) La provenance technique des symboles

Il conviendrait de faire remarquer d'abord que la capacité de comprendre et d'apprendre le rapport entre un signifiant et un signifié fait la différence fondamentale entre l'homme et l'animal. Chez l'homme, cette disposition a suscité un développement physiologique indéniable, notamment celui du cerveau et de la main. Leroi-Gourhan[97] a déjà démontré cette thèse dans une étude relative à l'évolution du système du symbolisme et de la communication dans l'espèce humaine. Leroi-Gourhan soutient alors que la fabrication des outils et l'élaboration des symboles « sont neurologiquement ... recourant au cerveau au même équipement fondamental[98] ». Ici, l'auteur montre que la capacité de produire des symboles a donc été l'aboutissement d'une lente évolution qui s'est poursuivie sur plusieurs milliers d'années. Cette observation ne prouve pas moins que l'être humain, dans sa nature, affecte la technique à la promotion des symboles. Et je peux même estimer que dans son évolution sociale, sur le plan du marché, l'homme aurait d'abord remplacé l'usage du troc par l'échange des biens contre les perles ; ensuite des perles par des anneaux de bronze et croisettes de cuivre ; de nos jours, il y a eu des pièces monétaires métalliques, des billets de banque, de la monnaie

---

[96] Michel CAZENAVE, *op. cit.*, p. 52.

[97] André LEROI-GOURHAN, *op. cit., 2e partie : La mémoire et les rythmes,* Paris, A. Michel, 1964, pp. 79 - 94.

[98] *Ibid.*, p. 89.

scripturale...jusqu'à la monnaie électronique (carte bancaire). L'évolution monétaire fait donc de la monnaie un symbole exemplaire.

L'émergence de cette capacité de produire des symboles a détaché l'espèce humaine des branches animales voisines et l'a mise à part dans l'ordre animal. Dans ce contexte, d'aucuns sont parvenus à définir l'homme comme animal symbolique, à cause de son aptitude acquise dans la représentation des choses à partir des biens, des mots, des concepts... bref, des signes. Selon Guy Rocher, cette aptitude à produire des symboles, c'est-à-dire à user la technique dans la manipulation symbolique des réalités, a permis à l'homme d'accroître infiniment plus que les autres espèces animales sa capacité d'invention et finalement sa puissance dans la Nature. Car le symbolique n'est pas un trésor enfoui, mais une image que l'on se taille, que l'on garde et que l'on entretient. Il ne devient un trésor que lorsqu'il se transmet de générations en générations, assimilé et interprété convenablement par ceux qui en sont les acquéreurs.

Ainsi, je souligne le fait que ce symbolisme incarné dans l'homme présente une double provenance. Il n'est pas seulement le résultat d'une évolution biologique, et encore moins le produit de l'hérédité ; mais aussi l'émanation d'une évolution socio-culturelle.

c) Les fonctions sociales du symbole

L'interaction sociale ayant permis à l'homme de développer son aptitude à manier les rouages du symbolisme, a rendu la société dépositaire des symboles accumulés. Aussi, le moule symboliste, né comme l'outil par l'action humaine collective, a en conséquence favorisé une vie sociale plus organisée, plus complexe et plus dynamique. En rapport avec l'action sociale, il produit des symboles qui remplissent des fonctions touchant à l'essence de la société, en créant son harmonie et sa stabilité. Ces fonctions se regroupent en trois principales catégories : la fonction de communication, celle de participation, et enfin, la fonction de recours et de protection.

Dans la fonction de communication, le symbole sert à la transmission des messages entre deux ou plusieurs sujets (par exemple, la monnaie, instrument de transaction, indique la valeur des économies dont dispose un individu par rapport à un autre) ; dans la seconde - fonction de participation - il favorise le sentiment d'appartenance à des groupes ou à des collectivités (exemple : le drapeau), ou encore sert à exprimer des modes d'appartenance (exemple : un totem), ou enfin concrétise certains caractères de l'organisation des groupes ou des collectivités à l'intention de ceux qui sont en rapport avec ces groupes ou collectivités (exemples : éventail des houes et machettes chez les agriculteurs ; collection des peaux de bêtes et plumes d'oiseaux chez les éleveurs).

Dans ses études, le sociologue Guy Rocher ne signale que les deux premiers types de symboles (communication et participation). Il essaie de montrer que ces deux fonctions ne sont pas exclusives l'une de l'autre. « On peut en particulier dire, écrit-il, que le symbolisme de communication favorise la participation et que le symbolisme de participation établit divers modes de communication... En réalité, presque tous les symboles remplissent en même temps deux fonctions, selon des modalités diverses, bien que certains symboles aient comme tâche plus spécifique de promouvoir la participation des membres d'une collectivité...., tandis que d'autres sont plus particulièrement des symboles de communication[99] ».

Ainsi, nous savons que dans sa profondeur naturelle, l'homme en tant qu'être social, s'assemble sans autre but visible que de s'assembler sans résultat pratique direct, au moins apparent. Tels sont les cas des fêtes, des cérémonies qui souvent commémorent des événements joyeux ou tristes. Ces festivités symbolisent en effet l'état d'une période qui n'existe plus, mais que la société voudrait garder en mémoire définitivement. Les membres de cette société s'y réunissent, se répartissent selon des ordonnances que ne semble justifier aucune action immédiate ni effective. Chaque groupe conçoit des moyens techniques pouvant lui permettre de s'émouvoir ; ces moyens sont des instruments de musique, des outils qui fabriquent des parures et des matériels de production des biens de consommation. Le rythme et la cadence que suscite le maniement des instruments de musique permet à l'homme de s'exprimer, selon qu'il éprouve la joie ou la tristesse.

C'est là, en effet, le point le plus important à élucider en ce qui concerne l'aspect symbolique des choses. Quand le rythme et la cadence suscitent dans l'homme la joie ou la tristesse, c'est par la danse que celui-ci se défoule du sentiment éprouvé. La danse n'est pas seulement un symbole, mais aussi un mode d'expression. Etymologiquement ce mot vient de *dansium*, *dansia*, qui signifie tension. Certes, il y a des animaux qui savent danser à la manière des hommes, en l'occurrence des chiens, mais ce n'est qu'un problème d'instinct. D'ailleurs,

---

99 *Ibid.*, p. 90.

un chien ne peut pas danser sur un rythme cadencé par un instrument de musique. Si l'on conçoit le symbole comme existence d'une forme religieuse coiffant en quelque sorte un ordre spontané dans une société, les hommes, pour s'exprimer, ont toujours eu recours aux symboles depuis les temps immémoriaux jusqu'à nos jours. Ils ont utilisé la technique à cette fin. Car le genre humain est la seule espèce qui ait inventé ce facteur complexe qu'est le symbole : facteur rendu valeur humaine par l'usage de la technique.

En ce qui concerne la fonction de protection et de recours, j'ai déjà montré comment l'être humain œuvre souvent en faveur de sa propre sécurité, sa protection. Dans toutes les sociétés du monde, l'usage des biens symboliques à cette fin reste commun. Si certains peuples ont eu recours à ce qu'on appelle communément magie - noire ou blanche - d'autres ont utilisé des mêmes pratiques parfois qualifiées, à tort ou à raison, de prestidigitatrices, mais sous une autre forme. C'est le cas, par exemple, des fétiches africains conçus à base d'ingrédients qui sont eux-mêmes des objets symboliques. Cette spécificité africaine fait souvent croire que le terme "fétiche" est foncièrement africain. Il n'en est pas ainsi. Étymologiquement, ce terme dérive du vocable portugais *feitico* qui signifie statuette, talisman ou tout objet adoré comme une idole[100]. Quant à l'adjectif *feiticeiro*, il signifie : ravissant, séduisant ; *feiticeira* signifie, au sens propre : sorcière, et au sens figuré : fée, femme très belle[101].

En effet, les premiers Portugais qui débarquèrent en Afrique au 15e siècle, sur la côte occidentale, ayant remarqué que les Noirs africains adoraient les statues ou les morceaux de bois sculptés pour se représenter leurs ancêtres, et attachant des amulettes sur leurs ceintures - paraissant avoir du charme - n'hésitèrent pas à les qualifier de fétichistes. Dès lors, les religions africaines trouvées, n'ayant pas encore subi des influences de l'extérieur - musulmanes, chrétiennes ou autres - furent désignées à partir du terme "fétichisme". Or, ce serait une erreur de même ordre que d'appeler "fétichistes" les croyants catholiques parce qu'ils vénèrent la croix de Jésus-Christ, et à plus forte

---

[100] Théophile OBENGA, Science et langage en Afrique, *Présence Africaine* n° 92, 4ème trimestre 1974, p. 153.

Dans son livre *Le fétichisme*, Paris, PUF (Que sais-je ?), page 11, l'anthropologue Paul-Laurent ASSOUN donne un sens différent à l'étymologie du mot "fétiche". Selon lui, le vocable portugais *feitico* signifie "artificiel" et par extension "sortilège", qui serait lui-même issu du latin *facticius* qui a donné le français "factice".

[101] Théophile OBENGA, *op. cit.*, p. 153.

raison prient devant la statue de la Sainte-Vierge. Ainsi, ces amulettes que les Africains portent sur eux pour écarter des mauvais sorts, éviter des maladies, des épidémies, des accidents, etc., jouent-elles un rôle aussi semblable à celui des chapelets, médaillons, icônes et reliques des saints dans la religion catholique.

Toutefois, la fonction sécurisante du symbole, contrairement à d'autres fonctions, n'engage pas forcément une collectivité très large, mais un seul individu ou groupe d'individus fort restreint. Cette fonction joue en faveur de l'homme aussi bien à la défensive qu'à l'offensive lorsque l'objet symbolique entre en son action magnétique. Mais plus tard, il peut devenir un simple objet d'art lorsqu'il est dépouillé de son élément mystique, de ce qui est sacré en lui, ou de sa légitimité lorsqu'il s'agit d'une fonction de participation.

d) L'homme et le symbolisme artistique

Dans ce système naturel, le symbolisme fait partie intégrante de la vie de l'homme en ce sens qu'il présente de façon imagée et synthétique le pourquoi et le comment des choses. Parmi les symboles les plus marquants du monde traditionnel, il y a surtout le masque qui semble, à lui seul, porter le devenir de la race humaine. Cela puisqu'il opère la grande synthèse que l'homme, cet inconnu, veut faire de sa vie et l'exprimer en tant que mystère.

En Afrique, l'art du masque est destiné aux fins cérémoniales. L'usage de cet artifice intervient habituellement dans les rituels au cours desquels il est remarquable par ses effets à la fois émotionnels et psychologiques. L'objectif du port du masque était bien plus profond : il s'agissait d'enseigner le peuple et de le convier à une voie de transformation intérieure à l'issue d'un séjour initiatique. Dès lors, celui qui porte le masque confirme son intelligence et son développement.

Littéralement, les arts enseignent la condition de l'homme. Parmi eux, certains sont hiéroglyphiques et les autres, hiératiques ou sacrés. Le sens hiéroglyphique est reconnu à un art qui inspire un symbole à son auteur, mais reste difficilement lisible pour ceux qui le contemplent, tandis que l'art revêt un sens hiératique ou sacré lorsque sa signification reste inconnu du monde extérieur. Dans ce dernier cas, seul l'initié est tenu de connaître cette signification afin de pouvoir l'interpréter.

2. La technique de l'art, sa forme et son destin

J'ai esquissé plus haut certaines voies par lesquelles l'humanité primitive a pu passer de l'instinct aux techniques. La genèse de la technique sous forme de vie sociale, collective et parfois religieuse ou cérémonielle, permet d'ajouter d'autres touches qui appartiennent essentiellement à la vie "laïque", pratique. Je commence ainsi par l'art avant d'aborder la question de la science.

Entre la technique et l'homme, se dresse un mot écran : « l'art ». Tout le monde a maintes fois et comme machinalement buté sur ce fourre-tout. Le monosyllabe racoleur fait obstacle à toute élucidation des variables de la technique. Tantôt il habille un artefact en nature, tantôt un artifice en essence, un instant il anime un folklore en universel. En tout cas, la rhétorique sommaire de l'art est trop omniprésente pour être éludée. On se contenterait de la voir remise à sa juste place.

a) L'art en tant qu'artefact naturel

Parmi les manifestations humaines que l'on trouve dans la Nature, l'art occupe une place de premier plan. Sa présence dans toutes les civilisations en est la preuve, et d'ores et déjà, l'art est partout l'expression inhérente à l'être humain : expression de ses émotions, de ses angoisses, de ses croyances, de ses interrogations[102]. Mais, singulièrement, la signification du mot « art » est sensiblement différente selon l'époque et le lieu considérés. Dans les civilisations africaines anciennes, l'art était très souvent lié au sacré, et son créateur, qui serait doué de pouvoirs mystiques, occupait un rang particulier dans la société. Aussi les anciens Grecs, n'ayant pas trouvé de différence entre art et technique considéraient l'art comme un savoir-faire traditionnel permettant d'obtenir à volonté un résultat donné. Dans le monde hellénique, l'art n'est pas un sujet en soi, susceptible d'un enseignement théorique, transmis par des Académies, affecté à d'autres lieux que les ateliers, servi par des vocations glorieuses. Il est une expression parmi d'autres cultes de la *polis*. Cette conception a stagné jusqu'à l'époque médiévale où l'art, ne trouvant pas sa fin en lui-même, pouvait avoir un rôle sacré, telles les peintures recouvrant les tombeaux des saints. Mais il avait implicitement une fin utilitaire : soutenir la propagande

[102] *Encyclopédie BORDAS*, vol. I, Paris, SGED, 1994, p. 366.

religieuse ou impériale, magnifier les palais et les temples. Jusqu'au Moyen Âge, l'exécutant n'était pas considéré comme un artiste au sens actuel, mais comme un artisan dont le travail était classé parmi les "arts mécaniques", opposés aux « arts libéraux », ainsi nommés car ils étaient pratiqués par les hommes libres[103]. Il a fallu attendre la Renaissance pour que le domaine de l'art trouve sa fin en lui-même, c'est-à-dire, soucieux de réaliser des ouvrages d'une beauté plastique : les beaux-arts. Dès lors, peinture, sculpture, gravure, architecture, musique et danse, se distinguèrent des arts mécaniques, et l'artisan accéda au rang d'artiste.

Pour certains penseurs, comme Emmanuel Kant, l'art est une manifestation distincte et se distingue de la technique « comme l'agir (*agere*) l'est de faire (*facere*)[104] ». Le produit d'un art, présenté sous forme d'œuvre (*opus*), se distingue du produit de la technique qui est un effet (*effectus*), donc un "fruit". Kant montre qu'en droit on ne devrait appeler art que la production par liberté, c'est-à-dire par un libre arbitre, qui met la raison au fondement de ses actions[105]. C'est ainsi que l'on ne peut pas nommer une œuvre d'art par exemple, le produit des abeilles (les cellules de cire hexagonales régulièrement construites), ne serait-ce qu'en raison d'une analogie avec l'art ; en effet, dès que l'on songe que les apidés ne fondent leur travail sur aucune réflexion proprement rationnelle, on déclare aussitôt qu'il s'agit d'un produit de leur nature (de l'instinct.)

En réalité, tout ce qui est beau et merveilleux est artistique. Il s'agit de ce qui est mis ensemble de la juste façon[106] et d'une façon harmonieuse. Lorsque, par exemple les sons musicaux s'accordent d'une façon agréable à l'oreille, la musique devient alors un art. Généralement, l'art est agréable même à celui qui l'exerce, tandis que la technique - *in extenso* - le travail, lui est désagréable (pénible). Le travail, comme activité n'est attirant que par son effet (par exemple le salaire), car il s'impose de manière contraignante.

« L'expression artistique, écrit Louis Gernet, ne se surajoute pas comme quelque chose de plus ou moins contingent à la pensée

---

[103] *Idem.*
[104] E. KANT, *Critique de la faculté de juger*, Paris, Vrin, 1965, p. 134.
[105] *Idem.*
[106] Michel CAZENAVE, *La science et les figures de l'âme*, Paris, Editions du Rocher, 1996, p. 264.

religieuse : elle fait corps avec elle[107] ». Donc l'art est un fourre-tout, il faut le dire : les techniques du corps, la survie quotidienne, l'apprentissage et les applications de la science, sont du domaine de l'art. Lorsque tout est art, dira-t-on, l'art n'a pas de nom - de même que lorsque tout est religion, il n'existe pas de religion.

Cependant, *technè*, substantif féminin, ne s'emploi pas en valeur absolue, sauf pour désigner l'artifice, l'habileté ou la ruse. Quand il désigne un savoir-faire dans un métier, ce qui est son sens premier, il est toujours spécifié par le terme "art". On dit alors « l'art d'écrire », « l'art de parler », « l'art de construire des maisons », « l'art des métaux », « l'art de la peinture », « l'art de la musique », etc. Platon, par exemple, parle musique, danse, broderie, tissage, éloquence, poésie, de telle ou telle *technè*, mais jamais de quelque chose qui serait l'art en soi. Or, pour ma part, art semble représenter ce qui est moins matérialisé, tandis que *technè* ce qui l'est plus. L'art est aussi ce qui provient de la raison sans souci de vérification, d'expérimentation et de théorisation (comme dans la science). L'existence d'une différence de finalité entre l'objet dansé (qui ne reste que dans l'esprit du spectateur) et l'objet tissé (qui existe réellement), est illustrant. La céramique est une *technè*, aussi la forge ; l'éloquence est un art, mais la médecine serait entre les deux. Celui qui s'y adonne pourrait être appelé « homme de l'art », ce qui ne veut pas dire artiste, mais expert, entre artisan et savant. Prométhée n'est pas le premier savant de la mythologie, c'est plutôt Dédale, bricoleur des machines à voler au fond d'un labyrinthe, même si la palme fut décernée à son fils Icare, pour en avoir été victime. Toutefois, à l'exclusion de l'expert, le savant est le parrain de l'artisan ; l'artiste trouve facilement son domaine dans les beaux-arts.

b) Le statut fondamental de l'art

Si les anciens ne séparaient pas beaux-arts et techniques, c'est qu'ils rabattaient les premiers sur les seconds. Distinction au demeurant oiseuse. Ainsi disait Socrate : « L'or convient à la statue d'Athéna, mais pour remuer la soupe une cuillère de bois sera plus belle qu'une cuillère d'or ». Cet aphorisme fit attribuer à son auteur, l'avocat des marmites, le mérite de père du fonctionnalisme, précurseur du *design*

[107] Louis GERNET, *Le Génie grec dans la religion*, Paris, La Renaissance du livre, 1932, p. 234.

industriel. Ce courant fonctionnaliste triomphait en Europe au milieu du 19e siècle lorsqu'il parvint à trancher entre l'utilité de ce qui est beau et de ce qui est laid. Les tenants du fonctionnalisme estimaient que tout ce qui est utile est beau, tandis que pour ceux qui prônaient l'art pour l'art, tout ce qui est utile est laid.

L'appellation "ingénieur" est toute récente, on ne parlait auparavant que d'architecte. Le patriarche Noé, Léonard de Vinci ou Michaël Ange entreprirent tous des travaux d'ingénieur, et pourtant ils portèrent les étiquettes d'architectes. Les beaux-arts et les techniques étaient liés jusqu'à la veille de la révolution industrielle (1770). Au paléolithique, l'"artiste" évoluait dans l'opprobre, car il menaçait par ses artifices l'ordre naturel. Métallurgiste, céramiste, plâtrier ou potier, il était le maître des arts du feu, toujours tenu à l'écart, en position subordonnée, sinon maudite. Tel encore le forgeron dans les villages africains - *Nsenda wa biamu* [108] - qui doit se cacher pour travailler. On a besoin de lui, mais il fait peur, avec ses pieds bots[109]. Il n'a presque pas d'amis, car considéré souvent comme un titan, un homme qui communique avec l'Au-delà, qui connaît tous les secrets de la Nature. Djibril Tamsir Niane nous présente à cet effet la traduction d'un chant réservé à la gloire du forgeron mandingue, en Afrique de l'Ouest[110]:

Prends garde de te brouiller avec le Forgeron
Comment cultiverais-tu ton champ sans daba
Prends garde de te brouiller avec le Forgeron
Comment abattrais-tu tes arbres sans hache
Et toi griotte, qui te fabriquerait tes crotales sonores
Sans le forgeron
Prends garde de te brouiller avec le maître des forges
À chacun son métier
Que chacun cultive l'héritage paternel
O Fara, Maître des forges
Transforme-toi, soit daba
Transforme-toi, soit pilon et mortier
Vaillant Fara, la forge rougeoit
Les soufflets en action, Pou pa, Pou pa
Te donnent courage

---

[108] *Nsenda wa biamu*, en langue luba du Kasaï (Afrique centrale), signifie tailleur de métaux.

[109] Ce caractère redoutable de l'homme de métaux nous fait évoquer par analogie un passage de la deuxième épitre de Paul à Timothée : « Alexandre, le forgeron, m'a fait beaucoup de mal. Le Seigneur lui rendra selon ses œuvres. Garde-toi aussi de lui, car il s'est fortement opposé à nos paroles » (2 Timothée 4 : 14-15).

[110] Djibril Tamsir NIANE, Dynamique des foyers de culture africaine, *Présence Africaine* n° 92, 4ème trimestre 1974, p. 131.

À chacun le métier de son père
Que chacun cultive l'héritage paternel.

Le forgeage est une combinaison des métiers d'artiste et d'artisan. Les Africains le pratiquent avec des moyens rudimentaires qu'ils se donnent eux-mêmes. Ils extraient du minerai de fer qui est lavé puis fondu ; le résidu de la fonte est appelé les « excréments du fer ». Ils sont capables de fabriquer les outils nécessaires aux activités pratiques. Quand il nous arrive de reconnaître qu'ils n'ont inventé ni le clou ni la roue, nous comparons aux savoir-faire que d'autres peuples ont pu vulgariser et au grand nombre de biens assez diversifiés que les nations équipées sont capables de produire et d'exporter massivement à travers le monde. En guise de dérision, je voudrais raviver les propos d'Aimé Césaire qui, dans son poème *Cahier d'un retour au pays natal*, écrit [111]:

> Et ces têtards en moi éclos de mon ascendance prodigieuse !
> ceux qui n'ont inventé ni la poudre ni la boussole
> ceux qui n'ont jamais su dompter la vapeur ni l'électricité
> ceux qui n'ont exploré ni les mers ni le ciel...

Dérision et fantaisie, certes, mais assorties d'une vérité que nul ne peut mettre en doute : le monde nègre est absent de l'histoire des sciences et techniques modernes.

L'art nègre, qui appartient à un cadre naturel (savane, forêt), est, selon Théophile Obenga[112], intimement lié à une tribu, à une ethnie, à un peuple, aux ancêtres mythiques et historiques, aux travaux de tous les jours (semailles, récoltes, chasse collective), aux loisirs et fêtes, aux liturgies d'initiation, aux cérémonies de fertilité de la terre, à la religion, à la maladie et à la mort. Cet art « utilitaire » qui manifeste de façon diverse ses qualités dans l'architecture, la peinture, la sculpture, la musique, la danse, la littérature orale populaire, est l'œuvre de créateurs anonymes mais fort doués[113]. Selon Marcel Griaule, l'art nègre est une aide à la disposition de la vie[114]. Cette vie vivante qui n'a d'autres instruments que ceux mêmes de la raison. En tout cas, il s'agit bien d'une œuvre de la raison, qui selon Théophile Obenga, est liée à

---

[111] Aimé Césaire, *Cahier d'un retour au pays natal*, Paris, Présence Africaine, 1956, p. 68.

[112] Théophile OBENGA, *Les Bantu. Langues, peuples, civilisations*. Paris, Présence Africaine, 1980, p. 249.

[113] *Idem*.

[114] Marcel GRIAULE, *Arts de l'Afrique noire*, Paris, Ed. du Chêne, 1947, p. 118.

la vie concrète par la perfection formelle[115]. Art nègre, « art maudit », estime cet auteur, est un art de raison. C'est ce qu'il faut affirmer fermement contre tous les cartons ethnographiques : en matière d'art naturel, les Africains sont des inventeurs.

Il semble que la langue grecque n'a pas de mot pour inventeur, non plus que pour talent, génie ou chef d'œuvre. *Praxeis technès*, que je traduis paresseusement par « œuvres d'art », se comprendrait mieux comme « réalisations techniques. Ici, l'architecte qui a conçu l'œuvre n'est qu'un artisan, un travailleur. À cc titrc, il subit lc mépris qui pèse sur sa classe sociale, exclu du droit de citoyenneté. Car, il s'affronte à la matière avec son corps, alors que l'homme n'est libre que par l'esprit, la parole. Ce travailleur exerce un métier par nature servile, indigne d'un homme libre. Un citoyen peut apprécier l'ouvrage, à la rigueur, jamais envier l'ouvrier. « Une œuvre peut nous séduire par son charme sans que nous soyons contraints de prendre le modèle sur son ouvrier » (Périclès, II, 1)[116]. Platon accordait aux « œuvres d'art » un statut inférieur à l'objet technique. Mais tout indique par ailleurs que si "l'artiste" peut jouir d'un statut social élevé, si tel ou tel plasticien peut avoir un nom célèbre (Zeuxis, Phidias, Apelle, etc.), le statut symbolique des arts plastiques est dans la cité grecque plus que modeste, inférieur, en tout cas, à celui de la musique (sauvée par sa parenté avec les nombres). Chez Platon, seuls les musiciens trouvent grâce parmi les hommes de l'art.

Les Romains reprendront à leur compte ce dédain social. Cicéron distingue les *bonae artes* - ceux de la parole - des *sordidiores* - les plus sordides. Et Sénèque stipule bien dans une lettre à Lucilius qu'il ne met pas au nombre des arts libéraux « les peintres, pas plus que les sculpteurs, tailleurs de marbre et autres serviteurs du luxe[117] ». La chrétienté médiévale fera de cette distinction la base institutionnelle de l'enseignement : d'un côté les bases mécaniques, qui produisent des choses, de l'autre les arts libéraux qui manient des signes : théologie (ou la pratique), grammaire (la théorique) et la logique. Aux Temps modernes Léonard de Vinci prit le soin de musicaliser son art afin de le rendre platonicien : « La bonne peinture est une musique, une mélodie dont seul l'intellect peut percevoir l'extrême complicité ». Il a

[115] Théophile OBENGA, *op. cit.*, p. 250.
[116] R. DEBRAY, *Vie et mort de l'image*, Paris, Gallimard, 1992, p. 241.
[117] *Idem.*

fallu attendre James Watt pour que le machinisme en lice commence à absorber l'art.

c) L'art et l'harmonisation du beau naturel

On peut facilement estimer que l'esthétique est la science du beau. Mais que faut-il entendre par « beau » ? Les uns peuvent affirmer que c'est la conjonction du beau artistique au beau naturel. Les autres peuvent faire croire qu'est beau, ce qui a de l'esthétique. Pour d'autres encore, dans la génération d'aujourd'hui, est beau ce qui fait plaisir aux yeux. Mais pour Hegel, la réponse est catégorique : le beau naturel, si tant est qu'on puisse parler de beau à propos de la nature, ne fait pas partie de l'esthétique. Seul y entre le beau artistique, qui est supérieur au beau naturel, et qui appartient à l'ordre de l'esprit. « D'après l'opinion courante, écrit Hegel, la beauté créée par l'art serait même au-dessous du beau naturel, et le plus grand mérite de l'art consisterait à se rapprocher, dans ses créations, du beau naturel (...) Mais, nous croyons pouvoir affirmer, poursuit-il, à l'encontre de cette manière de voir, que le beau artistique est supérieur au beau naturel, parce qu'il est le produit de l'esprit[118] ». C'est ainsi que dans l'ordre naturel, l'homme affecte la technique aux créations artistiques en harmonisant les données naturelles, afin de pouvoir exalter davantage son environnement (*umwelt*).

L'œuvre d'art, pour René Huyghe, est le produit d'un acte de création qui met en jeu trois types de composantes manuelles. Le mental est à l'origine de l'œuvre d'art ; il est fait aussi bien d'intentions lucides que d'impulsions subies. Le visuel intervient ensuite pour donner forme à ces intentions, pour les ordonner, mais il ne saurait prendre corps sans le concours du manuel, qui permet d'inscrire la forme dans une matière déterminée[119]. Autrement dit, en créant son œuvre, l'artiste met en jeu bien des facultés différentes : il fait appel à son intelligence, à ses connaissances, à ses traditions ; il fait encore appel à ses sentiments familiers, à sa manière familière de vibrer qui dépend d'une routine déjà acquise par l'apprentissage et la répétition. Mais, chez les peuples d'Afrique fort réputés dans la civilisation de l'art, en l'occurrence les Kuba, Tchokwe, les Pende, les Akan, les Mandingues, ect., la maîtrise de l'art est le don de toute la société. Dans l'art de tis-

---

118 G.W.F. HEGEL, *Esthétique*, Paris, Aubier, 1964. p. 9

119 R. HUYGHE, *Sens et destin de l'art*, tome 1, Paris, Flammarion, 1967, p. 22.

ser avec du raphia, par exemple, un sujet Kuba fait appel à son corps et surtout à sa main qui est pour lui l'instrument habile et docile de l'exécution artistique. Il fait également appel à une puissance surnaturelle autant que le fait souvent un guérisseur traditionnel.

3. Pratiques techniques par la métaphysique

a) Métaphysique et limite de la science

Lorsqu'il existe une force quelconque, à l'œuvre dans un environnement donné, qui défie les lois de la science, on parle généralement d'un phénomène surnaturel, d'un facteur métaphysique. Il s'agit de l'impossibilité d'appréhension d'un fait social ou d'un fait tout court. C'est ainsi que l'occultisme, la sorcellerie et la magie, sont toujours considérés comme des phénomènes surnaturels extérieurs à l'expression scientifique. Car ils ne trouvent pas d'explication à partir de données scientifiques disponibles[120]. Il en serait de même si le mécanisme de fonctionnement d'un ordinateur, par exemple, ne parvenait pas à remplir cette condition. C'est pourquoi en Afrique profonde le phénomène du vol d'avion est jusqu'à présent lié à ce que les Noirs africains appellent communément « sorcellerie des Blancs ».

De nos jours, la science moderne aurait déjà exploité tous les domaines du système naturel et exploité presque l'ensemble des phénomènes naturels. Les secteurs où elle n'est pas parvenue appartiennent encore à l'ensemble métaphysique. Aucun savant moderne n'a jusqu'à présent réussi à définir même superficiellement le mécanisme de fonctionnement d'une soucoupe volante ou d'une comète, et pourtant les astronomes en confirment l'existence. Si les OVNI (objets volants non identifiés) demeurent toujours choses surnaturelles, scientifiquement impossibles, c'est parce que la science n'est pas parvenue à maîtriser leur expression en identifiant le « comment" » au « pourquoi »[121]. En France, aux États-Unis, en Angleterre, en Inde et partout dans le monde, les témoins qui ont vu des OVNI, des extraterrestres, des lueurs étranges, des soucoupes, se comptent par milliers, sinon par centaines de milliers.

---

[120] Lyall WATSON, *Histoire naturelle du surnaturel*, Paris, Albin Michel, 1974, p.100.
[121] Eric MURAISE, *Testament pour un monde futur*, Paris, Julliard, 1971, p. 78.

Tout ceci doit prouver à suffisance que la science a des limites, et qu'en dehors d'elle, il pourrait y avoir d'autres connaissances et entités culturelles que les savants modernes ne sont pas en mesure d'appréhender. Parfois, le refus d'accorder quelque crédit aux témoignages relatifs aux OVNI n'exprime-t-il pas, confusément, une certaine angoisse devant le « glissement des frontières »? Et pourtant, un négro-africain choisi au hasard peut fournir ne fût-ce que banalement l'explication d'une soucoupe volante que l'Européen pris généralement.

A propos de la magie qui est un phénomène universel, plusieurs auteurs lui refusent toujours un caractère rationnel. Maxime Rodinson, dans son livre *Islam et capitalisme*, écrit : « Ajoutons ici que la magie n'a, en particulier, pas plus détourné qu'ailleurs de l'activité technique. L'orientation vers la magie peut certainement orienter les esprits vers des recherches et des pratiques illusoires au détriment de la poursuite de l'innovation technique[122] ». Pour certains auteurs, comme Lewis Mumford, la magie est un état intermédiaire entre l'imagination et la connaissance, entre le drame et la technique. Selon lui, la magie, comme l'imagination pure, est un raccourci, un moyen rapide d'accès à la connaissance et au pouvoir. Quel genre de connaissance et quel type de pouvoir ? Cet auteur ne précise rien, affirmant seulement que la conquête générale du milieu extérieur fut définitivement instituée par la magie[123]. En réalité, la magie, quoi que domaine para scientifique, n'est pas applicable à la technique. La science moderne a marché sur elle comme la femme anonyme citée dans le livre de la Genèse[124] va écraser la tête du serpent.

b) Les para-sciences (rationalités) applicables à la technique

La méfiance face à l'inconnu ou peur devant ce qu'on ne comprend pas, le fait est qu'on rechigne à reconnaître l'efficacité de ce que l'on peut désigner par « para science, ethnoscience..., bref science non occidentale »: il s'agit en fait d'un réservoir rationnel mal connu, mal exploité. En Afrique, par exemple, cet arsenal de savoirs traditionnels, de connaissances para scientifiques relevant de ce qu'on appelle « ethnoscience » n'a pas pu progresser sous le coup de l'Inquisition coloniale, et aussi de la civilisation moderne dressant autour d'elle des bar-

---

[122] Maxime RODINSON, *Islam et capitalisme*, Paris, Ed. du Seuil, 1966, p. 120.
[123] Lewis MUMFORD, *Technique et civilisation*, Paris, Ed. du Seuil, 1950, p. 43.
[124] Genèse 3 : 15.

ricades contre l'intrusion de connaissances que d'autres régions du monde pouvaient apporter à l'humanité.

Dans mon pays d'origine, un missionnaire catholique belge démontrait un jour à ses néophytes le mécanisme de fonctionnement du paratonnerre tel qu'il fut expérimenté en 1752 par l'Américain Benjamin Franklin à partir d'un cerf-volant. Remettant en cause la version locale selon laquelle la foudre est provoquée par des faiseurs de pluie, le père catholique enseignait qu'elle n'est autre chose qu'une gigantesque décharge électrique ; que le tonnerre est le bruit de la dilatation de l'air ; etc. Quelques jours après, certains membres d'une société secrète reconnus à travers le village comme foudroyants de première force se sont rendus au presbytère en visite de courtoisie, faisant savoir au prêtre sceptique qu'ils étaient à mesure de foudroyer sa demeure s'il en doutait. Quelques heures après leur départ, ce missionnaire remarqua que le temps devenait de plus en plus orageux et trouva que le danger d'être frappé était imminent ; il déserta immédiatement son domicile. Le lendemain, tous les présumés faiseurs de pluie du village furent mis en examen par la justice coloniale, puis incarcérés : leurs effets furent livrés au feu...

Un autre cas à signaler est celui du fils d'un chef traditionnel africain qui me racontait qu'un jour, il accompagnait son père en long voyage. Après un court repos pris sous l'ombre d'un baobab, arbre majestueux situé à mi-chemin, il entra en une transe à l'issue de laquelle il remarqua qu'ils étaient déjà arrivés à destination. Quand le fils interrogea à son père de ce qui les a permis d'atteindre le lieu si vite, celui-ci répondit qu'il avait fait usage de ses pouvoirs énergétiques.

Le dernier cas est celui de mon propre oncle paternel condamné par le tribunal colonial en 1944 à dix ans de servitude pénale ferme pour incitation à la révolte. Celui-ci s'évada miraculeusement d'une maison d'arrêt hermétiquement fermée. Dans sa vieillesse quand je lui ai demandé comment il avait réussi à s'évader, il répondit que ses pouvoirs énergétiques lui permettaient de se transformer en micro-organisme, pour pouvoir franchir les endroits les plus compacts.

« La négation systématique de faits inexpliqués n'a jamais fait avancer la science d'un seul pas », écrit Yves Naud[125]. Si la colonisation, dans son programme, avait inclus les innombrables connais-

[125] Yves NAUD, *Les O.V.N.I. et les extra-terrestres dans l'histoire*, Tome 1, Genève, Editions Famot, 1977, p. 20.

sances dont regorgeaient les régions occupées, la science moderne se serait enrichie au point de pouvoir peut-être expliquer aujourd'hui certains phénomènes encore inexpliqués. Or l'occupation coloniale a contribué à détruire toutes les rationalités et structures culturelles des peuples colonisés, au lieu d'en assurer la promotion. En Afrique traditionnelle, la structure de l'ADN, plus d'une centaine d'années avant que le séquençage ne soit découvert dans des laboratoires occidentaux comme aujourd'hui, était conçue d'une autre façon. Pour identifier un individu ou pour nuire à sa vie, il suffisait d'utiliser son seul cuir chevelu, un débris de son ongle, son habit ou un simple grain de sable tiré des traces de ses pieds. Mais ce n'était pas pour le bien mais pour le mal. Ce n'était pas pour faire avancer la science mais pour détruire l'homme. Aujourd'hui, en Afrique, le fétichisme occupe toujours la place de la rationalité scientifique.

c) Aux origines des rationalités selon les mythologies et l'histoire universelle

Dans toutes les civilisations du monde, lorsqu'on remonte aux sources de la science dans sa globalité, on remarque que le mysticisme est d'une façon ou d'une autre le fondement des rationalités en tant que phénomène des connaissances. Du moment que la mystique devient un effet standard et rationnellement renouvelable par une certaine expérience objective, elle devient source d'une véritable science : mystique en tant que pouvoir énergétique ou magnétique qui dégage des effets susceptibles d'agir sur l'esprit ou sur la matière par des phénomènes de transformation. C'est pourquoi ceux qui ont utilisé le fait mystique pour promouvoir des réalités reproductibles d'effets peuvent être considérés comme de vrais créateurs de science.

Dans leur projet d'atteindre les origines des rationalités humaines, plusieurs chercheurs occidentaux depuis Platon sont partis des régressions aboutissant à des récits de vie atlante déduisant semblablement la splendeur et la puissance d'une civilisation qui savait utiliser la science du cristal. Il s'agirait de l'Atlantide, civilisation disparue qui aurait existé il y a plusieurs milliers d'années au centre de l'Atlantique et qui a fait couler beaucoup d'encre depuis l'Antiquité platonicienne jusqu'à nos jours.

D'après le récit de Patrick Drouot[126], les machines étaient contrôlées par la puissance de l'esprit, et les cristaux servaient entre autres à convertir l'énergie du soleil en une énergie proche de notre électricité. L'auteur parle également de l'existence dans ce continent austral de lentilles concaves et convexes, captant les rayons du soleil et stockant l'énergie ainsi transformée en un matériau liquide que d'autres sujets identifièrent par la suite comme étant du cristal liquide. Les Atlantes auraient su faire des choses inimaginables que les hommes d'aujourd'hui ne savent pas encore faire. Par la seule force de la pensée, ils auraient créé des cristaux géants en modifiant la structure moléculaire de la matière. Ils auraient su aussi utiliser les sons et la lumière dans des registres de fréquences imperceptibles à notre plan physique, mais agissant sur le plan mental. Selon Drouot, ils avaient également réussi à mettre au point un principe de vol interstellaire basé sur l'usage de certains cristaux capables de contrôler le transfert d'énergie entre matière et anti-matière[127].

Au sujet de la civilisation atlante, toutes les descriptions parlent généralement d'un gigantesque édifice de cristal, ressemblant soit à une pyramide égyptienne soit à un temple grec, et appelé Temple de la Connaissance. Les Atlantes y auraient appris à utiliser certaines énergies mentales et psychiques. Les cristaux auraient également servi à la médecine : certaines combinaisons de lumière, de couleurs et de sons, de magnétisme et de pensée, auraient permis aux cristaux de réussir à merveille certains types de guérison. Les habitants de l'Atlantide auraient utilisé encore d'autres types de cristaux pour activer les énergies du corps et de l'esprit, et même pour opérer une sorte de chirurgie éthérique sur le corps énergétique des malades. En tout cas, la liste des usages que les Atlantes auraient faits du cristal peut s'allonger jusqu'à l'infini. Et la légende de témoigner que l'Atlantide, une nuit, se serait engouffrée dans les flots. Les Atlantes et leur civilisation se seraient effondrés, car cette civilisation aurait pris l'habitude d'une mauvaise utilisation du pouvoir du cristal. J'insiste bien là-dessus en soulignant en d'autres termes que la destruction de l'Atlantide était provoquée par les Atlantes eux-mêmes suite à une mauvaise utilisation de

---

[126] Patrick DROUOT, *Nous sommes tous immortels*, Paris, Editions du Rocher, 1988, pp. 103-110.
[127] *Ibid.*, p. 105.

leurs pouvoirs énergétiques entraînant une vibration démesurée qui s'était soldé par un cataclysme[128].

Après l'engloutissement de l'Atlantide au fond de l'océan, différents foyers de civilisation se seraient développés là où des rescapés auraient pu survivre, c'est-à-dire aux points élevés du relief terrestre. Le naturaliste Jean Baptiste de Lamarck, par sa philosophie évolutionniste, a montré que les états physique et morphologique des êtres vivants changent en fonction de l'environnement dans lequel ils se trouvent, de leurs comportements vis-à-vis des milieux où ils vivent. Sa thèse me permet d'estimer qu'avec le temps, les conditions climatiques et modes de vie différents auraient modifié la typologie humaine et donné naissance à des groupes différentiables que l'on peut aujourd'hui distinguer suivant la caractérisation communément utilisée des quatre grandes races humaines : blanche sur les hauteurs du Caucase, jaune sur les pentes de l'Himalaya, rouge dans les sommets andins et noire autour du Kilimandjaro. Ainsi Edouard Schuré d'estimer : « Si le soleil d'Afrique a couvé la race noire, on dirait que les glaces du pôle arctique ont vu l'éclosion de la race blanche[129] ». On peut imaginer aussi que les rescapés qui avaient réussi à se maintenir au-dessus de l'Himalaya auraient, à la longue, revêtu la peau jaune et yeux étirés sinon bridés, vraisemblablement à cause des moussons : ils se groupent tous dans la région est-asiatique, telle la race chinoise. Ainsi, Toutes les variétés somatiques humaines résultent des conditions climatiques auxquelles les Atlantes auraient été exposés après le déluge. D'autres races que nous connaissons aujourd'hui ne résultent que des mélanges, des combinaisons, des dégénérescences ou des sélections de ces quatre grandes races. Selon Edouard Schuré[130], la race des

[128] Le récit biblique sur le déluge du temps de Noé serait sans doute une variante sinon une version déformée du drame de l'Atlantide. On peut trouver ce récit dans le livre de Genèse 6:13; 7:4,10. Il semble que la mythologie brahmanique parle aussi d'une race de géants antérieure dont la civilisation aurait commencé sur notre terre il y a cinquante mille ans. Les survivants de ce continent austral auraient subi une dégénérescence à cause des conséquences du déluge, notamment la famine prolongée et autres intempéries. Parmi les survivants, ceux qui auraient revécu une vie à notre monde sont ceux-là qui doivent avoir reconduit la connaissance du pouvoir du cristal, une sorte de pierre philosophale. Version rapportée par Edouard Schuré à la page 33 de son livre *Les Grands initiés*.

[129] Edouard SCHURE, *Les grands initiés. Esquisse de l'histoire secrète des religions*, Paris, Librairie Académique Perrin, 1960, p. 34.

[130] Idem.

Atlantes, donc originelle, serait la race rouge primitive[131], dont les Indiens d'Amérique ne représentent que des séquelles.

L'époque des constitutions des races fut suivie par les étapes de la régénérescence des civilisations. Mais ces nouvelles civilisations connurent des développements différents, époques de domination, heures de gloire et de décadence. D'abord, la race rouge domina le monde non par la conquête mais par de puissantes civilisations qui ont laissé des traces architecturales en Amérique latine. Les Aztèques, les Incas et les Mayas seraient les débris de ces civilisations.

La tradition africaine rapporte que la race noire eut aussi son heure de gloire avec les civilisations dominantes d'Abyssinie et de Nubie. Les Noirs envahirent le sud de l'Europe en des temps préhistoriques et furent refoulés par les Blancs. Dès lors, ils n'engagèrent plus d'autre action de grande envergure à cause de l'avancée du Sahara et du dessèchement de la mer intérieure qui les avait incités à rester à demeure, dans la vallée supérieure du Nil et au sud du Sahara. Ils auraient gardé une empreinte ineffaçable : la crainte des eaux considérées comme lieux des dragons et des mânes des ancêtres. Depuis leur défaite au nord de la Méditerranée, défaite causée par le froid hivernal qu'ils ne savaient pas supporter, ils se sont repliés en deçà du Sahara et on n'entendait plus parler d'action de leur part.

Aux temps glorieux de leur civilisation, les Noirs eurent des centres religieux en Haute-Egypte et au pays du Punt, en Inde, à Tombouctou et à Monomotapa. Dans ses travaux, le professeur Cheikh Anta Diop a démontré scientifiquement que le Pharaon égyptien Ram-

[131] La race rouge primitive dont il est question ressemblerait à celle que l'on retrouve dans le phénomène d'albinage noir et que la biologie moderne considère comme étant une mutation accidentelle des gènes entraînant la variation du patrimoine génétique chez l'homme. Ce phénomène d'albinage noir produit deux types d'albinos : rouge et blanc. Un albinos blanc accuse généralement une certaine fragilité physique par rapport à un albinos rouge, plus ou moins colosse, vigoureux et rarissime. Chez les Luba, en Afrique centrale, tout albinos rouge est désigné par l'appellation de *Nkongolo*, qui signifie « arc-en-ciel ». Celui-ci, par rapport à son homologue (blanc) souvent objet d'exclusion, gagne beaucoup de sympathie et de considération vis-à-vis de la société. Car selon la tradition orale, il représente l'échantillon des premiers hommes ayant habité la terre avant le déluge. Presque tous les écrits sur l'histoire précoloniale de l'Afrique indiquent que le premier empereur luba s'appelait "Nkongolo", et serait venu de la région située entre le Lac Tanganyika et l'Océan indien. Chez les Luba, l'apparition d'un arc-en-ciel *(mwanza-nkongolo)* dans les nuées est le signe d'une pluie diluvienne qui allait s'abattre, mais neutralisée.

sès II était de type noir, avec une chevelure crépue[132], thèse que l'occidentalisme se permet de remettre en cause de façon irraisonnée. Et voici la réplique de Cheikh Anta Diop[133] :

> Tout indique qu'à l'origine, à la préhistoire, au paléolithique supérieur, les nègres furent prédominants. Ils le sont restés aux temps historiques pendant des millénaires sur le plan de la civilisation, de la suprématie technique et militaire. Tout esprit qui n'est plus capable de recevoir cette idée, même si elle est objectivement démontrée, ne peut, présentement, rien apporter à la science historique. Toute conscience qui est devenue, par principe, inapte à l'assimiler est rétrograde, quelle que soit l'idée qu'elle se fait d'elle-même et son aptitude à contribuer au progrès réel de la conscience morale de l'humanité pourrait en être limitée.

La Bible témoigne que le roi Salomon invita la reine de Saba pour une visite de courtoisie, que celle-ci lui offrit en présent des richesses énormes[134], certainement amenées d'Afrique d'où elle était originaire. Les mêmes sources bibliques confirment également la thèse des diverses dominations de l'époque post-atlante dans le récit de trois rois mages qui offrirent en présent de l'or, de l'encens et de la myrrhe à l'enfant Jésus lors de sa naissance (Mathieu 2:1-12). A propos de leur provenance, l'Orient cité dans la Bible ne serait qu'un monde surnaturel, monde de mystères. On peut imaginer que ces trois rois Mages représentaient des races qui auraient déjà régné sur le monde (Psaume 72:11-12). Certes, avant Jésus-Christ, des grandes civilisations avaient existé en Inde et en Extrême-Orient, mais elles étaient introverties, sans grande influence à l'extérieur. J'estime alors que pendant la visite rendue à Jésus par ces rois Mages, la race jaune n'était pas représentée puisqu'elle n'avait pas encore dominé sur le monde.

En toute vraisemblance, la domination blanche est probablement partie du 4e siècle av. J.C. avec les conquêtes d'Alexandre le Grand. La première consécration de cette domination fut l'instauration de la dynastie des Ptolémée en Égypte durant trois siècles. Des conquêtes romaines (1er siècle av. J.C.) jusqu'à notre époque, sa grande manifestation est la colonisation constamment entretenue comme sys-

---

[132] On trouve cette thèse dans Cheik Anta DIOP, *Parenté génétique de l'Egyptien pharaonique et des Langues négro-africaines*, Dakar, Ifan-NEA, 1977; Cheikh Anta DIOP, Origine des anciens Egyptiens, in G. MOKHTAR, *Histoire Générale de l'Afrique, tome II : L'Afrique ancienne*, Paris, Unesco/NEA, 1980, p.39-72.

[133] Cheikh Anta DIOP, *Antériorité des civilisations nègres*, Paris, Présence Africaine, 1964, p. 11.

[134] 1 Rois 10:10-11.

tème idéal d'assujettissement et de reconversion des peuples « sans civilisation ». Dans une vision qui est la mienne, la race jaune pourra à son tour assujettir le monde d'ici la fin du troisième millénaire, cela après la fin de la domination blanche. Des signes probants se sont déjà manifestés avec la montée spectaculaire de la puissance économique enregistrée dans la région est-asiatique - notamment en Chine - depuis le début de la deuxième moitié du 20e siècle. À la lumière des problèmes socio-économiques actuels, liés à la récession et au chômage en Europe, je suis persuadé de la condamnation de cette région à devenir le Tiers-monde d'une Asie irrésistiblement portée au pinacle de la puissance.

Imaginons tous le rôle joué par l'Afrique et l'Asie dans la formation de la civilisation européenne. Ce point fera l'objet d'un paragraphe qui traitera des catalyseurs du progrès technique en Occident. Nul ne peut mettre en doute aujourd'hui l'importance et le nombre de découvertes que ces deux mondes ont fournies au monde occidental. L'Europe n'a que le mérite d'avoir su les faire fructifier pour en tirer un profit maximal. Elle y a puisé une force quasiment invincible et le moyen de supplanter l'Afrique et l'Asie. Comme dirait Pierre Rousseau, « la science est devenue comme un engrais magique, qui fertilise les terrains ingrats et en fait jaillir les riches moissons de la technique[135] ». Le monde occidental en a tiré parti, mettant au point la science et la civilisation modernes qui sont aujourd'hui à la base de sa puissance.

d) Les rationalités de type africain et leurs problèmes

Dans toutes les sociétés humaines, les mécanismes d'accession à la connaissance restent les mêmes. L'origine du génie d'un peuple n'est pas un phénomène de masse, c'est d'abord l'œuvre des individualités dont les esprits ont franchi la sphère surnaturelle pour observer le naturel et en déceler des secrets qui seront analysés sous forme de lois. Ce n'est pas avec les yeux d'homme que Copernic aurait visualisé la rotation de la Terre autour du Soleil à une époque où les institutions croyaient le contraire. Les penseurs grecs en avaient déjà parlé, certes, mais sous forme d'observations philosophiques. Tous ceux qui ont révolutionné la connaissance des phénomènes naturels auraient sans

[135] Pierre ROUSSEAU, *Histoire des techniques*, Paris, Librairie Arthème Fayard, 1956, p. 56.

doute trempé dans l'occultisme. Paracelse et Bacon furent d'abord des alchimistes avant de figurer sur la liste des créateurs de la médecine. Aussi, Frankenstein, bien que personnage imaginaire, fut un simple charlatan avant de s'inscrire dans la mythologie occidentale en qualité de savant qui, cherchant à découvrir le mystère de la vie, comptait supprimer la mort.

En Afrique, le guérisseur n'est pas détenteur d'un titre scolaire ou universitaire, c'est quelqu'un qui a acquis l'art de guérir par l'initiation traditionnelle. Avant la colonisation, l'usage de ce qu'on appelle fétiche était fort répandu. Tout homme devrait y recourir pour se protéger. On a connu des Icare et Dédale, des soucoupes volantes, des bombardiers à la foudre aussi puissants que ceux qui, naguère, carbonisèrent Hiroshima et Nagasaki, etc., mais ce qui n'a pas pu être réalisé, c'est la vulgarisation des formules. Pourquoi ?

En Afrique noire, le phénomène de connaissance reste ésotérique et essentiellement fondé sur un dualisme : Amadou Hampâté Bâ estime qu'il existe un aspect clair et un aspect obscur dans le génie négro-africain. Dans son ouvrage intitulé *Aspects de la civilisation africaine*[136], il affirme qu'au côté visible et apparent des choses, correspond toujours un aspect diurne et un aspect nocturne, une face apparente et une face cachée.

Je serais malhonnête de confirmer une telle thèse lorsque je place ces deux aspects évoqués sur les deux plateaux d'une balance. En tout état de cause, la science africaine demeure fondamentalement ésotérique ; pour cette raison, elle perd le caractère rationnel dévolu à toute science légale. Par contre, en Occident la science est exotérique : d'où sa légalité. Et Bruno Latour de souligner : « plus un domaine de la technoscience semble ésotérique, plus exotérique doit être le recrutement de ceux qui le soutiennent[137]». En Occident, il n'y a pas de séparation entre la science et la société. La technoscience est un projet de société. Le système de vulgarisation est assuré par l'école et l'acculturation. Bruno Latour ajoute qu'il n'existe pas de distinction équivalente puisqu'il n'y a que des chaînes hétérogènes d'associations qui, de temps à autre, créent des points de passage obligés[138]. Pour tout dire,

---

[136] Amadou Hampâte BA, *Aspects de la civilisation africaine*, Paris, Présence Africaine, 1972, pp. 25-26.
[137] Bruno LATOUR, *La science en action*, Paris, Editions La Découverte, 1989, p. 258.
[138] *Ibid.*, p. 231.

dans le monde occidental, les sociétés dites secrètes sont définitivement exclues de la science en tant qu'élément matériel et officiel.

Les problèmes majeurs qui gangrènent la science africaine sont liés à cet ésotérisme dont l'aspect le plus manifeste est la sorcellerie, la plus importante société occulte qui existe en Afrique. Les sorciers, partisans de cette société, demeurent nuitamment sages ; ce sont les dieux des temps nocturnes. L'ethnologue français Dominique Zahan utilise le terme nyctosophie pour expliquer cette sagesse de la nuit[139]. La reprise de cette terminologie par certains philosophes africains ne corrobore pas moins cette vision des choses[140]. Si les uns ont parlé de "photosophie" ou de "scotosophie" pour caractériser chaque dimension de la sorcellerie africaine, positive ou négative, je préfère utiliser, pour ma part, le terme de cinémasophie. Car ce génie reste dominé par un certain illusionnisme où les initiés entrent en transe ; ils observent surtout aux heures de nuit comme sur un écran de cinéma ce qui va être matérialisé et qui le devient effectivement, mais négativement. La visiomanie pratiquée est comparable au dernier scénario de la tentation de Jésus par Satan[141], mais dans ce cas le possédé ne peut pas s'en sortir, car voué à obtempérer aux exigences du grand sorcier anthropophage et à accepter les conditions que celui-ci lui impose. L'activité de l'esprit finit alors par un envoûtement dont les conclusions sont nuisibles à l'endroit d'un membre de la famille restreinte ou étendue, et parfois dramatiques pour la société tout entière.

Le décès, la maladie ou l'accident, sont reliés soit à la sorcellerie soit à d'autres événements de la vie communautaire. Ces différents sorts se justifient de manières diverses et au ressenti de la victime elle-même. La stratégie thérapeutique réside dans la parole par laquelle la famille réunie tient compte de l'ensemble des faits antécédents. Très souvent, le diagnostic de la possession est d'abord fait par l'entourage à partir des signes que montre la personne concernée, puis confirmé par le devin-guérisseur en consultation. La thérapie d'une maladie incurable peut être obtenue par la simple parole au sein de la famille ou par l'intervention d'un devin-guérisseur appelé aujourd'hui « tradipraticien). Parfois, la guérison totale du patient restaure l'homéostasie intra-psychique, intra-familiale, voire clanique. La stratégie thérapeu-

---

[139] Dominique ZAHAN, *Religion, spiritualité et pensée africaines*, Paris, Payot, 1970, p. 146.

[140] TONGO LAKIK MIKOBI, L'ordre rationnel de la sagesse négro-africaine, in *Les Nouvelles Rationalités Africaines*, Vol. 1, n°1, octobre 1985, pp. 64-77.

[141] Mathieu 4: 8-9.

tique est l'ensemble du processus - corps constitué, discussions diagnostiques de l'entourage, propositions thérapeutiques, et rites de guérison - qui constitue le système de soins. Par système de soins, il faut entendre l'ensemble de moyens par lesquels l'entourage du patient s'engage à le dégager de sa possession. La phytothérapie se pratique généralement. Le guérisseur (tradi-praticien) découvre les ingrédients de ses remèdes par la puissance de la parole dont voici un exemple :

> Terre, déesse sacrée,
> mère de tous les êtres de la Nature,
> qui règne sur le ciel et sur la mer,
> et qui apporte le sommeil à la Nature.
> Toi qui fais revenir la lumière en chassant la mort ;
> tu recouvres les ombres de la mort et le chaos infini.
> Terre, déesse sacrée,
> les plantes qu'engendre Ta majesté,
> donne-les aux peuples, au nom de ton salut,
> donne-moi ce remède, qu'il me parvienne doté de tout pouvoir.
> Terre, déesse sacrée,
> quel que soit celui auquel je donnerai ce médicament,
> rends-lui la santé.

Dans la pensée africaine, la possession est l'occupation d'un individu par un être surnaturel : génie, *Elima* ou *Nkwembe*. Ce génie est souvent reconnu par un devin lorsqu'il entre en transe. La possession n'est pas seulement spirituelle. Elle présente un corps physique immobilisé dans ses fonctions vitales. Elle peut être aussi astrale dans la mesure où la personne concernée se sent bloquée dans son bonheur. Sur ce point, le guérisseur qui est généralement un féticheur, fait intervenir la psychothérapie pour délivrer la victime des esprits pervers[142]. En réalité, Il agit comme un sorcier, mais un sorcier qui ne tue pas et qui, cependant dispose de la puissance de nuire. Selon Gualbert Ahyi, « le guérisseur est un sorcier non anthropophage (qui ne tue pas) et qui empêche les autres de l'être[143]». Il « déclare des choses », par la

---

[142] Ce phénomène reste étrange à l'esprit de plusieurs anthropologues occidentaux. Paul-Laurent ASSOUN, dans son livre *op. cit*, p. 22, tient ces propos sceptiques : « Le fétichisme est un véritable "cheval de Troie" dans le royaume spiritualiste, et c'est pour remplir cette fonction qu'il est intronisé ». Quoi qu'il en soit, le mot « fétiche » n'est pas africain. Son étymologie « feitiço » (chose fée, ensorcelée) est portugaise, apportée par les premiers explorateurs et les trafiquants d'esclaves.

[143] Gualbert R. Ahyi, Modèles traditionnels de la santé et de la maladie mentale au Bénin, sous la direction de Paulin J. HOUNTONDJI, *Les savoirs endogènes. Pistes pour une recherche*, Paris, Karthala, 1994, p. 201.

technique de divination et, parfois, tient informé la victime de son agresseur, celui qui lui aurait jeté un mauvais sort.

D'autres systèmes de soins, de types religieux et syncrétique, sont un recours fréquent, tels le *Voudou* en Afrique occidentale et le *Mpeve-a-Longo* et *Bima* en Afrique centrale, etc. ; il s'agit des mouvements de prophétisme. Ces mouvements organisent de véritables centres de soins intermédiaires, où les gens vont recréer une sorte de communauté villageoise et se soigner selon des techniques totalement inspirées des techniques traditionnelles : utilisation des objets symboliques, des chansons rythmées et de la danse. Mais ces pratiques sont fondées les unes sur la Bible (guérisons miracles) et les autres sur la culture islamique, tel le « maraboutage ».

e) La technique humaine face à la science légale

Dans l'histoire des sciences, la légalité scientifique suppose toujours le bon savoir. Depuis l'Antiquité, les disciplines scientifiques ont été catégorisées selon les idéologies et les réalités des temps. Si l'astronomie, les mathématiques, la physique et la philosophie ont été reconnues comme vraies sciences à l'époque antique, elles ne l'étaient pas pour autant à l'époque médiévale où seule la théologie pouvait prédominer en tant que source de vérités et où le *Didascalion* se proposait d'enseigner ce qu'il était bon de lire et l'ordre dans lequel il fallait le faire. En effet, tout savoir hors chrétienté s'avérait diabolique. Il fallait donc bien se résoudre à admettre les arts mécaniques dans le domaine de la connaissance. En tout, il y a quatre sciences fondamentales -*quadrivium* universitaire - sources de toutes les autres : la théorique, la pratique (théologie et morale), la mécanique et la logique. Mais, au 7e siècle, on assiste à la modification de la vieille classification uniquement fondée sur ce *quadrivium*. Dès lors, les disciplines du savoir comportent sept arts mécaniques : l'art de la laine (les textiles), l'art militaire et l'architecture, la navigation, l'agriculture, la chasse (et la pêche), la médecine, le théâtre. Cet ordonnancement est précisé au 13e siècle par Vincent de Beauvais qui, dans son *Speculum*, modifie la liste en remplaçant la médecine par l'alchimie. Car d'après lui, la médecine consiste non seulement en des opérations manuelles, comme les autres arts, mais aussi en spéculations de l'esprit : ainsi par exemple lorsqu'elle considère des causes, elle se situe en quelque sorte entre la pratique et la théorie[144].

A partir de la Renaissance, après avoir surmonté tous les obstacles de l'Inquisition mise en place pour garantir l'orthodoxie religieuse, l'alchimie et la physique entrent dans le système de légalité à côté de l'astronomie et la physique, au détriment de la théologie. L'alchimie, considérée jadis comme la magie, fait définitivement fusion avec la médecine qui était jusqu'au Moyen Âge une science frontalière. Ernst Bloch, dans son livre *La philosophie de la Renaissance*, montre que Théophraste Paracelse rehaussait l'alchimie puisque le point de départ de son idéologie philosophique était l'existence de correspondances entre le monde extérieur et le monde intérieur. Chez Paracelse, écrit l'auteur, « l'extérieur ne fait jamais oublier l'intérieur et vice versa : ce qui est à l'intérieur se trouve à l'extérieur, ce qui est à l'extérieur se trouve aussi à l'intérieur[145] ». Il est vrai que pour Paracelse comme pour Roger Bacon, le mercure et le soufre sont les principes de tous les métaux. Leur alliage produit les autres métaux, des plus purs aux plus impurs. L'or est le métal le plus pur tandis que le cuivre est le plus impur. Notre monde doit aussi au médecin Paracelse le principe d'auto guérison.

Pour devenir une discipline universitaire à l'époque médiévale, la médecine se sépare de la chirurgie et de la pharmacie. En France, la chirurgie n'a été réhabilitée comme discipline à côté de la médecine qu'en 1803[146]. C'est la promotion de la médecine qui a émancipé toutes les autres sciences connexes : pharmacie, chimie, chirurgie, biologie, etc.

Au 15e siècle, l'Europe avait déjà engagé une répression contre la sorcellerie jugée sur toutes ses formes comme pacte diabolique. L'histoire de Faust mise en selle par la propagande chrétienne devait présenter ce savant fou ayant conclu un pacte avec le diable. Il a fallu attendre qu'au 17e siècle un groupe de distillateurs soit engagé dans la cour de Louis XIII, pour que l'alchimie entre dans la légalité.

La science légale représente une sorte de "photosophie" institutionnalisée. Elle tire son origine de « la sagesse du jour » (héméroso-

---

[144] Marie-Claire AMOURETTI & Georges COMET, *op. cit.*, p. 174.

[145] Ernst BLOCH, *La philosophie de la Renaissance*, Paris, Editions Payot & Rivages, 1994, p. 66.

[146] Jean-Pierre BAUD, *Notes de cours de légalité scientifique*, D.E.A. Sciences et Techniques, Académie de Strasbourg, année universitaire 1993-1994.

phie[147]ou sorcellerie blanche). Cette sagesse lui est ainsi reconnue parce que l'instance hémérosophique, après avoir identifié l'expression de la métaphysique, accepte de la gérer en toute transparence. Cette expression devient une science du moment qu'elle est physiquement maîtrisée, codifiée et interprétée dans un langage mathématique accessible à l'intelligence humaine. Du fait de cette transparence hémérosophique, la science finit par être vulgarisée et légitimée par les instances sociopolitiques. Elle est ainsi légale. Autrement dit, en Occident, les sciences parallèles ont été matérialisées, vulgarisées et légitimées du fait de cette interprétation objective et de la formulation mathématique des indications phénoménales tirées des expériences effectuées sur l'expression mobilisatrice de l'énergie ou de la matière. Dès lors, ces indications sont devenues des données effectives, logiques et manipulables. Selon Herbert Marcuse[148], le processus initial, qui consiste à éliminer les substances indépendantes et les causes finales, aboutit à la formalisation de l'idée d'objectivité. Mais la formalisation de cette idée reste très spécifique, l'objet se constitue lui-même dans une relation quasi-pratique avec le sujet. À la question de savoir ce qu'est la matière, Marcuse interprète Von Weitzsäcker[149] estimant que « dans la physique atomique, la matière se définit par des réactions qu'elle peut avoir au cours des expérimentations humaines et par des lois mathématiques (c'est-à-dire intellectuelles) auxquelles elle obéit ». « Nous définissons la matière, écrit-il encore, comme un objet susceptible d'être manipulé par l'homme[150] ». Pour montrer la compénétration existant entre la science pragmatique et la technique, l'auteur montre que la science est devenue technique en elle-même, c'est-à-dire une instrumentalité. Partant, le niveau de l'environnement scientifique n'influe pas moins sur le facteur technique : plus il y a des connaissances scientifiques, plus les techniques se développent.

[147] TONGO LAKIK MIKOBI, *op. cit.*, p. 74.

[148] Herbert MARCUSE, *L'homme unidimensionnel*, Paris, Les éditions de minuit, 1968, p. 178-179.

[149] Von WEITZSACKER est l'auteur d'un livre intitulé *The History of Nature.*

[150] Herbert MARCUSE, *op. cit.*, p. 179.

C. Constantes et variantes socioculturelles du facteur technique naturel

En abordant à présent la question de la technique dans la société, je me tourne vers l'étude des facteurs d'évolution qui ne sont propres à aucune espèce animale, et qui rendent l'évolution humaine si prodigieusement complexe. J'aurais alors avantage à qualifier de primaire la technique libératrice - tare du fondement technique - puisqu'elle s'adresse à toute espèce vivante, et à considérer l'ensemble technique, société et esprit - éléments exclusivement propres au genre humain - comme facteurs secondaires, car variant et évolutifs.

1. Constantes socioculturelles de la technique

La technique présente deux principales constantes prédéterminées dans l'ordre de la Nature : l'acquisition et la consommation. André Leroi-Gourhan explique suffisamment ce sujet dans son traité *Milieu et Techniques*[151].

Je crois avoir considérablement présenté plus haut la technique comme acte de fabrication par la manipulation des outils, mais j'ai quelque peu minimisé les phénomènes d'acquisition (chasse, pêche, élevage, agriculture) et de consommation (alimentation, vêtement, habitation), qui sont les justificatifs de l'essence des techniques.

a) Les techniques d'acquisition

J'ai déjà montré comment l'être humain disposant de moyens élémentaires d'action sur la matière, se livrait à la fabrication des objets qui devaient lui permettre l'accès aux produits dont la consommation assurerait sa nourriture et son confort. D'après Leroi-Gourhan, ce schéma qui est conventionnel satisfait la logique même s'il ne répond à aucune réalité historique ou actuelle. Cette procédure en quatre termes forme un réseau qui se justifie dans son agencement. L'auteur en conclut qu'au premier terme on trouve des moyens, au second des procédés, au troisième on trouvera des objets ou des groupes d'objets qui répondront à l'acquisition des biens consommables. Selon lui, il n'y a pas une progression historique au-delà de ce schéma. En matière

[151] André LEROI-GOURHAN, *Evolution et Techniques. Volume II : Milieu et Techniques*, Paris, A. Michel, 1945, 512 pages.

de consommation, il n'existe pas une différence de finalité entre la chasse et l'élevage, la cueillette et l'agriculture. Tout est destiné au même besoin. Pour peu de nuance, on peut entrevoir une certaine différence sur le plan technique entre la chasse et l'élevage, de même qu'entre la cueillette et l'agriculture lorsqu'on constate plus d'améliorations des outils dans les domaines de la chasse et de l'agriculture que dans ceux de l'élevage et de la cueillette.

Aussi, l'arsenal de moyens que l'homme utilise pour satisfaire ses besoins porte des appellations semblables, en dépit de modifications et des innovations apportées dans leur construction. Lance et flèche, silex et carabine sont tous des armes, qu'elles soient armes de jet ou armes à feu ; qu'elles soient destinées à la chasse ou à la guerre.

b) Les techniques de consommation

Naturellement, les produits acquis finissent par être consommés. On ne produit pas pour le plaisir de produire, mais pour satisfaire un besoin individuel ou collectif de consommation. Les voies de consommation varient selon les peuples, les sociétés. Dans la culture chrétienne, par exemple, célébrer l'Eucharistie présente un besoin qui permet à un chrétien de garantir la mémoire du Christ crucifié. Cette pratique est semblable au culte des ancêtres en Afrique, lorsqu'une famille immole une poule à l'honneur de ses aïeux. Sur ce point, Leroi-Gourhan évoque de nombreux exemples : « Prendre une drogue, introduire un mort dans une jarre, écouter un tambour, porter un bracelet, consacrer la représentation d'une divinité sont des actes de consommation », écrit-il[152]. La seule nuance, c'est que chacun de ces actes de consommation comporte une part sociale, religieuse ou esthétique qui lui est particulière.

De même, les modes de consommation diffèrent d'un peuple à l'autre, d'une civilisation à l'autre. Les peuples musulmans ne maîtrisent pas la technique d'élevage des porcs parce qu'ils ne consomment pas la viande de cette bête. Mais les peuples non islamiques entretiennent de grands troupeaux des porcs, même si certains groupes commencent à en détester la viande sous prétexte que le porc est un animal très pollué.

L'habillement et l'habitation sont aussi les caractéristiques primaires des sociétés humaines. Très peu de peuples persistent à ne pas

[152] *Ibid.*, p. 147.

connaître le vêtement, se limitant à parer leurs sexes de feuillages végétaux, tels les pygmées d'Afrique, chez qui les mâles ont souvent aussi recours aux cornes comme dans les sociétés aborigènes d'Australie. Ce comportement est en partie lié au climat torride sous lequel ils vivent.

En ce qui concerne l'alimentation, les opérations de préparation, de consommation et de cuisson sont connues dans toutes les sociétés. En Afrique noire, les gibiers et poissons fumés peuvent se conserver durant de longs mois sans tomber en putréfaction. Cette technique de fumage permet de retarder la consommation des produits alimentaires. Et pourtant, elle est insuffisamment pratiquée en Occident[153] où la réfrigération reste le moyen idéal de conservation de la nourriture.

2. La technique évolutive

Une technique évolutive sous-entend à la fois une amélioration constante du facteur technique et son intégration dans l'histoire de l'humanité. C'est vraisemblablement à partir d'ici que la société commence à sortir de son état de nature pour s'exposer aux tentations cachées, celles de la science peut-être. Ce volet introduit dans le cheminement de mon discours une nouvelle dynamique dans l'état du système naturel au sein duquel la société humaine elle-même a jusqu'à présent évolué. Nouvelle dynamique caractérisée par l'introduction de nouveaux paramètres issus de l'influence de la science et son histoire. Mais ce terme d'Histoire est de ceux qui suscitent le plus de controverses. Toutefois, il n'en reste pas moins vrai qu'en un certain sens Histoire est synonyme de changement.

Dans son livre intitulé *Le Temps de l'histoire*, Philippe Ariès[154] montre combien l'intrusion de l'histoire dans toutes les existences pourrait caractériser les bouleversements qui marquent les destins individuels depuis deux ou trois générations. En réalité, les bouleversements mondiaux qui peuvent avoir marqué l'humanité ne sont pas seulement ceux que nous aurions connus hier et aujourd'hui, ils se sont produits depuis que l'homme existe sur la planète[155] et se produiront encore dans le plus lointain futur. N'est-ce point-là ce qu'évoque

---

[153] Les Européens ne pratiquent le fumage que sur la viande de porc essentiellement.
[154] Philippe ARIES, *Le Temps de l'histoire*, Monaco, Ed. du Rocher, 1954. 368 p.
[155] A ce sujet, lire Jeremy KINGSTON et David LAMBERT, *Les grands bouleversements mondiaux*, Turnhout, Editions Christophe Colomb, 1979, 336 p.

l'adage : « Les peuples heureux n'ont pas d'Histoire ? » Ici, bouleversement n'est pas forcément synonyme de changement dans le sens positif. Il existe une hiérarchie du changement.

Contrairement à la thèse d'histoire du temps passé, une nouvelle école semble avoir vu le jour : celle qui estime que l'histoire des sciences et techniques reste l'apanage du temps présent[156]. Pour renchérir ce point de vue, Alain Beltran et Pascal Griset écrivent : « L'environnement économique, la pression sociale, la volonté politique (c'est-à-dire dans bien des domaines la place grandissante de l'État), les habitudes culturelles, l'organisation de la science et de la technique (et des rapports entre les deux), la géographie, etc., ont agi directement sur les recherches techniques et expliquent échecs et succès[157] ». Cette option est fondée sur une conception selon laquelle le temps présent intègre de nouveaux paramètres suivant le degré d'évolution d'une société considérée.

D'autres auteurs, comme Bruno Jacomy, concilient les deux thèses (passéiste et présentiste). Dans son livre ingénieux et pénétrant, Jacomy écrit : « L'histoire des techniques est culturelle. Elle fait apparaître les liens qui, depuis les silex taillés par les premiers hommes jusqu'aux plus récents outils, souvent immatériels, que la société actuelle met en nos mains, unissent les techniques aux pratiques sociales, les savoir-faire aux arts, les innovations aux modes de vie, etc.[158] ».

Selon Marie-Claire Amouretti et Georges Comet, la progression technique n'est jamais linéaire, ni dans une société, ni dans une même région[159]. Ces auteurs se demandent si l'on peut parler de systèmes techniques en se référant aux grandes étapes vers ce que nous appelons monde moderne. Sur cette question, la meilleure réponse semble être celle de Marx qui - expliquant son « matérialisme historique » - divisait l'évolution humaine en trois temps, chacun fondé sur

[156] En France, il existe au CNRS (Centre National de Recherche Scientifique) l'Institut d'Histoire du Temps présent qui ne considère pas l'histoire comme une discipline traitant les récits du passé, mais comme clé essentielle de la compréhension du monde actuel. On peut lire à ce sujet l'article édifiant de Alain BELTRAN intitulé « Histoire des techniques et temps présent : une double difficulté », Institut d'Histoire du Temps présent, *Ecrire l'histoire du temps présent*, Paris, CNRS, 1993, pp. 293-299.

[157] A. BELTRAN et P. GRISET, *Histoire des techniques aux XIXe et XXe siècles*, A. Colin, 1990, p. 3.

[158] Bruno JACOMY, *Une histoire des techniques*, Paris, Seuil, 1990, p. 10.

[159] M. C. AMOURETTI et G. COMET, op. cit., p. 37.

la lutte des classes. Son analyse, bien que contestée par nombre d'historiens des techniques doit être la plus objective à ce sujet, car issue du positivisme du 19e siècle qui faisait de l'analyse économique et du productivisme le critère de valeur absolu. Mais le mérite de Marx est d'avoir introduit dans cette dynamique le rôle des groupes sociaux. Pour lui, les expressions telles que néolithique, âge du bronze, âge du fer, ne répondent pas du tout à la réalité.

Pour en revenir aux systèmes techniques tels que je les ai déjà esquissés plus haut, les anthropologues s'y réfèrent pour expliquer ce phénomène d'évolution technique. Très brutalement, A. Leroi-Gourhan parle des éléments d'évolution technique[160] qu'il repartit en cinq seuils : les sociétés prédatrices qui prélèvent leur subsistance aux dépens du milieu, les sociétés productrices en équilibre avec le milieu, les sociétés traditionalistes qui ont une culture alphabétisée chez qui les commerçants et les artisans ont une grande importance, les sociétés rationalistes qui sont celles de l'époque industrielle, les sociétés rationnelles nées à partir de la mutation post-moderne. Jusqu'à présent, je ne me suis intéressé qu'aux trois premières catégories. Quoi qu'il en soit, il serait erroné de classer rigoureusement les civilisations d'après cette typologie. Il conviendrait tout simplement d'établir un rapport entre les systèmes dits bloqués (toutes les sociétés arabes, africaines, indiennes, chinoises, latino-américaines)[161] et la seule société occidentale dont l'essor manifeste commencerait à la révolution industrielle.

---

[160] A. LEROI-GOURHAN, *Evolution et Technique, Volume II, op. cit.*, pp.327-344.

[161] De nos jours, certains pays dits émergents comme la Chine, l'Inde, le Brésil et le Mexique se sont déchaînés jusqu'à se hisser au rang de grandes puissances économiques du monde.

III. TECHNOSCIENCE, PRODUIT D'UNE ALLIANCE CONTRE NATURE

La mythologie africaine raconte que Dieu aurait créé l'homme et sa technique, ceux-ci auraient à leur tour créé la femme et les enfants. Par simple interprétation analogique des situations, j'ose supposer que l'homme et sa technique[162] sont les produits de la Nature, et à leur tour, ils ont produit la science. L'extrapolation peut-être illogique de ce postulat dans le contexte de la civilisation moderne me pousse à imaginer que la technique et la science forment également un couple uni par un certain lien de mariage - la rationalité.

En toute vérité, la science comme phénomène des connaissances, existe depuis *Homo Sapiens*. Sans vouloir entrer dans un labyrinthe de définitions pour trouver le mot qui convient pour expliquer ce qu'on entend par science, je dois me limiter à qualifier celle-ci de mode de connaissance. Je lui attribuerai une double fonction d'explication et d'action. Pour André Pichot, « la science veut expliquer le monde (y compris l'homme à qui il faudra trouver une place dans ce monde) et elle veut agir sur lui ; et l'explication ne vaudra, très largement, qu'en ce qu'elle permet d'élaborer une action efficace[163] ». Cette double fonction d'explication et d'action se retrouve à divers degrés dans des savoirs antérieurs à la science, notamment la technique, le mythe et la magie. Et selon Pichot, « la science entretient des rapports complexes avec ces savoirs, rapports d'analogie, de compétition, mais aussi de filiation plus ou moins directe[164] ». Rapports avec la technique étant donné que celle-ci est généralement considérée comme la face « action » de la science, rapports avec le mythe dans sa fonction explicative, enfin rapports avec la magie du fait qu'elle agit sur le monde et théorise l'action.

Puisque c'est le rapport de la science à la technique qui m'intéresse, que je l'envisage fondamentalement comme rapport actuel où la technique est présentée comme l'application des théories scientifiques sous forme d'action sur le monde, je me penche sur l'histoire déjà écrite. Histoire où l'on imagine facilement que la science s'est constituée par la théorisation d'un savoir pratique qui se serait lui-

---

[162] Ici, j'entends la technique comme facteur biologique compris dans l'intégralité humaine.

[163] André PICHOT, *La naissance de la science, 1. Mésopotamie, Egypte*, Paris, Gallimard, 1991, p. 11.

[164] *Idem.*

même mis en place par pur empirisme. C'est pour cette raison que je situe l'essor d'une véritable science appliquée à l'époque de la Renaissance. Je ne discuterai pas ici du rapport actuel de la science et de la technique, mais seulement de leur rapport historique.

A. Essor de la science et naissance du monde moderne

Dès la fin du 15e siècle, le développement du capitalisme connaît une croissance spectaculaire en Europe, avec la découverte de nouveaux marchés extérieurs. Conséquence, on découvre quelque part la machine humaine nécessaire pour les plantations d'Amérique. L'industrie commençait prospère de plus en plus, surtout en Angleterre où la bourgeoisie se développe.

L'implantation de la grande industrie déclenche aussi une révolution économique de grande envergure. De puissantes exploitations sont fondées : forges et hauts fourneaux forment les premiers combinats. Grâce au capitalisme, l'Europe se peuple de plus en plus de machines, chacune non seulement contribuant à la promotion sociale de la technique, mais aussi à démontrer son utilité et son efficacité dans la vie. Chaque mécanique qui sortait des mains de l'artisan est une preuve qu'un résultat cherché dépend de lois naturelles très précises. Ce procédé - qui deviendra la méthode expérimentale - n'apparaît pas seulement comme l'art de dominer la Nature, mais aussi comme l'art d'en connaître les lois, c'est-à-dire d'ouvrir l'esprit sur le comportement de la matière.

1. Impact de l'esprit moderne sur les lois de la Nature

En réalité, l'esprit scientifique aurait ses germes dans la pensée grecque classique, mais absent aussi bien chez les sophistes de la Grèce archaïque que dans la civilisation médiévale. Dans *Le Sophiste*, Platon[165] critique l'absence de cet esprit lorsqu'il refuse le dilemme : ou tout est vrai ou rien n'est vrai, qui selon lui, condamne la société au scepticisme, au laxisme ou au mutisme qu'engendrent le non-savoir ou l'hyper savoir. L'éclosion de cet esprit n'eut effectivement lieu que pendant la Renaissance, et introduisit l'époque moderne où il devint prédominant. L'Antiquité ne présentant que des efforts isolés, discontinus, l'esprit scientifique apparaît s'être quelque peu manifesté chez

[165] Jean BRUN, *Platon et l'académie*, Paris, PUF, Que sais-je ? 1960, p. 57.

certains individus n'ayant produit que des tentatives sans aboutissement, sans influence considérable sur la civilisation de l'époque : Platon et Aristote. Or, un prodige individuel, si admirable qu'il soit, n'est pas un facteur de civilisation tant qu'il reste confiné dans l'individualité ; d'ailleurs les efforts de l'Antiquité n'ont porté que sur les pures abstractions des mathématiques. Certes, les individus comme Thalès, Euclide, Pythagore, Archimède, etc., ont ébauché des formules mathématiques importantes, tirés des observations qu'ils avaient faites sur la Nature ; mais il ne s'agit que des éveils sporadiques. Ces personnages faisaient état de leurs facultés intellectuelles après qu'ils auraient fréquenté les grandes civilisations de l'époque.

Comme nous le verrons plus bas (section B, § 1), les grandes civilisations d'Égypte, de Mésopotamie et d'Orient auraient apporté un support considérable aux connaissances scientifiques universelles, mais le Moyen Âge occidental en fut également instigateur : l'université était restée en contact permanent avec ces connaissances par l'usage de traductions ; tel fut le cas, par exemple, de la compilation de l'œuvre d'Aristote. Même si elle se contentait d'ergoter, de scolastiquer, de jouer du syllogisme d'une façon parfois offensive, l'esprit médiéval fut très marqué par la passion du symbolisme qui interdisait tout accès à la recherche scientifique. En dépit de cette conception irréalisable, des idées progressistes émergèrent, dont celles de Roger Bacon, considéré comme l'esprit le plus scientifique du 18e siècle. Celui-ci, après avoir décrit les sept enveloppes de l'œil, conclut que Dieu a voulu imprimer en nous l'image des sept dons du Saint-Esprit...[166] C'est alors seulement avec le scandale de Copernic, qu'on assistait à la première manifestation individuelle de l'esprit scientifique vraiment marquante. À partir des observations astronomiques, Copernic montrait que la terre n'est pas le centre de l'univers, et qu'il existe d'autres planètes à côté d'elle. Dès le 17e siècle, le mouvement était organisé, et une date capitale entre toutes dans l'histoire nous est donnée par le *Discours de la méthode* dans lequel, en 1637, l'esprit scientifique fut défini pour la première fois par Descartes.

Sujet français, René Descartes (1596-1650) est sans doute le premier à mettre en évidence cette primauté des lois naturelles. Mais la gloire de dresser le premier et décisif procès-verbal de constat de la

[166] Roger BACON, Le miroir d'alchimie (Speculum Alchemiae), *Cinq traités d'alchimie des plus grands philosophes* (Paracelse, Albert Le grand, Roger Bacon, R. Lulle, Arn, De Villeneuve) traduits du latin en français par Albert Poisson, Paris, Bibliothèque Chacornac, 1890, pp. 51.

philosophie expérimentale revient à son contemporain Francis Bacon (1561-1626), chancelier d'Angleterre. Pour ce dernier, la véritable philosophie, devait reconnaître que la pure scolastique piétinait, tandis que les techniques, depuis des siècles, progressaient et transformaient le monde. Aussi, faudrait-il étudier d'abord les arts mécaniques si méprisés, et pourtant si utiles et si instructifs. La particularité qui se manifeste chez Descartes est d'avoir fourni des explications nettes sur les lois de la Nature.

> Sachez donc, premièrement, que par la Nature je n'entends point ici quelque Déesse, ou quelque autre sorte de puissance imaginaire, mais que je me sers de ce mot pour signifier la Matière même en tant que je la considère avec toutes les qualités que je lui ai attribuées comprises toutes ensemble, et sous cette condition que Dieu continue de la conserver en la même façon qu'il l'a créée. Car de cela seul qu'il continue ainsi de la conserver, il suit de nécessité qu'il doit y avoir plusieurs changements en ses parties, lesquels ne pouvant, ce me semble, être proprement attribuées à l'action de Dieu, parce qu'elle ne change point, je les attribue à la Nature; et les règles suivant lesquelles se font ces changements, je les nomme les lois de la nature[167].

Selon Descartes, l'univers entier, gouverné par des lois naturelles, apparaît comme une véritable machine. Il sent très vivement la portée intellectuelle et la valeur bienfaisante du travail mécanique. La vraie philosophie, telle qu'il la conçoit, n'est qu'une immense préparation au triomphe de la puissance technique. Ainsi, il conclut en définitive qu'il n'est plus question de technique comme fin en soi, étant donné que la Nature, avec ses astres, ses eaux, ses plantes, ses bêtes, l'homme lui-même, obéit à des lois intangibles que la science seule est en mesure de déterminer[168]. Descartes pense en outre que toutes ces lois, pour être parfaitement connues, doivent être exprimées sous forme mathématique. C'est ce que Galilée avait souhaité aussi pour les lois du mouvement, mais le mérite de Descartes est d'avoir généralisé et d'avoir voulu représenter l'ensemble de la physique en termes de géométrie et d'algèbre. Cette expérience devait aboutir au fait d'imaginer l'univers comme accessible à la raison, donc de prétendre que la science, seule capable de pénétrer, voire de maîtriser les phénomènes naturels, était aussi seule qualifiée pour accommoder l'environnement de l'homme et, par conséquent, guider sa destinée terrestre.

---

[167] René DESCARTES, *Discours de la méthode* , Paris, Flammarion, 1966, (Appendice), p. 227.
[168] Pierre ROUSSEAU, *op. cit.*, p. 147.

Cependant, il fallait d'abord connaître ces lois avant de les formuler et de les appliquer. Pour y parvenir, il n'était pas question de recourir à la dialectique scolastique, ni même au doute méthodique et au rationalisme cartésiens. Le seul moyen de les découvrir était de se pencher sur la Nature, d'observer, de mesurer, de noter et de comparer[169]. Cette méthode, après avoir eu un grand succès chez Copernic, a été reprise par Kepler et Galilée ainsi que par la génération des savants qui ont suivi. Avec autant de perspicacité, Leibniz constatera un peu plus tard que la technique, si humble soit-elle, constitue une instruction pour l'homme et la société. Le travail de l'artisan suppose une grande familiarité avec certaine manière de traiter la Nature, qui dépasse en réalité toutes les connaissances livresques[170]. Il fallait à tout prix recourir à l'expérience. C'est finalement cette méthode qui permit à Isaac Newton de découvrir la loi d'attraction universelle qui fait de lui le véritable père des sciences expérimentales.

2. Effets de la rationalité moderne sur la science et la technique

Une certaine logique énonce que ce qui se ressemble s'assemble, mais l'expérience sexologique et la physique électromagnétique démontrent que les êtres de même nature se repoussent, ceux des natures différentes s'accouplent. L'apparition de la science rationnelle et expérimentale n'est pas considérée comme objet d'à côté, et encore moins un épiphénomène, de l'activité technique. Certes, jusqu'aux Temps modernes, la technique et la science évoluaient sur des plans bien distincts et séparés ; la première, utilitaire avant tout, était un produit des facultés biophysiques (instinct, routine, tâtonnement), en quelque sorte du bricolage ; la deuxième, produit de pure curiosité n'était reconnue qu'au sage habitué à jeter un coup d'œil hautain sur le monde extérieur pour l'interpréter. C'est ainsi que Pierre Rousseau parvient à nous démontrer qu'il n'y avait rien de commun entre la méditation transcendante d'un Copernic, aristotélicien et pythagoricien, et le labeur forcené d'un Bernard Palissy (1510-1589), suant devant son four en cherchant le mode de cuisson le plus avantageux pour la fabrication de l'émail[171].

---

[169] *Ibid.*, p. 148.
[170] Pierre DUCASSE, *op. cit.*, p. 72.
[171] Pierre ROUSSEAU, *Histoire des techniques*, Paris, Librairie Arthème Fayard, 1956, p. 148.

Depuis l'avènement de la science moderne, ces positions traditionnelles ont basculé dans un phénomène de foisonnement qui fait que la science et la technique sont devenues désormais indissociables. Après avoir découvert des lois, la science expérimentale colle étroitement à la réalité technique et entreprend d'y appliquer ces lois sans faire appel à l'hypothèse. Par sa rationalité, elle se montre désormais capable d'interpréter ces lois en les traduisant en formules cohérentes, généralement élaborées en termes mathématiques. Du coup, la science cesse d'être une simple curiosité pour esprits savants ; elle se transforme en instrument d'action. La science devient ainsi un élément moteur auquel on recourt pour faire évoluer la technique ; un dispositif que l'artisan a toute latitude d'emprunter afin d'agir sur la Nature. En tant qu'instrument donc, la science est destinée à délivrer celui-ci des tendances instinctives, de l'empirisme, des intuitions hasardeuses, des recherches décousues et sans méthode. C'est la fin de l'influence des forces de la sensibilité et le commencement de la technoscience considérée comme pure théorie de la technique.

3. Déchéance des forces de la sensibilité

Dans le système naturel, deux facteurs ont marqué le règne de la sensibilité : la religion et l'art. Par sensibilité, j'entends l'usage commun des instincts et intuitions sans discipline. Un phénomène libre de tout contrôle rationnel. Il y a l'absence de toute science constituée. Mais, je me permets d'affirmer que cette sensibilité, loin de répondre à la conception d'un instinct inférieur et aveugle, porte les germes d'un mode de pensée supérieur pouvant conduire à une connaissance objective du réel. Ce n'est pas au hasard que les architectes du Moyen Âge par exemple ont pu résoudre, avec une maîtrise étonnante, des problèmes de stabilité qui seraient très complexes pour nous-mêmes. Ce n'est pas non plus par hasard que les anciens Egyptiens se sont mobilisés pour construire des pyramides colossales qui impressionnent aujourd'hui tout le monde. Combien de gens vont chaque année en touristes admirer les anciennes cathédrales européennes ? « Nous n'avons plus le génie de ces siècles », disait Victor Hugo ; on peut signaler également le célèbre ouvrage de Chateaubriand, *Le génie du christianisme*, qui abonde dans le même sens.

Dans toutes les civilisations pré-modernes, un tel génie trouve son explication dans le mysticisme vibrant de l'esprit et dans l'intensité d'expression des œuvres d'art : voilà deux formes de sensibilité que j'aperçois dans toutes les anciennes civilisations.

La religion, antérieurement aux dangereuses systématisations intellectuelles dont peuvent l'affubler des partisans trop étroitement zélés, apparaît dans son origine comme une soumission très pure de l'esprit, de la morale, à d'impérieuses intuitions intérieures. Le passé montre en ce sens chaque peuple passionnément attaché à une mystique en harmonie avec son caractère propre ; et je vois toute énergie héroïquement dressée lorsque la foi appelle à l'action. L'ironie du sort c'est qu'aujourd'hui en Afrique très christianisée, les victimaires se multiplient de plus en plus et exploitent des populations à la recherche du bonheur. Ces descendants des féticheurs-guérisseurs, déguisés souvent en pasteurs-évangélistes, gèrent leurs boutiques sous prétexte d'églises pour faire fortune. Mais ce n'est qu'une affaire de sensiblerie.

L'art, expression même de la sensibilité, a été depuis toujours la voix éloquente du système naturel. En Afrique, par exemple, rien n'est plus expressif que l'art Yoruba, l'art Kuba, l'art Pende, l'art Masaï, etc. Aussi d'innombrables vestiges nous montrent le rôle prépondérant qu'il tenait dans l'existence de toutes les vieilles civilisations. De toutes parts, la proportion gigantesque des œuvres entreprises, le soin prodigieux toujours apporté pour modeler des masses immenses dans une volonté d'expression, nous font entrevoir la collaboration ardente des foules, de toutes les forces, à ces œuvres significatives. Je pressens quelle passion intense présidait à leur érection, quel prix immense on attachait à la perfection plastique de leur exécution. Immense labeur hors de proportion avec les conditions d'un but immédiat ou d'une ambition éphémère, œuvre de pensée solennellement adressée à l'avenir, on reste confondu de respect devant la grandeur d'une manifestation que l'on pressent de si haute morale, de si haute portée historique.

Franchissons maintenant le court intervalle de la crise : l'art, déchu de son rôle civilisateur, est devenu le privilège de l'individualité. La chaîne est rompue : personne ne peut plus prétendre prendre place dans la collaboration artistique en tant que connaissance de masse transmise de génération en génération.

Dans un temps où l'art n'a, socialement, aucune place, l'activité moderne ne songe pas plus à lui demander sa consécration suprême qu'elle ne recourt à lui pour assister le détail des préoccupations de la courante ; la production industrielle remplace partout l'empreinte sensible, par le néant du mécanisme. Dans l'ensemble, la civilisation moderne ne s'encombre pas de sensibilité. L'élément dominant des civilisations passées est complètement éteint. En regardant de près, nous trouvons encore des artistes autour de nous, mais si peu nombreux, et si parfaitement déchus du rôle civilisateur tenu par leurs devanciers. Désormais seul le savant-technicien dispose du monopole d'invention. C'est vers lui que convergent toutes les âmes. L'art devient le privilège de l'individualité, c'est-à-dire, de quelques rares individus qui s'obstinent à cultiver les éléments étranges d'un genre d'aspiration aboli qui se réveille au plus profond de leur âme.

L'art déchu a donc cédé la place à la technoscience dont le règne est inauguré par le fameux *Principe mathématique* d'Isaac Newton. Il s'agit de la nouvelle science dont le règne achève de caractériser le bouleversement lorsque la grande phase positive d'Auguste Comte est intervenue. Sans doute, l'humanité ne suit-elle pas les hommes de sciences dans leurs plus hautes spéculations, mais elle leur a donné toute sa confiance. À cet effet, elle est éblouie et subjuguée. La transformation est si complète que les masses ne se doutent même pas du changement, de la métamorphose par laquelle elles ont dû passer. Elles n'ont à son sujet d'autre notion historique que celle, toute simpliste, d'une acquisition pure et simple, comme passage de plain-pied de l'indigence à l'abondance. L'idée d'une rançon quelconque leur est totalement inconnue, d'où l'impossibilité d'un éventuel recours à la sensibilité qui, méconnue, sans crédit, qu'est-ce à dire : oubliée, se trouve constamment réduite au silence par un réflexe inconscient.

4. Genèse de la technoscience

L'éclosion de la science moderne, tel que l'a suscité Descartes, Copernic, Galilée, Kepler et Newton, devait faire jaillir une source d'eau potable au sein d'un terrain inculte, à l'intérieur duquel se mettent à pousser des fleurs merveilleuses, investissement d'une expérimentation méthodique sur la matière et des manipulations des lois qui en découlent, facilitant tous les beaux ouvrages qu'apporte la société industrielle.

Ce contrat de jumelage entre la science et la technique serait intervenu puisqu'à elle seule, la technique ne pouvait pas accomplir avec efficacité sa mission libératrice dans la société humaine. « Qui connaît des villages connaît des mystères », dit-on, l'ultime nécessité de la science dans cette aventure se justifie quant à sa capacité à découvrir les lois naturelles et à les appliquer sur la technique. Cet élément très important fait la différence entre la science cartésienne et la magie, entre la science moderne et les savoirs endogènes. Ceci m'amène à dire que la dette contractée par la technique auprès de la science est prodigieusement féconde ; lorsqu'elle ne sera pas plus reconnue par l'homme pour être remboursée, lorsque les lois de la Nature ne seront plus appliquées à bon escient, elle amènera sans doute la technique à sa folie jusqu'à pouvoir provoquer la déliquescence de la société entière.

L'idéal de la pensée pure, celle de la méditation des sages, tel que nous le verrons dans la section suivante au paragraphe traitant de l'héritage grec, conduisit les Grecs à être des vrais promoteurs de la science, et non des créateurs comme d'aucuns l'ont affirmé. L'Égypte et la Mésopotamie seraient les initiatrices présumées de la science. Il est certain que les premiers énoncés mathématiques qui ont fait révolutionner la science ont été fournis par les penseurs de la Grèce antique. La Grèce n'a fait que sortir la science de son *ghetto*. Néanmoins, celle-ci n'était aussi jusque-là que le privilège de l'individualité.

Si le monde scientifique de l'ère moderne a fait évoluer la science, c'est grâce à ses références à la pensée antique : justification d'un courant historique qu'on appelle Renaissance. Les esprits des Temps Modernes se décident à appliquer d'antiques formules valables, mais abandonnées à la moisissure dans les caves de l'université médiévale. La science moderne, cartésienne, est marquée par les travaux d'un Thalès, d'un Archimède, d'un Pythagore et d'un Euclide. A vrai dire, l'époque moderne n'a été que la conséquence de ce qui a pu être élaboré au préalable par les Grecs. Il convient alors de réaffirmer qu'en Grèce, il y avait l'inadéquation entre la science et la technique : le domaine scientifique se limitait aux simples observations des phénomènes naturels et à l'élaboration des lois générales, sans expérimentation préalable.

Dans l'Antiquité, la science ne pouvait s'intéresser qu'au domaine du savoir, à la contemplation. Elle ne se limitait qu'aux seules mathématiques, et plus précisément à la géométrie. À cette époque-là, toutes les techniques faisant l'objet d'étude étaient traitées par la géométrie : architecture, fabrication des lentilles astronomiques, constructions des instruments d'arpentage, etc. ; d'autres techniques relevaient toujours de l'empirisme. Comme nous le verrons dans le paragraphe suivant, la science grecque, source de la science moderne, trouve ses emprunts ailleurs.

B. Catalyses culturelles du progrès technique dans l'histoire du monde moderne

À l'opposite d'une certaine croyance occidentaliste, la science et la technique modernes ne sont pas seulement l'héritage du monde égéen. André Pichot, dans le premier volume de son ouvrage *La naissance de la science*[172], écrit : « Les sciences de la Mésopotamie, de l'Égypte et de la Grèce présocratique forment un ensemble cohérent, où les connaissances mésopotamiennes et égyptiennes ont été reprises dans un esprit tout différent par la Grèce ». Abstraction faite des sciences chinoises et indiennes dont je manque de témoignages historiques précis et bien coordonnés, il vaut mieux reconnaître que la science et ses effets d'entraînement sont partis du Proche-Orient avant de se vêtir d'un cachet grec. Aussi, c'est dans le Proche-Orient principalement que la technique s'est développée, bien qu'elle ne comporte pas de fondement scientifique. Ces deux facteurs - science et technique - évoluaient indépendamment l'un de l'autre. Et l'on sait que naturellement, la technique ne connaît pas de théories générales dans son application ; or ce sont ces théories générales qui, seules, donnent naissance à un mouvement scientifique. Encore faut-il ajouter que l'esprit oriental était tourné vers le mysticisme, raison pour laquelle il n'a pas eu d'action concrète, tandis qu'en Occident l'esprit est orienté vers la connaissance objective des phénomènes et vers le savoir-faire.

Il convient de souligner toutefois que la science, en ses origines, a suivi deux phases distinctes : la voie des objets et la voie de l'esprit scientifique. La voie des objets consiste en la première différenciation d'études qui se structurent autour d'objets propres (les nombres, les astres, les êtres vivants, etc., mêlant empirisme, rationalité, magie et mystique. C'est par cette voie que la science est née dans l'Antiquité, à partir de la Mésopotamie et de l'Égypte. La première écriture n'est-elle pas apparue en Mésopotamie ? Aristote lui-même n'était-il pas élève à Alexandrie, en Égypte ? L'arithmétique n'est-elle pas d'origine arabe ?

La voie de l'esprit scientifique, par ailleurs, est comme je l'ai montré ci-dessus, celle par laquelle la rationalité est élevée au rang de critère de vérité. Par elle, les disciplines pré-scientifiques sont reprises et transformées dans cet esprit nouveau, propre à la démocratie d'ori-

---

[172] André PICHOT, *op. cit.*, p. 20.

gine grecque. Cette voie a été empruntée par les savants de la Renaissance. Toutefois, parmi les éléments catalyseurs du progrès des sciences et techniques en Occident, on peut en retenir cinq : l'intégration de la science originelle dans la logique grecque, l'archéocivilisation stable et évolutive, l'art de la guerre, l'esprit de conquête et de recherche qu'il me convient d'appeler « esprit d'aventure »; enfin, le sens de l'imagination. Ce sont d'ailleurs ces facteurs dynamiques qui ont défaut à l'Afrique.

1. Héritage grec

On a vu plus haut avec André Pichot comment les connaissances de la Mésopotamie, de l'Égypte et de la Grèce présocratique ont contribué à la naissance de la véritable science[173]. À la Mésopotamie dont les plus grandes réussites scientifiques sont liées aux mystiques numérique et astrologique, à l'Égypte plus soucieuse d'esprit pratique, succède une science grecque qui se préoccupe moins d'accumuler les résultats « positifs » que de trouver des principes généraux et une explication rationnelle (ou tendant vers la rationalité). Cette quasi-totalité de cohérence méthodique forme la source principale de la science occidentale. C'est ce que plusieurs penseurs, dans leurs travaux, ont appelé « miracle grec ». Miracle non seulement parce que les grecs véhiculaient la science ancienne vers la rationalité que les modernes ranimeront par la suite, mais aussi parce qu'ils ont réussi à greffer d'autres apports (indiens, chinois, arabes, etc.) sur un corpus dont ils ont eux-mêmes établis les grands principes et l'orientation générale.

« La Grèce classique, répète-t-on dans tous les discours, est le berceau de la culture occidentale ». Certes, science se dit *épistémè* et technique se dit *technè*, mais les Grecs ici n'ont inventé que les mots, et non les faits. Le nombre *pi* est inconnu à Babylone comme à Thèbes. Mais dans ces villes antiques, les équations à inconnues étaient déjà mieux formulées qu'à Athènes ; toutes les opérations arithmétiques y étaient maîtrisées. Ce qui fait le miracle grec, c'est l'émancipation d'un système démonstratif dans l'émergence d'un ordre logique indépendant des mythes et des valeurs.

Quand bien même la science aurait connu une évolution spectaculaire en Grèce classique, il s'est parfois manifesté comme au

[173] *Idem.*

Proche-Orient une séparation remarquable entre science et technique. Car à cette période, les besoins matériels sont méprisés. Les anciens grecs estimaient que la recherche technique apparaît indigne de l'intelligence et que le but de la science n'est pas l'application mais l'observation des phénomènes de la Nature fondée sur le raisonnement déductif.

L'activité technique devenait l'objet de suspicion parce qu'elle présente généralement un caractère de domination. Elle fait travailler l'homme en le déshumanisant. Et parfois, l'être humain se confond avec l'outil utilisé. Ce sentiment n'est pas chez les grecs le produit d'une peur collective ou d'une quelconque méfiance devant ce que l'opinion stigmatise aujourd'hui, mais le résultat d'une éthique sociale souhaitée à un sommet de civilisation et d'intelligence : la vertu grecque.

Il y a donc en Grèce antique un effort conscient d'économie des moyens et de réduction du domaine technique. Cette ergonomie utilise la technique la plus modeste, celle qui répond directement aux besoins matériels dans leur stricte mesure. On ne cherche pas à appliquer la science à la technique, car, jusque-là la pensée scientifique n'entre pas encore dans le domaine de l'expérience, mais de la sagesse dont la grande préoccupation est l'équilibre, l'harmonie et la mesure. Et cette expérience a évolué de génération en génération contrairement aux réalités africaines suivant lesquelles le savoir-faire et les connaissances endogènes ne se transmettent pas de génération en génération. En Afrique, ces connaissances disparaissent toujours avec leurs détenteurs. Cet inconvénient se justifie souvent du fait de l'absence d'écriture ancienne et d'autres marques d'archéocivilisation.

2. Phénomènes d'archéocivilisation

« L'évolution du monde est caractérisée par la dynamique de phénomènes sociaux continuellement contradictoires », pour citer de mémoire une célèbre pensée de Karl Marx. Un simple regard sur la ligne chronologique de l'histoire de l'Occident indiquerait que chaque époque succède à l'autre à partir d'un courant idéologique qui lui est contraire. Dans le monde hellénique antique, les idées classiques étaient en contradiction avec l'ordre de la Grèce archaïque, sophiste. Le Moyen Âge remettait en cause les acquis de l'Antiquité gréco-romaine. La Renaissance, marquée par une nette coupure avec la scolastique, manifeste l'esprit d'entreprendre la résurrection des valeurs antiques, cette époque inaugure l'entrée du monde aux Temps Modernes. Les romantiques stigmatisent avec la dernière énergie l'esprit des Lumières. En France, on a connu la Restauration après la Révolution française. Les doctrines socialistes ne cessaient de remettre en cause le système capitaliste, etc. Dans cette dynamique, cependant, évolue toujours au sein de la société un mouvement de flux et reflux stabilisé par les phénomènes d'archéocivilisation, exprimés par des sentiments de retour à la tradition en faveur de telle ou telle ancienne époque.

Par archéocivilisation, il faut entendre l'ensemble de longues persistances culturelles, sans attacher aucun jugement de valeur favorable ou défavorable à ces phénomènes de persistance. Je pars seulement de l'idée que la société occidentale évolue en maintenant le substrat de ses valeurs culturelles. Exemple : certaines ruines anciennes conservées jusqu'à ces jours témoignent du souci de l'authenticité, sinon de la nostalgie pour le paysage ancien, raison pour laquelle on les dénomme « monuments historiques » et on y accorde une attention particulière en y investissant des gros subsides en vue d'assurer leur protection et leur restauration. Elles sont devenues un patrimoine. Par contre, en Afrique, les riches bosquets de l'époque ancestrale, avec la complicité des pouvoirs en place, se retrouvent à la merci des impénitents bûcherons venus d'ailleurs. Conséquence : le désert avance.

Évidemment, il est humain de remarquer les changements plutôt que les invariances, et de les cataloguer. Mais l'habitude, disent les psychologues, est une seconde nature. Ce qui est naturel passe toujours inaperçu, ce qui rend difficile la tâche de voir les persistances culturelles du monde occidental en période de changement de statut technique. Je cite un autre exemple qui, lui, est d'ordre religieux. Les anciens Romains célébraient le culte de Jupiter sur un autel garni de chandelles, aujourd'hui encore les prêtres de l'Église catholique s'habillent comme les anciens prêtres romains et font des gestes semblables aux leurs pendant la célébration eucharistique.

La société occidentale peut se rendre compte du caractère insolite de ce comportement et sentir combien il est propre à heurter de front certaines convictions actuelles en suscitant un conflit entre la modernité et le traditionalisme. L'idée que l'expérience moderne soit comparable à une expérience préalable peut d'emblée sembler fantastique. La réalité est que la recherche scientifique offre constamment des surprises et des renversements aux habitudes acquises des générations antérieures.

Il ne me suffit pas seulement de faire le constat du phénomène d'archéocivilisation, il me faut aussi tenter de l'interpréter. Mes deux exemples précédents tendent à prouver qu'en cas de changement social, il existe dans des secteurs divers de la vie culturelle (techniques, croyances, institutions) des persistances culturelles.

À côté de ces facteurs essentiellement culturels, le phénomène d'archéocivilisation subit l'influence du milieu géo-physique.

Le milieu physique, malgré les fluctuations des climats, comporte des déterminations peu variables, à commencer par les dispositifs géographiques. On a certes abusé naguère de ces explications au point de proposer une « géopolitique humaine ». Il n'en reste pas moins que la géographie fournit le quadrillion de l'échiquier sur lequel se placeront les éléments du jeu. L'implantation humaine, et l'aménagement ou la mise en valeur des ressources naturelles sélectionnées par les techniques à chaque niveau, sont des données lentement et difficilement variables. Ceci nous conduit à affirmer que le système d'équipement immobilier, le développement technique ou technologique, etc., sont fonction des conditions climatiques. C'est ainsi, par exemple, que le phénomène d'urbanisme reste beaucoup plus développé dans le monde à climat froid que dans un monde à climat chaud ; de même science et technique trouvent un environnement plus favorable à leur progrès là où il fait froid que dans une région à chaleur lassante. À force de se protéger contre le froid, les peuples de l'hémisphère nord sont parvenus à affecter leur paysage à très longue échéance. À force de rester enfermer en raison du froid, ils ont eu l'occasion de penser et d'améliorer le savoir-faire. En Afrique, la canicule accable, elle incite plus au repos à l'ombre qu'au travail champêtre. À cet égard chaque génération est largement héritière de ses antécédents, et obligée en partie d'œuvrer pour des résultats dont elle ne jouira pas.

Ces conditions externes correspondent largement à certains facteurs internes de l'évolution sociale. J'ai déjà montré, antérieurement, à quel point les déterminations biologiques interviennent dans le comportement humain lorsque j'ai considéré les techniques comme phénomènes innés. On sait combien l'instinct peut demeurer invariable malgré les transformations des conjonctures ambiantes. Souvenons-nous que les traditions nous sont apparues comme une sorte de succédané de l'instinct en vue d'opérations pouvant comporter la fabrication et l'emploi d'accessoires mécaniques. Mais, certains auteurs comme

Maurice Daumas[174] n'ont pas voulu reconnaître que jusqu'au commencement de la révolution industrielle, l'ensemble des opérations laborieuses a entièrement dépendu des traditions et que l'industrie n'a commencé de devenir ce qu'elle est aujourd'hui qu'à partir de 18e siècle. D'après Daumas, les techniques avaient accompli leur première grande mutation de César à Napoléon et continuaient à en réaliser d'autres.

Si les traditions techniques ont été l'un des principaux facteurs d'archéocivilisation, les institutions ont toujours agi dans le même sens. La sociologie a dès longtemps montré comment toute vie collective tend à stabiliser, par la richesse des émotions et des sentiments communs, les formes sociales selon lesquelles elle s'est organisée. Il y a là une source constante de traditions pratiques et spirituelles, qui agissent dans le sens de la continuité, sans laquelle aucune société n'aurait d'existence.

Mais un autre aspect de la culture confirme encore cette notion. Les sociétés peuvent avoir une sorte de timbre, de coloration spirituelle, où l'on distingue des originalités locales, nationales et supranationales. Ces phénomènes, difficiles à déterminer scientifiquement, apparaissent moins à nos sens qu'à nos sentiments. Ils relèvent du domaine que peut revendiquer la psychologie des peuples. Cet aspect est d'ailleurs essentiel pour prémunir l'archéocivilisation contre certaines thèses fondées sur les considérations épidermiques, les stéréotypes. Ce point de vue vaut que l'on s'y arrête.

3. Art de la guerre

Le désir des instruments de guerre est un troisième élément catalyseur du progrès technique dans le monde occidental. L'esprit de guerre, en tant que sentiment singulièrement inné, est un phénomène universel. Dans l'histoire des relations internationales, chaque pays tendant à affirmer sa souveraineté et sa puissance, il était logique que le souverain, pour la garantie de celles-ci, s'appuyât sur l'instrument chargé de les faire respecter : l'armée. Tout roi étant chef militaire ou chef de guerre, l'armée devenait donc le principal instrument de sa politique ; d'où la nécessité de perfectionner l'artillerie. La plus puis-

---

[174] A ce sujet, on peut lire Maurice DAUMAS, *Le cheval de César ou le mythe des révolutions techniques*, Paris, éditions des archives contemporaines, 1991, 324 pages.

sante apportait, avec la victoire, la suprématie et la gloire. Jules César, par la puissance de son artillerie, parvint à conquérir la Gaule, à piller les richesses de ses voisins et à rentrer au pays avec un important butin. Il lui fallait développer la métallurgie à Rome pour se doter d'une puissante armure en fer : chars, épées, lances, boucliers et masques.

En France, sous Louis XIV, l'industrie et l'armement sont gérés sous un seul budget de fonctionnement de la défense. Des manufactures d'armes se fondent, les fabriques de drap s'agrandissent, car il faut associer l'armement au textile pour façonner un esprit de corps en créant un uniforme. En outre, les manufactures d'armes se développent simultanément avec la métallurgie. À cette époque, la poudre à canon connue des Chinois[175] existe déjà, mais l'effort organisateur se porte surtout sur l'arme portative. L'antique arquebuse avait déjà, depuis 1525, cédé la place à une invention allemande, le « mousquet », qui pesait environ 8 kilos, s'allumant avec une mèche et projetant une balle à 300 pas[176]. Vers 1630, les Allemands imaginent d'obtenir l'inflammation de la charge, non plus au moyen d'une mèche, mais par l'étincelle jaillie du choc d'une pièce d'acier posé sur un silex. Ce mousquet à fusil qu'on appelle désormais fusil, tout simplement, eut l'avantage de ne faire courir aucun risque aux voisins du tireur, donc de permettre aux fantassins de se serrer plus près les uns des autres[177]. Ce fusil adopté en France, Sébastien Le Pestre de Vauban, ingénieur militaire et ministre des fortifications sous Louis XIV, le perfectionna en le complétant par la baïonnette afin d'éviter ses ratés. En possession de cet armement, l'infanterie fut promue « reine des batailles », et sa puissance de feu devint le facteur principal du succès tactique[178].

A partir du 18e siècle, l'Europe se transforme en proie de guerres tactiques engagées entre les nations. La recherche se déve-

---

[175] Certains auteurs semblent toujours minimiser la découverte chinoise de la poudre à canon : « La poudre aurait été inventée en Chine. Mais il semble qu'on l'y ait surtout utilisée pour un innocent spectacle : les feux d'artifice. Quand elle entra en Europe, au XIIe ou au XIIIe siècle, elle devint aussitôt une arme de guerre », écrit le prix Nobel de physique, Max Born, dans son livre *La responsabilité du savant dans le monde moderne*, Payot, Paris, 1967, p. 54. A son tour, Jean BRUN dans son livre *Le rêve et la machine. Technique et existence*, Paris, La Table Ronde, 1992, p. 135, abonde dans le même sens : « Il est à peu près certain que la poudre fut découverte par les Chinois, mais ceux-ci ne l'utilisaient que pour des spectacles de feux d'artifice ».

[176] Pierre ROUSSEAU, *op. cit.*, p. 155.

[177] *Idem.*

[178] *Idem.*

loppe non seulement dans l'armement mais aussi dans la médecine, car il a fallu améliorer la santé des patriotes destinés au front en les protégeant des épidémies. Des crédits importants sont alloués au secteur de la santé publique. La guerre franco-allemande permet alors à Louis Pasteur de découvrir des vaccins, étant donné que son laboratoire fonctionnait sous un crédit militaire jusqu'en 1888. Cette politique d'affecter la recherche médicale aux fins militaires était généralisée dans presque tous les pays d'Europe jusqu'à la fin de la Première Guerre mondiale. Le même effet d'accélération de la créativité technique se manifesta aussi pendant la Seconde Guerre, mais à une échelle beaucoup plus élevée. Cette période troublée de 1939-1940 constitue une époque charnière au cours de laquelle les conséquences des rapports entre science et technique ont pour la première fois apparu au grand jour. Elle est illustrée par la mise en œuvre de l'énergie nucléaire pour la fabrication de l'arme atomique qui réunit les ingrédients et les moyens favorables à la conception future des centrales nucléaires à usage civil. L'effort de guerre n'avait pas porté sur les mêmes objets de recherche bien qu'il ait été intéressé par certains domaines déjà développés, comme les transmissions radioélectriques, la construction aéronautique, la fabrication des produits chimiques de remplacement, sans parler des explosifs. Il avait également favorisé le développement de la biologie structurale.

Après la Seconde Guerre, toutes les données primitives scientifiques ou techniques qui existaient avant le début des hostilités devaient passer au stade de l'exploitation de caractère industriel. Dans tous les domaines de l'activité technique, la recherche scientifique a été poussée à un rythme qu'elle n'a trouvé qu'en quelques décennies sans doute en raison des moyens matériels en hommes et en crédits qui lui furent fournis, sans aucune mesure avec ceux dont elle aurait disposé en économie de temps de paix. Aussi, les crédits aux fins de la recherche fondamentale ont été plus rapides, plus nombreux et plus incitatifs. Contrairement à ce raisonnement, il ne s'agit pas d'une incitation aux guerres africaines pratiquées irrationnellement avec armes rudimentaires, c'est l'exemple d'une dynamique à la base du développement en Occident.

4. Esprit d'aventure

Du moment que l'homme commence à éprouver le sentiment étrange de vouloir réaliser un rêve, surtout lorsqu'il s'engage dans la réalisation des ambitions extraordinaires qu'il s'est assignées en passant effectivement à l'action, on dit qu'il mène une aventure ou qu'il a pris le goût de l'aventure. C'est cet esprit d'aventure que je m'emploie de décrire dans ce paragraphe. Je le considère comme l'un des catalyseurs du progrès technique. Cet esprit a marqué la société européenne depuis le 15e siècle.

L'aventure est l'acheminement d'une action menée sans connaissance préalable du résultat à escompter. Un aventurier voyageur est un homme qui prend le risque de se lancer vers un inconnu rêvé, sinon vers le méconnu. On ne peut jamais s'engager dans l'aventure sans rêve. L'épopée de l'homme sur la lune n'était au départ qu'un rêve avant de devenir une réalité. Les aventures des œuvres de Jules Verne montrent comment un rêve est réalisable à partir de ce qu'on appelle communément science-fiction. Elles illustrent toujours une route vers l'inconnu.

Les grandes utopies collectivistes sont apparues après que l'homme eut déjà mené des aventures de recherche. Les hommes ayant marqué de leurs noms l'histoire des découvertes n'ont été au départ que des aventuriers individuels. Les uns ont disparu au cours de leurs expéditions jusqu'à se faire vite oublier, les autres sont rentrés glorieusement comme Ulysse pour avoir réussi son odyssée. Jason que l'on croyait mort, est retourné sain et sauf dans son pays après avoir conquis la Toison d'Or. Il en est de même pour Marco Polo dont l'aller-retour en Chine a rendu célèbre, contrairement à plusieurs randonneurs médiévaux qui, après leurs disparitions dans la Nature, sont entrés définitivement dans les oubliettes de l'histoire. Christophe Colomb, Magellan et autres explorateurs fort renommés, avant de devenir des héros, ont été des personnes à risque. S'ils n'avaient pas réalisé leurs rêves respectifs, ils ne seraient pas devenus célèbres. Aussi, Colomb avait été d'abord un simple aventurier et non un chef d'entreprise. C'est seulement lorsqu'il a pu s'installer en Amérique après avoir planifié sa mission qu'il est devenu chef des conquistadors. Dans son aventure, Christophe Colomb croyait avoir trouvé les Indes, or il avait trouvé une nouvelle terre. Il ne savait pas en tout cas qu'il avait réalisé une découverte, mais un fantasme.

Ainsi donc, l'esprit d'aventure n'est autre chose que la quête à elle-même, tandis que l'aventure en soi inclut le risque de la mort. Un aventurier est celui qui n'a pas la totalité du goût de la vie : il joue à quitte ou double. L'angoisse qu'il éprouve avant de mener son action ressemble à l'angoisse devant la mort. Pour parer aux éventualités fatales, la technique a dû progresser. Elle est devenue un instrument au service des aventures collectivistes européennes et aux expéditions destinées à la recherche de débouchés. Les baleinières et petits navires à voile commencèrent à voir le jour pour besoin de navigation maritime. Or en Afrique centrale, jusqu'à l'arrivée du Portugais Diego Cao en 1482, tous les riverains du Golfe de Guinée croyaient que la haute mer était l'habitacle des sirènes, fantômes et différentes forces maléfiques. Personne ne pouvait s'y aventurer. Ayant personnellement assisté au débarquement de Diego Cao sur la berge de la bouche du Fleuve Congo, Ntotila, le roi du Kongo croyait avoir rencontré son ancêtre défunt revenant avec une peau pâle. Ce monarque africain ignorait qu'il était devant un homme de race blanche. L'Africain vivait donc en vase clos. Suivant sa tradition, l'homme noir ne voulait pas sortir de son terroir pour ne pas aller mourir et être inhumé loin des siens. Car, son âme devait être rattachée infiniment à la terre de ses ancêtres.

Par ailleurs, l'impératif de trouver des marchés lointains a eu des effets incitatifs à l'endroit des puissances de l'époque, notamment l'Angleterre, l'Espagne, le Portugal, les Pays-Bas et la France. Pour gagner ces marchés, il fallait fabriquer en grande série et vendre à bon prix. Le grand commerce maritime voit alors le jour. La technique n'est plus seulement créatrice de machines destinées à faire face aux aventures exploratoires, mais aussi créatrice de richesse.

5. Sens d'imagination

À l'instar de l'esprit d'aventure qui s'enracine dans l'importance donnée à la liberté individuelle, un autre signe distinctif des Occidentaux est la prédominance de l'intellect qui donne à l'imagination un caractère idéaliste et symbolique. Depuis le commencement des temps historiques, l'homme occidental se dégage progressivement de l'état originel en se prenant en charge par l'élimination de la crainte de l'homme primitif[179] face à la Nature. Désormais, ce n'est plus l'homme qui tremble devant la Nature ; il l'affronte et cherche à la modifier par

[179] Du point de vue scientifique, on réserve le terme "primitif" aux hommes et civilisations du Paléolithique, considérés à la fois comme "premiers" et comme "frustes" par rapport aux hommes et civilisations postérieurs. Ce terme utilisé souvent abusivement par les anthropologues occidentaux convient d'être proscrit à jamais dans la considération des sociétés humaines contemporaines. Le mot primitif ne serait toutefois acceptable que dans le cadre de l'évolution physique et culturelle de l'humanité.

son esprit créatif. Par ce qu'on appelle « curiosité scientifique », il tente de réaliser des rêves prémonitoires qui émanent de sa propre sensibilité.

L'homme, par son sens d'imagination, réussit à associer la technique à la science afin de faire vivre les rêves qu'elles prétendaient avoir réalisés. La science-fiction est, en effet, investie de la mission de lui ouvrir les frontières du monde que la technique avait aménagé et de faire voguer l'imagination au-delà de ce que la science avait expliqué. Aujourd'hui encore, cette science-fiction, largement diffusée par le livre, la bande dessinée, les jeux vidéo et le cinéma, a pris les dimensions considérables d'un phénomène des plus significatifs. Les machines jadis rêvées fonctionnent telles que les générations passées l'avaient souhaité, le profil du futur présente un monde de merveilles où les machines marchent, parlent et agissent comme les hommes. Aujourd'hui, l'Internet a réduit notre vaste planète à un véritable village où les hommes communiquent, échangent et se fréquentent, ignorant toute logique des frontières.

En Afrique, par contre, l'individu se fait souvent mépriser par le public lorsqu'il manifeste en lui une ruse et une sagesse étonnamment remarquables. Ces deux vertus se transforment immédiatement en vices surtout lorsque celui-ci se place en position qui lui permet d'être en accointances permanentes avec les vieux du village : il est d'emblée stigmatisé, accusé de nyctosophie (sorcellerie noire). Or, une telle opportunité permettrait à toute jeunesse de mettre ses talents à profit en écoutant les conseils des vieux. C'est cette école qui serait pour la jeunesse africaine un rempart d'accès aux nombreux secrets relevant du savoir occulte. Il y a eu donc l'absence d'un procédé durable de transmission des connaissances. La conséquence de cette situation d'intolérance est telle qu'en Afrique, comme disait Amadou Hampâté Bâ, « un vieillard qui meurt ressemble à une bibliothèque qui brûle ».

Deuxième partie

L'AFRIQUE FACE À LA CIVILISATION TECHNICIENNE

I. LA CIVILISATION ET LES CIVILISATIONS

A. Terminologie

1. Étymologie et sémantique

Les encyclopédistes affirment que le mot civilisation serait né au siècle des Lumières, au milieu du 18e siècle, et que cette date de naissance, qui n'a rien de fortuit, permet d'éclaircir le sort de cette notion jusqu'à nos jours[180]. Il semble qu'avant 1750, la langue française moderne disposait d'une notion confuse de l'emploi du terme "civilisation". En tant que substantif, il ne pouvait être utilisé que dans l'expression juridique pour désigner la transformation d'une procédure, du criminel au civil[181]. Mais, considéré à partir de l'adjectif "civilisé", il s'employait depuis longtemps dans le même sens que "policé", pour désigner un peuple qui possède et applique des lois, coutumes et mœurs éloignées de toute barbarie[182].

Étymologiquement, le terme civilisation vient du latin *civitas*, qui signifie cité ou ville. Dans la société romaine ancienne, l'habitant de la ville - homme libre - était tenu de respecter certains principes de politesse, de les appliquer vis-à-vis des autres, ainsi que des normes de civilité selon lesquelles il se sentait obligé d'accomplir ses devoirs et obligations publics. Il en est de même dans la conception médiévale où christianiser et civiliser étaient presqu'interchangeables. En effet, le monde civilisé, le monde chrétien, l'univers catholique, apparaissait comme un monde clos possédant en totalité toutes les qualités positives[183].

Aujourd'hui, le mot de civilisation, suivant la sémantique de la philosophie des Lumières, garde encore sa connotation étymologique, surtout lorsqu'il exprime l'idée de perfection humaine intérieure. Dès

---

[180] M.A. BAUDOUY et R. MOUSSAY, *Civilisation contemporaine. Choix de textes*, Paris, Hatier, 1965, p. 28. Ces auteurs ont repris un texte tiré du Grand Larousse encyclopédique, tome III, 1960.

[181] *Idem.*

[182] *Idem.*

[183] Jacques GRES GAYER, Barbare et civilisé d'après l'article "Instinct" du dictionnaire de Trévoux (1771), J. R. DERRE, J. GADILLE, et compagnons, *Civilisation chrétienne. Approche d'une idéologie XVIIIè-XXè siècle*, Paris, Editions Beauchesne, 1975, p. 57.

lors, civilisation reste synonyme d'humanisme dans son expression la plus morale.

Mais, aussi par sa définition classique, le terme civilisation peut être défini comme l'échelle des valeurs communes qui permet à tout homme ou groupe d'hommes de s'identifier, à travers le temps, à une pensée organisatrice dont les valeurs fondamentales de référence sont permanentes et dont l'expression de l'ensemble des formes est perpétuellement renouvelable.

Il existe une multitude d'échelles de valeurs à travers le genre humain. Elles sont différentes pour chaque groupe humain aussi bien sur le plan du fond que de la forme.

Du point de vue du fond, la civilisation se mesure d'après le degré de son évolution. Lorsqu'il est donné à l'homme ou un groupe d'hommes tous les moyens de perception, de compréhension et d'expression de l'échelle des valeurs fondamentales et référentielles, la civilisation s'épanouit, se développe et se fait apprécier de l'extérieur. Mais, lorsque ces moyens de perception, de compréhension et d'expression sont retirés à l'homme, à un groupe d'hommes, la civilisation régresse.

Sur le plan de la forme, la civilisation se couvre d'une large toile culturelle qui est la représentation de la vie intellectuelle, artistique, morale et matérielle d'une société. Mais, la pensée socialiste exclut la dimension matérielle qui détruirait son raisonnement.

En général, l'usage courant du terme civilisation en dehors des réflexions philosophiques fait penser au caractère d'une société marquée par le progrès humain à travers le temps et l'espace. D'aucuns imaginent, de surcroît, que l'absence du progrès matériel consistant peut déterminer l'absence d'une civilisation. Ils sont persuadés que les objets ou les faits qui ne révèlent pas un tel progrès relèvent, non de la civilisation, mais de la Nature. Pour ceux-ci donc, naturel rime avec non-civilisé.

Certes, dans tout objet de civilisation, la matière est bien naturelle lorsqu'elle est séparée de l'homme ; dès que cette matière subit l'influence de l'homme, elle ne s'écarte forcément pas de sa naturalité. *Ars est homo additus naturae*[184], a-t-on dit : je crois alors que l'inter-

[184] « L'art (entendez la technique), c'est l'homme ajouté à la nature ». C'est une expression de Francis Bacon reprise par Georges Bastide, Mirages et certitudes de la civilisation, M.A. BAUDOUY et R. MOUSSAY, *op. cit.*, p. 30.

vention de l'homme en tant qu'être culturel, dans la Nature suffit pour justifier le mot de civilisation.

2. Les "non-civilisés"et les problèmes posés par la colonisation

Sur le plan de l'histoire de la civilisation, le terme « non-civilisé » n'a aucune signification[185], car toute société humaine, quelle qu'elle soit et où qu'elle se trouve, possède nécessairement une certaine forme de civilisation, en rapport avec son milieu naturel. Un groupe humain peut être dit non-civilisé du moment qu'il se révèle incapable de produire sa propre culture, or dans la nomenclature des peuples ou des nations, il n'existe aucune société sans culture[186]. Et selon Maxime Laguerre, assurer qu'une civilisation est supérieure à une autre n'a aucun sens. « Chaque ethnie produit sa propre civilisation, sa propre architecture, sa propre musique, ses propres danses, sa propre cuisine, ses propres mœurs, sa propre religion, affirme-t-il[187] ». La réalité est telle que la question de l'existence du "non-civilisé" relève d'un jugement de valeur ethnocentrique : un peuple est incivilisé lorsqu'il est éloigné d'un autre, et vice versa ! La meilleure façon de juger serait de s'abstenir de toute comparaison.

Le système de parenté africain, par exemple, si complexe soit-il, ne peut être jugé ni supérieur ni inférieur au système de parenté européen qui, lui, semble être beaucoup plus simple : le système de parenté africain est seulement autre. C'est une question de droit à la différence dont ces deux sociétés sont l'expression. Le plus petit sentier de la brousse africaine est un fait de civilisation au même titre qu'une chaussée européenne ; une maison en pisée est un fait de civilisation au même titre que le plus somptueux palais, seulement les échelles des valeurs sont différentes dans une société par rapport à l'autre. Mais une hutte de castor, un nid d'oiseau, etc., sont tenus pour des choses purement naturelles, si curieuses et impressionnantes soient leurs architectures.

---

[185] René MAUNIER, *Sociologie coloniale. Tome II : Psychologie des expansions*, Paris, Domat-Monchrestien, 1936, p.74.

[186] J'ai presqu'évoqué cette question dans les notes de la première partie de cet ouvrage, lorsque j'ai récusé le concept de primitif que certains penseurs ont abusivement employé dans leurs travaux.

[187] Maxime LAGUERRE, *L'Ordre Naturel. Essai à contre-courant*, Paris, Editions de l'Eternel retour, 1993, p. 132

L'œuvre des nations colonisatrices est souvent justifiée dans l'histoire comme œuvre civilisatrice. Le concept de civilisation constituait la base de l'idéologie du colonialisme. La nation colonisatrice apporterait aux peuplades "sauvages" tous les bienfaits de la "civilisation": l'hygiène, la médecine, les hôpitaux, les écoles, le respect de la femme, etc. Or, les buts réels de la colonisation furent souvent moins désintéressés : domination et exploitation.

La colonisation, sous des alibis honorables, a eu des mobiles sordides. Celle de l'Inde par les Anglais, par exemple, est un cas typique d'exploitation caractérisée : c'est ce que rapporte René Maunier[188]. Selon cet auteur, les Hindous étaient déjà fort réputés dans la production et l'exportation des épices à grande échelle. Au 18e siècle l'Inde était un pays dont l'industrie était assez florissante. Les tisserands hindous fabriquaient de petits vêtements vendus dans le monde entier. Mais la colonisation anglaise a changé cela. La Compagnie des Indes, enrichie par le trafic, a financé l'industrialisation de Manchester pour le travail de coton. Les Anglais mirent alors des droits prohibitifs sur les tissus fabriqués par l'industrie indienne, et également sur les machines textiles sorties de l'Angleterre. L'Inde ne pouvant ni acheter des machines, ni vendre ses cotonnades, a vu son industrie décliner et l'artisan hindou est redevenu paysan. Entre-temps, l'industrie anglaise puisait sa matière première dans l'Inde et la travaillait à Manchester. Conséquence : il ne restait plus aux Hindous qu'à acheter les cotonnades fabriquées en Angleterre !

En Afrique, pour « bien civiliser », le colonisateur implanta deux types de colonie : colonie de peuplement et colonie d'exploitation. La colonie d'exploitation n'avait d'autre but que de fournir à l'industrie métropolitaine des matières et une clientèle. L'autochtone, appelé "indigène", était obligé d'aspirer à un mode de vie occidental pour qu'au terme d'un processus communément appelé "assimilation", il obtienne son intégration à la "civilisation". Entre-temps, les infrastructures érigées ne pouvaient que servir les intérêts du colonisateur qui exportait vers la métropole tout ce qu'il pouvait exploiter.

En tout état de cause, l'introduction des modes de vie européens dans les sociétés africaines n'est pas nécessairement un progrès

---

[188] Gaston BOUTHOUL, *L'Inde contemporaine*, Paris, Payot, 1962, pp. 111-112.

et un bienfait. Il n'existe pas des civilisés et des sauvages[189], mais il y a seulement plusieurs civilisations différentes. La civilisation européenne avait une industrie et des armes puissantes, c'est pour cela qu'elle a colonisé le monde.

Certes, on peut porter un jugement de valeur sur des éléments culturels d'une civilisation donnée, mais on ne peut pas oublier cet aspect "différentiel". Toute civilisation est chancelante. À un moment donné de l'histoire, elle peut devenir l'objet des faits et comportements inconcevables, barbares et rétrogrades. Ainsi, par exemple, le servage, les bûchers de l'Inquisition, les guerres de religion, les camps de concentration, la montée de l'extrême droite, le mariage homosexuel, etc., ne contrastent-ils pas des formes idéales de civilisation ? Jusqu'aujourd'hui, dans la civilisation occidentale, le changement d'échelle des valeurs morales ne cesse de dévaluer l'esprit par rapport à la puissance. Mais un fait reste incontestable : la civilisation occidentale se porte à l'avant-plan de toutes les civilisations contemporaines pour sa transparence, sa souplesse et son harmonie ; elle est la seule civilisation à vocation universelle, car articulée et ouverte à tous les peuples, à toutes les races du monde.

3. Le concept de civilisation universelle

L'universalisation d'une civilisation suppose en substance un déracinement planétaire[190]. Dans son ouvrage *Le choc des civilisations*, Samuel Huntington estime que le concept de civilisation universelle est caractéristique du monde occidental[191]. Son modèle de société rêvé en Europe dans l'historicité des générations présente aujourd'hui sa face séductrice au sein de l'humanité tout entière. Il ne s'agit plus d'une civilisation des Lumières, confinée seulement dans l'idéologie de laisser-faire, laisser-aller. Elle ne se réduit pas simplement à l'identité économique conçue par les physiocrates, et encore moins au capitalisme webérien[192]; elle est pluridimensionnelle. Son expansion dégage des trajectoires dans tous les sens comme un feu d'artifice.

---

[189] Toutefois je maintiens un sens littéral à l'opposition civilisé-sauvage, en me laissant guider par l'étymologie. Le sauvage c'est l'homme de la brousse, de la forêt (*silvaticus*), le civilisé c'est l'homme de la ville (*civis*).

[190] Serge LATOUCHE, *L'occidentalisation du monde*, Paris, La Découverte, 1992, p.63.

[191] Samuel P. HUNTINGTON, *op. cit.*, p. 67.

[192] Serge LATOUCHE, *op. cit.*, pp. 42-46.

Au cœur de cette dynamique expansionnelle se trouve l'idée de « la responsabilité de l'homme blanc » qui s'est matérialisée au 19e siècle. À cette époque, l'idée a servi à justifier l'expansion politique occidentale et la domination économique sur les sociétés non occidentales. C'était aussi le fardeau que s'imposait l'homme blanc lui-même.

A partir de la seconde moitié du 20e siècle, le concept de civilisation universelle a servi à justifier la domination culturelle de l'Occident sur les autres sociétés. Selon Huntington, ce concept présuppose les besoins qu'auraient les sociétés non-occidentales d'imiter les pratiques et les institutions occidentales[193]. Dans le Tiers-monde, le développement au modèle occidental devient à la fois un idéal et un impératif incontournable. L'ambition au développement s'universalise par l'aspiration au modèle de consommation occidental, à la puissance magique des Blancs, au statut lié au mode de vie[194]. L'Occident profite de l'occasion et s'approprie de bonnes recettes créées dans les différentes régions de la planète. Samuel Huntington en fait d'ailleurs cette observation : « Ce que l'Occident voit comme universel passe pour occidental[195] ». Dans tout cela, l'Occident a fini par prouver au monde que la stratégie d'universaliser sa civilisation s'inscrit au programme de la Technique. Dès lors, l'utopisme d'une civilisation de l'universel se cristallise, l'occidentalisation s'universalise et couvre plusieurs civilisations du monde.

4. Répertoire de quelques civilisations contemporaines

Les civilisations évoluent à la manière des hommes. Elles naissent, grandissent, vieillissent et meurent. Elles se succèdent les unes aux autres. Eric Furaise, dans son livre *Testament pour un mode futur*[196], évoque Paul Valéry qui stipulait : « Nous autres civilisations savons que nous sommes mortelles ». De mon côté, j'ai déjà évoqué la façon dont les civilisations préhistoriques ont succédé les unes aux autres. Je montrerai encore peut-être dans un autre livre qu'il a existé dans le monde, selon les récits et différents mythes, des civilisations antédiluviennes spécifiquement célèbres par leur grandeur et leur décadence tragique.

---

193 Samuel P. HUNTINGTON, *op. cit.*, p. 67.
194 Serge LATOUCHE, *op. cit.*, p. 27.
195 Samuel P. HUNTINGTON, *op. cit.*, p. 68.
196 Eric MURAISE, *Testament pour un monde futur*, Paris, Juliard, 1971, p. 55.

L'histoire du monde est celle des civilisations. Dans *Le phénomène humain*, Pierre Teilhard de Chardin énumère cinq foyers reconnus dans le passé le plus lointain : « l'Amérique centrale, avec la civilisation Maya ; les mers du sud, avec la civilisation polynésienne ; le bassin du Fleuve Jaune, avec la civilisation chinoise ; les vallées du Gange et de l'Indus, avec les civilisations mogholes ; le Nil et la Mésopotamie, enfin avec l'Égypte et Sumer[197] ». L'auteur montre que les trois premiers foyers sont probablement apparus presque à la même époque, avant les deux derniers[198]. Ces affirmations corroborent en partie ce que j'ai tâché d'élucider dans la première partie de ce livre.

Fernand Braudel, dans le premier tome de son livre *Civilisation matérielle, économie et capitalisme*, reproduit une carte dressée pour l'univers vers 1500, répartissant le monde en « 76 civilisations et cultures[199] ».

De son côté, le monde contemporain recense nombre de civilisations, les unes plus puissantes que les autres. Puissante ne veut pas dire meilleure. Il se révèle toujours difficile de faire la comparaison des civilisations à cause de l'anachronisme que l'on trouve dans l'ordre des valeurs. Les civilisations pourraient être comparées les unes aux autres si l'on pouvait déterminer un critère unique de comparaison. Or les critères susceptibles de valoriser une civilisation sont divers. Deux civilisations données ne se classent pas dans le même ordre pour tous les critères : celle qui est raffinée sur le plan du fond peut accuser une certaine médiocrité sur le plan de la forme ; une civilisation peut être puissante dans sa forme, mais tronquée dans son fond ; de même, celle qui est faible dans sa forme se révèle souvent forte dans son fond ; etc. Tenter de définir une échelle de valeurs permettant de classer les civilisations est une opération vaine.

La liberté humaine se présente comme valeur suprême dans certaines civilisations, mais engendre plusieurs déviations lorsqu'elle est mal contrôlée. L'abolition de la peine de mort dans plusieurs pays occidentaux n'a-t-elle pas accentué la criminalité ? Dans la civilisation musulmane où la *charia* est appliquée à la lettre, des mœurs sociales sont beaucoup plus respectées. Dans les pays islamiques où l'on décrie tant l'intégrisme le plus radical, la pédophilie comme phénomène,

---

197 Pierre TEILHARD DE CHARDIN, *Le phénomène humain*, Paris, Editions du Seuil, 1955, Réédition France Loisirs, 1990, p. 226.

198 *Idem.*

199 Fernand BRAUDEL, *Civilisation matérielle, économie et capitalisme (XVè-XVIIIè siècle : 1. Les structures du quotidien*, Paris, Armand Colin, 1979, pp. 56-57.

n'existe pas, ni non plus les autres formes de déviations sexuelles, telles les unions homosexuelles. Cette civilisation qui a vu le jour au 7e siècle de notre ère ne se laisse pas facilement entraîner dans les mutations sociales modernistes. De nos jours, l'islamisation a tellement essaimé qu'il devient difficile de faire une moindre distinction entre la civilisation musulmane et la civilisation arabe. Par contre, la civilisation hindoue voisine, beaucoup plus ancienne, commence à sombrer dans son déclin. Or, depuis toujours, celle-ci englobait en elle une grande richesse philosophique et religieuse.

La civilisation négro-africaine a été cause d'équivoque pour les chercheurs. Contrairement aux civilisations chinoise et japonaise, elle a souffert d'amputations culturelles.

Les civilisations peuvent être groupées en ensembles et sous-ensembles. Ainsi les civilisations arabo-persiques incluses forment un sous-ensemble de la civilisation musulmane. De même, les civilisations bantoue, soudanaise et nilotique, sont incluses dans la civilisation négro-africaine. Les Bantous eux-mêmes se partagent en deux civilisations différentes, celle de la forêt et celle de la savane.

La civilisation judéo-chrétienne, qui, en réalité, est plutôt une culture qu'une civilisation au vrai sens du mot, s'inféode à la civilisation occidentale dont la puissance matérielle fait la plus grande civilisation du monde contemporain. Celle-ci recouvre toutes les régions ayant connu un développement matériel spectaculaire depuis la première moitié du 20e siècle, surtout après la Seconde Guerre mondiale. Elle est partie des régions de l'hémisphère Nord héritière du système capitaliste né des cendres du féodalisme au 12e siècle. Au 15e siècle, sous l'impulsion des idées calvinistes, déterministes, la civilisation occidentale émerge constamment pour finalement se cristalliser au 18e siècle avec la révolution industrielle. Son expansion dans le monde a été surtout marquée par la colonisation. Selon Serge Latouche[200], la civilisation occidentale est irréductible à un territoire, elle n'est pas seulement une entité religieuse, ethnique, raciale ou économique. Comme unité synthétique de ces manifestations, affirme l'auteur, l'Occident est tout simplement un phénomène de civilisation, une entité "culturelle".

---

200 Serge LATOUCHE, *L'occidentalisation du monde*, Paris, La Découverte, 1992, p.46.

B. Trilogie culturelle de la civilisation occidentale

J'ai déjà évoqué le cas de l'occidentalisme comme idéologie qui ramène toutes les valeurs, toutes les réussites et références, à l'Occident. Ce qu'on appelle « monde développé » est sur la palette de la civilisation occidentale. Il s'agit du monde occidental qui, en réalité, s'étend de l'ancienne Europe de l'Ouest jusqu'en Amérique du Nord. Mais, il s'agrandit en récupérant toutes les régions dignes de plus hautes cotations dans les critères du développement matériel. Le Japon et l'Australie en sont les exemples les plus exhaustifs.

Selon André Siegfried[201], la civilisation occidentale repose sur une base trilogique : il y a en elle une conception de la connaissance, une conception personnaliste de l'individu et une conception de la Technique. J'essaie d'interpréter ces éléments selon ma propre compréhension.

1. Conception de la connaissance : l'effet cartésien

L'homme occidental est dominé par le *cogito*, c'est-à-dire l'esprit cartésien. Il a l'habitude, par tradition, d'envisager les problèmes selon la seule raison libérée d'idées superstitieuses, métaphysiques et irrationnelles. Dans la civilisation occidentale, lorsqu'on traite une question de connaissance, on fait appel à la raison en éliminant systématiquement tout ce qui est irrationnel. La religion chrétienne, ayant considérablement contribué à l'édification de cette civilisation souffre aujourd'hui des effets de contrition : les belles cathédrales gothiques cèdent la place aux musées. On assiste aux messes mortes et aux cultes amorphes.

Sur ce plan de la connaissance, une frontière s'installe entre l'Occident et les autres civilisations, mais celle-ci semble perméable dans ce sens que des cultures non occidentales se servent des méthodes cognitives occidentales pour faire évoluer leurs propres civilisations. À la différence de la connaissance africaine, par exemple, fondée exclusivement sur le "Quoi ?" et le "Que faire ?" des choses, la connaissance cartésienne fait usage d'une série cohérente de questions: Quoi ? Comment ? Pourquoi ? Que faire ? En effet, l'homme africain

[201] André SIEGFRIED, Technique et culture dans la civilisation du XXème siècle, texte de la conférence prononcée le 6 janvier 1953, M.A. BAUDOUY et R. MOUSSAY, *op. cit.*, p. 35.

n'a pas besoin de la raison pour résoudre ses problèmes dont l'essentiel est la recherche de son salut. Il préfère les résoudre en passant par la métaphysique. Il en est de même pour l'homme de l'Orient qui privilégie la conscience à la place de la raison.

Ainsi donc, le cartésianisme marque cette frontière avant qu'elle ne soit, comme aujourd'hui, économique, politique, social et idéologique. Le tracé se présente de telle manière qu'au nord, on trouve la raison et au sud l'intuition.

Toutefois, l'effet cartésien donne lieu à ce que d'aucuns appellent "anabolisme", c'est-à-dire, la mentalité de sur-objectivité qui occupe l'homme occidental dans son raisonnement fondamental. Toute réalité est vérifiable, elle est objet d'une preuve comme toute opération mathématique. Dieu n'existe pas parce que personne ne le voit. L'homme reste donc dans le matérialisme, dopé par la drogue du sur-objectivisme.

2. Conception de l'individu : l'homme noosphérique

L'idée de l'homme en tant qu'individu responsable de son destin remonte à la Renaissance. En effet, la Réforme protestante éclate et conduit au début du 16e siècle à une idée centrale : appréhender le Christ par la foi, laquelle justifie l'homme et fait que Dieu habite en lui; seule, elle peut recevoir la grâce et emporter la certitude à travers l'adhésion profonde du cœur.

Ainsi, en réévaluant la vie chrétienne, en l'éclairant par la foi individuelle et la grâce, on contribue à la genèse de l'idée d'individu. Certes, les racines de cette notion se trouvent dans l'héritage judéo-chrétien, notamment dans l'enseignement de l'évangile, puisque l'âme individuelle reçoit valeur éternelle de sa relation à Dieu. L'individualisme religieux et l'idée d'individu s'épanouissent, dans ce contexte chrétien, pendant toute la période qui précède la Reforme. Jean Calvin marque l'aboutissement du processus : avec lui, l'individu prend le pas sur l'Église, car la volonté divine investit certains de la grâce de l'élection. Dès lors, les élus travailleront, sur Terre, à la glorification de Dieu. Comment honorer ce dernier, si ce n'est par l'action dans le monde, par l'exercice d'une volonté particulière ? Cette participation active signale la gloire de Dieu. Ainsi naît la conception de l'individu, c'est-à-dire homme rationnel, indépendant et autonome, attaché à sa propre identité. Ainsi naît également la mentalité d'individualisme.

L'homme, dans la logique calviniste, émerge aussi comme *Homo technicus*, un être-de-travail. D'où la réhabilitation d'une notion longtemps méprisée par les anciens Grecs pour lesquels le travail rendait l'homme esclave. Par le travail, selon eux, l'homme aliène sa liberté soit au service de la matière, soit au service d'autrui. Avec le calvinisme, fondé sur l'éthique protestante, l'idée de travail émerge dans sa richesse, accompagnée d'une morale rationaliste et utilitariste.

De l'individu entrepreneur, rationaliste, je passe à l'individu matière-grise, la Noosphère[202]. Pour comprendre ce dernier concept, il convient de recourir à la pensée de Pierre Teilhard de Chardin qui définit l'homme comme étant la nappe pensante.

Le "chardinisme", une sorte « d'hégélianisme biologisé[203] », considère l'homme comme collaborateur de Dieu, personne à laquelle incombe la charge de prendre en mains toute la Création, c'est-à-dire la Nature dans sa face visible. Cette idée suppose que l'être humain demeure inséparable de la pensée cognitive. Il s'agit d'une conception de l'individu pensant, capable d'utiliser sa raison et de se contrôler lui-même, en supposant qu'il jouit de certains privilèges et bénéficie certaines garanties, notamment le droit aux libertés individuelles. On voit que l'homme, à la fois socratique et cartésien, peut se faire sa propre opinion par son propre jugement. Il est protégé à cet effet par une législation publique.

Cette liberté conquise en Occident dès le 18e siècle est à la base du progrès actuel de la civilisation occidentale. Elle autorise l'homme noosphérique à mettre en œuvre sa « matière grise » afin d'assurer la pérennité de la vie, le cas échéant, d'en créer artificiellement. À cette occasion l'homme, ayant utilisé à volonté toutes ses facultés pour faire progresser la technoscience, s'est alors construit un monde, certes tentaculaire mais phénoménal et épouvantable, sous l'action de la Sainte trinité technicienne. Cette force "spirituelle" lui

---

[202] Pierre TEILHARD DE CHARDIN, *op. cit.*, p. 226. L'idée de la noosphère suppose qu'il existe plusieurs couches sphériques dans la composition de notre planète : la barysphère métallique et centrale, entourée de la lithosphère rocheuse, surmontée elle-même des couches fluides de l'hydrosphère et de l'atmosphère. Ces deux dernières zones contiennent une couche qui est une membrane vivante formée par le milieu végétal et animal : la biosphère. A l'intérieur de la biosphère s'étale la noosphère, c'est-à-dire l'Homme. M. A. BAUDOUY et R. MOUSSAY, *op. cit.*, notes, pp. 32-33.

[203] Jean BRUN, *Les masques du désir*, Paris, Buchet-Chastel, 1981, p. 85.

permet d'user de nombreux artifices pour travestir le beau en original, le bien en efficace, le vrai en opérationnel.

3. Conception de la Technique : la Sainte Trinité technicienne

La doctrine chrétienne nous enseigne que la Sainte trinité est l'identification de Dieu en trois divinités personnifiées. Le progrès technique a introduit dans l'esprit de l'homme moderne une nouvelle conception fondée sur le caractère providentiel de la Technique. Elle remonte, bien sûr, de la révolution industrielle, mais s'est surtout accentuée avec l'apparition des techniques de pointe de la dernière moitié du 20e siècle. C'est à ce moment précis que l'Occident ingrat a déshabillé la Sainte trinité divine pour habiller la Sainte trinité technicienne.

Avant l'avènement du machinisme, l'homme avait travaillé simplement avec l'outil, étant lui-même limité par la force musculaire. La révolution industrielle plaça les forces naturelles au service d'une manière illimitée, et donc, la puissance de l'homme se renforça. L'homme commence ainsi à produire qualitativement et quantitativement n'importe quoi. Contrairement à l'outil dépendant de la force physique de l'homme ou de la traction animale, la machine motrice ne se fatigue pas. Sa conception progresse en la rendant de plus en plus complexe et autonome. Pour obtenir une mutation réelle, elle s'attire des alliés virtuels, politiques et culturels. Elle devient alors Technique, c'est-à-dire système capable d'entraîner le progrès technique dans des circuits phénoménaux. Mais, l'homme aveuglé par ce système technicien, croit qu'il est capable de tout, que rien ne lui est impossible. Il trouve que son seul salut proviendra de son engagement dans la civilisation de la Sainte trinité technicienne.

C. La civilisation de la Sainte Trinité technicienne

1. Le revers du sacré

Le sacré ressemble à une médaille à face et pile, lorsque l'avers qui porte l'effigie de l'Immaculée Vierge ou du Saint Christophe[204]

[204] Saint Christophe est un personnage légendaire, patron des voyageurs dans la foi catholique. Son nom signifie « porteur du Christ ». Il symbolise la force et la puissance. On le présente traversant la mer à gué, chargé d'un enfant qui porte lui-même le globe terrestre !

apparaît, on fait partie de la religion chrétienne ; au contraire, lorsque le revers, c'est-à-dire le côté pile illustrant Prométhée déchaîné, se présente à son tour, on est de la foi technicienne.

En effet, la légitimation du sacré est inscrite dans la programmation génétique de l'homme. Nul n'y échappe, même pas le matérialiste invétéré. Tout ce qui fait l'objet d'une vénération religieuse est sacré. Il suffit de se souvenir d'un épisode de l'histoire de la Chine communiste : la révolution culturelle. Pour des millions de Chinois, Mao Zedong a été un guide éclairé, un héros, un dieu. Tout un peuple le considérait comme un homme sacré et son petit *Livre rouge* fut un évangile semblable à celui de Jésus-Christ. Ce fut la clé d'un paradis différent de l'Eden, mais d'un paradis tout de même. Nous pouvons ensemble observer ce phénomène dans tous les Etats marqués par le culte de la personnalité.

On constate un comportement analogue dans la société technicienne où la Technique se déifie de plus en plus en imposant sa "technocrature". Cette société évolue dans une sphère au sein de laquelle la technoscience est la vigne[205] du culte de la Sainte trinité technicienne. Presque tout est résolu par la Technique qui cherche à résoudre ce qui ne l'est pas encore. Et à ce sujet Georges Balandier écrit : « L'homme actuel est lié à la Technique, dans son action et son environnement, et jusque dans son être même... Il recourt à l'assistance de multiples prothèses, et la société s'en trouve profondément transformée, en même temps que lui-même. Il se soumet à l'autorité de la Technique, jouit des commodités qu'elle lui propose ; il l'accueille davantage comme un mystère que comme un domaine relevant de son évaluation, de sa critique. En ce sens, les technopoles deviennent des sortes de lieux saints ou science et technique sont conjointement célébrées[206] ».

Cette nouvelle civilisation qui s'installe peu à peu apporte son vent de jubilation. Selon Balandier, l'enchantement de la réussite scientifique et technique, les avancées d'une conception technicienne du monde, paraissent capables de réduire les effets de « désenchantement[207] ». Comme on chantait autrefois l'Ode à la joie, les hommes chantent le cantique de la Technique. Ainsi l'homme devient "techno-

---

[205] Entendez œuvre à la place de vigne (Interprétation dénaturée du livre de Esaïe 5:1-7).

[206] Georges BALANDIER, La Technique en jeu : Technophiles et technophobes, *Revue européenne des sciences sociales, Cahiers Vilfredo Pareto*, Tome XXIX, n° 91, Genève-Paris, Librairie Droz, 1991, p. 5.

[207] *Idem.*

lâtre", c'est-à-dire un être religieux pratiquant non pas une religion naturelle, et encore moins révélée, mais celle de la Technique, dont les démonstrations ressemblent au culte de Baal (1 Rois 19:18).

2. Religion profane et culte de la Technique

La religion est la cristallisation exotérique du sacré, écrit Myriam Philibert[208]. Certes, elle est un phénomène aussi bien naturel qu'universel, mais varie d'une civilisation à l'autre, d'une race humaine à l'autre, d'un groupe humain à l'autre. Un certain nombre de grands courants religieux se partagent le monde, avec des aires d'attraction et des pôles de répulsion. Selon Myriam Philibert, la durée de vie d'une religion est variable et correspond à sa capacité à répondre aux questions et aux angoisses existentielles des fidèles[209]. Les religions naissent et meurent souvent avec les civilisations qui les ont animées. Lorsque les valeurs proposées commencent à être en inadéquation avec le besoin profond des masses, de nouvelles religions apparaissent et supplantent celles qui ne sont plus adaptées. En Afrique, par exemple, la "civilisation" apportée par la colonisation est à la base de la disparition violente de la religion africaine fondée sur le culte des ancêtres. Aujourd'hui, pendant que l'homme occidental a tourné casaque en adulant la Technique, l'homme africain est resté accroché à la Bible qu'il n'interprète qu'à sa guise. Sa foi ne le prédispose pas à l'entrée dans le système technicien, car sa figure n'apparaît pas dans le projet que détermine la technoscience.

La Technique, il est vrai, est une réalité. Elle est aussi un mythe emblématique, une divinité quotidienne, ambiguë, qu'on invoque pour soumettre l'individu aux impératifs de la "modernité". De nos jours, modernité signifie « civilisation de notre temps, notre époque ». Les chantres du conformisme récitent la même litanie : il faut « s'adapter à l'évolution », « suivre son temps », « être de son époque ». De plus que l'économie politique[210], la Technique passe au stade d'une véritable religion profane. Ce n'est plus l'homme qui décide de ce qu'est l'époque, c'est la Technique. Par sa foi en elle, l'homme lui obéit en substance et la porte en élévation comme prodige.

---

[208] Myriam PHILIBERT, *Le Grand Secret des pierres sacrées*, Paris, Editions du Rocher, 1992, p. 235.

[209] *Ibid.*, p. 236.

[210] Serge LATOUCHE, *L'occidentalisation du monde*, Paris, La Découverte, 1992, p.40.

Pour des sociétés abusivement dites primitives, on parle plus souvent de culte que de religion. Il existe une différence de degré entre les deux. Le culte présente un caractère relativement local, centripète et intégriste tandis que la religion a une tendance expansive, ouverte. Le culte est basé sur un rituel plus ou moins compliqué en réponse à des mythes transmis oralement. La religion s'appuie, elle aussi, sur des rites, mais surtout sur des textes sacrés qui la codifient plus ou moins. Le culte a des adeptes tandis que la religion a des partisans. Toutefois, les deux sont interchangeables et unis par le lien au sacré.

L'homme n'est plus de plain-pied avec le sacré. On a senti que le divin à un moment donné s'éloignait en se faisant relayer par la Technique, et qu'une distance s'établissait entre le divin et l'homme. Tout l'univers de l'homme est devenu un univers technique. La Technique prend en définitive la place de Dieu. La Science qui joue le rôle du Saint-Esprit inspire constamment les chercheurs. La technoscience devient le vrai rédempteur en lieu et place de Christ Sauveur.

Les messagers ne sont pas en reste. Cette religion technicienne présente ses prophètes comme dans la foi chrétienne et dans la foi musulmane. Pour avoir expérimenté tous les domaines de la connaissance, Léonard de Vinci, le plus grand parmi les prophètes techniciens, est comparable à Abraham, le père des croyants. En effet, De Vinci sort ici comme le véritable père des techniciens. L'autre, c'est Galilée : il mourut martyr sur un bûcher flambant pour avoir simplement dénoncé « le mouvement des corps dans l'univers ». Isaac Newton qui a prophétisé l'avènement de la technoscience dans la « théorie de gravitation universelle » serait comparable à Moïse qui eût le mérite de délivrer le peuple d'Israël sous le joug du Pharaon. D'autres encore sont légion, tels James Watt le prophète de la lumière ; mais Pierre Curie ou Albert Einstein peuvent logiquement occuper la place de Mahomet, le béni d'Allah.

On ne peut pas s'empêcher de penser à la Bible, à la façon dont sont racontées dans la Genèse, les débuts de l'agriculture et de l'élevage, Caïn et Abel, comme conséquence immédiate de la faute d'Adam. Dans la tradition africaine aussi, on connaît un usage concernant la nature du sacré qu'on appelle la faute. Auparavant, on a un monde où Dieu et l'homme se promènent dans les allées du même jardin, dans l'Eden biblique (le monde de la chasse-cueillette). À cause de son pêché, l'homme refoulé par Dieu devait trouver d'autres solutions pour survivre. Cet homme travaillant « à la sueur de son front » devra essayer d'atteindre dans un effort existentiel par la prière ou autrement un divin éloigné de lui, mais ne l'atteindra plus d'emblée. De même, le jardin d'Eden sera interdit à Adam par un archange à l'épée flamboyante. L'unique solution pour ce premier homme et ses descendants est de se donner à la technique en vue d'obtenir un secours de survie.

La technoscience efface la distinction sur laquelle les morales se fondaient : le respect de la Providence. La consécration de la Sainte trinité technicienne et les actes de dévotion de l'homme moderne font les merveilles du culte. Dans sa technolâtrie, la société croit que tout dépend des sciences et techniques modernes capables de tout donner, de tout guérir, de tout réaliser. Certes, tout ou presque. Globalement parlant, elles ont découvert des chemins qui, selon Michel Serres[211], « vont du proche ou de l'attenant vers la totalité, du local au global ». Ce *credo* en technoscience est alors une réalité pour ce monde qui a connu une métamorphose spectaculaire en deux siècles seulement. Sur le plan quantitatif, rien n'est contestable puisque le progrès est réel et visible. En qualité, tout le bien du monde, à savoir nourrir, soigner, guérir, déplacer, est également réalisé, mais la balance bascule lorsqu'on regarde en symétrie certains phénomènes comme faire sauter la planète, déséquilibrer son climat, fabriquer des enfants en série, ne faire naître que des garçons ou que des filles... Michel Serres de s'exclamer : « Nous sommes devenus les décideurs tragiques de la vie ou de la mort, les maîtres des plus grandes figures de l'ancienne dépendance : Terre, matière et vie, temps et histoire, humanité, bien et mal... Nous avons porté la main sur les théories de la métaphysique[212] ». Je signale ici que ce pronom "Nous" employé par Michel Serres n'est pas différent de ce que l'on appelle Technique-système. En réalité, c'est le système technicien tout entier qui est mis en cause. Serres estime toutefois que cette nouvelle maîtrise a fait changer de camp la vieille nécessité[213]. La stratégie de la maîtrise, ayant hanté la Nature - inerte ou vivante - pendant qu'elle dormait, cachée dans des lois naturelles, a réussi, surtout pendant le dernier demi-siècle, à dévoiler la cuve où se tramaient tous les secrets du Dieu créateur.

La façon dont les hommes contemporains (Techniciens) exaltent la technoscience est la preuve d'un désaveu de l'ordre religieux existant. Ceux-ci considèrent désormais que les sciences et techniques donnent le sens à la vie tout en restant la seule condition de leur destin eschatologique. Ils reconnaissent en la science l'ultime réalité de l'existence. Désormais, il incombe à la Technique de chercher les solutions des pro-

---

[211] Michel SERRES, *Eclaircissements : cinq entretiens avec Bruno Latour*, Paris, Editions François Bourin, 1992, p. 248.
[212] *Ibid.*, p. 249.
[213] *Idem.*

blèmes touchant le milieu de l'homme. C'est dans ces circonstances qu'à la manière de diable prêt à tout donner à celui qui se prosterne à lui, elle s'est engagée dans un univers de fictions et de réalités virtuelles.

3. La tradition technicienne

La tradition est le pôle ésotérique du sacré. Elle est le pavement de toute civilisation. Mais, elle reste indépendante des cultes et religions. Chaque religion ou chaque culte a sa propre tradition. Le culte de la Technique repose sur la tradition technicienne qui représente elle-même l'usage effréné des techniques modernes dans la vie quotidienne dominé par un extraordinaire engouement pour elles.

La fascination qui captive l'être humain se manifeste dans son attitude face aux biens techniques qu'il ne cesse d'admirer. Toute idée du miracle par le spirituel tombe en désuétude. On estime que le miracle ne relève que de la Technique. La déification de l'engin technique trouve sa justification dans la diversité des biens et services consommables. Parlant de la télévision, Ellul explique comment cet engin a été considéré comme miraculeux à cause de son universalité et de son incompréhensibilité[214]. Pour surenchérir, il reprend dans les notes de son texte la citation suivante[215], empruntée à Piveteau : « La télévision est devenue elle-même une religion, une sorte de Dieu (...) d'abord comme la représentation que l'on nous donnait jadis de Dieu, elle est partout (...) elle est vue partout - elle parle partout - c'est un dieu pratique, à dimension humaine, beaucoup plus mystérieux que l'ancien (...) La télévision par l'intermédiaire de la publicité a une révélation à faire à l'humanité. Le christianisme doit bien voir que la publicité a détourné de son projet les deux messages messianiques qui sont au cœur de son action : l'un portant sur le sauveur, l'autre sur le monde à venir (...) En tant que religion, la télévision a des rites, des grandes cérémonies liturgiques (...) ».

L'homme se montre possédé par la secte technicienne. La fascination dont il ne cesse de faire montre lui fait renoncer à ses droits de contrôle sur la Technique. Secte parce que l'homme se laisse entraîner dans le mythe de la Technique salvatrice jusqu'à se faire aliéner par elle. Pour réussir son bonheur, il se sent obligé de se replier sur les virtuels issus du phénomène technicien. Toute sa vie, tous ses mouvements, sont concentrés dans la Technique et justifiés par elle. Sans Technique, l'homme ne

---

214 Jacques ELLUL, *op. cit.*, 1988, p. 408.
215 *Idem.*

trouve pas sa raison d'existence. Manipulé par elle, il renonce à toutes ses croyances traditionnelles, convaincu que le véritable dieu pourvoyeur est d'ordre technique. Son comportement ressemble à la folie du potier qui fabrique des idoles[216] :

> Ainsi le potier qui pétrit laborieusement de la terre molle
> et qui façonne chacun de nos objets domestiques
> Avec la même glaise il modèle
> et les ustensiles destinés aux emplois propres
> et ceux qui servent à des usages opposés, le tout pareillement ;
> mais quelle sera alors la fonction de chacun de ces objets,
> c'est le potier qui en décide
> Puis, se livrant à un méchant travail,
> il utilise la même glaise pour façonner un dieu illusoire,
> alors que, tout juste né de la terre,
> il retournera bientôt à la terre
> d'où il a été tiré, (...)
> (...)
> il rivalise avec les orfèvres et les fondeurs d'argent,
> imite ceux qui coulent le bronze,
> et se fait gloire de fabriquer du faux.

---

[216] Sagesse 15 : 7-9

II. LES ACQUIS DE LA SOCIÉTÉ TECHNICIENNE : ACTIONS ET MERVEILLES DE LA DIVINE TECHNIQUE

Les œuvres de la Technique rivalisent les œuvres de Dieu (*Opus Dei*), mais sur le plan expérimental, elles n'ont aucune mesure avec celles-ci. Les services qu'elle réalise sont matériels et pratiques, raison pour laquelle leur providentialité est appréciable. Là où les miracles du Christ produisaient l'émerveillement et l'enchantement, les services de la Technique suscitent le plaisir et forcent l'admiration[217]. L'impensable se révèle réalisable. Certains débits d'énergie physique tels que les canons à électrons, les rayons magnétiques infrarouges ou *laser*, et des véhicules électromagnétiques comme les ondes hertziennes, jouent le rôle du Saint-Esprit - consolateur invisible - et agissent directement sur la matière. L'ubiquité de l'œil de la Technique n'est plus à mettre en cause. Les engins de détective doivent nous servir d'exemple le plus probant : les grandes surfaces commerciales ne sont plus surveillées par les agents de sécurité, mais par les dispositifs techniques ; il en est de même pour les postes frontaliers et les aéroports. Tout est prévu et le fait du hasard n'est plus de mise. Aucune spontanéité, même liée à l'intuition, ne justifie sa rigueur en dehors du phénomène technique. Les œuvres de la Technique interviennent dans les actions quotidiennes d'une manière régulière et scientifiquement programmée. Philippe Roqueplo les appelle "Techno-Nature[218]", c'est-à-dire un environnement transformé par l'intense activité technicienne. En toute logique, il est souhaitable que cette transformation serve à prolonger la nature de l'homme au lieu de la supprimer. À ce sujet, Gabriel Vahanian estime d'ailleurs qu' « entre la nature et l'artifice il n'y a pas opposition, mais symétrie[219] ». L'artifice, selon Vahanian, est l'espace du naturel autant que le champ était jadis l'espace du laboureur ou que les mots sont l'espace du langage[220]. Il s'agit d'un raison-

---

[217] Dans l'évangile de Jésus selon Mathieu, chapitre 11 : 2-5, on peut lire : « Jean, ayant entendu parler dans sa prison des œuvres du Christ, lui fit dire par ses disciples: Es-tu celui qui doit venir, ou devons-nous en attendre un autre ? » Jésus leur répondit : « Allez rapporter à Jean ce que vous entendez et ce que vous voyez : les aveugles voient, les boiteux marchent, les lépreux sont guéris, les sourds entendent... ».

[218] Ph. ROQUEPLO, *Penser la technique : pour une démocratie concrète*, Paris, Seuil, 1983, p. 18.

[219] Gabriel VAHANIAN, *Dieu et l'utopie. L'Eglise et la technique*, Paris, Les éditions du CERF, 1977, p. 159.

[220] *Idem.*

nement noble, mais je pense que l'activité de l'artifice, lorsqu'elle dépasse toutes les bornes de l'espace naturel, fait subir à ce dernier une forte déperdition d'essence. Et Jean Ladrière d'en conclure hâtivement: « si une perturbation se produit dans le système de valeurs, elle doit avoir des répercussions profondes non seulement dans l'ensemble de la culture, mais aussi dans les autres instances de la vie sociale[221] ».

En pratique, les domaines d'activité de l'artifice étendent leurs actions qui se diversifient dans la société en commençant par la capacité artificielle de réfléchir intellectuellement, informer ou propager l'information, guérir les maladies ou re-créer les êtres vivants, distraire ou recréer l'homme, etc.

1. Des facultés humaines à l'intelligence artificielle

J'ai déjà montré que l'homme est un être sensitif, intuitif et intelligent. C'est un animal pensant, mais les éléments qui le démarquent le plus de l'espèce animal sont l'usage du langage et l'intelligence dont il est naturellement doué.

Les encyclopédistes évoquent différents schémas évolutifs pour expliquer la gradation humaine dans la hiérarchie des êtres vivants. Ils présentent souvent le schéma ascendant d'Aristote comme le plus cohérent[222]. Aristote constate que l'âme de l'être vivant exerce une fonction spécifiquement liée à son espèce : végétative chez la plante, sensitive chez l'animal et intellective chez l'homme. En psychologie aristotélicienne, ces trois âmes ne sont pas d'un genre commun, mais plutôt les termes d'une série ascendante, dont chacun en dehors du premier suppose le précédent, mais se distingue de lui par l'émergence d'un nouvel ordre[223].

Cette conception évolutionniste exprime l'idéologie de continuité des stades connue de certains penseurs contemporains, dont Friedrich Nietzsche et Teilhard de Chardin. Pour Nietzsche, le surhomme doit se réaliser en tant que l'aboutissement de l'évolution humaine ; l'écart qui sépare l'homme actuel du surhomme est énorme[224]. Force est de constater que, depuis la deuxième moitié du 20e siècle, le

---

[221] Jean LADRIERE, *Les enjeux de la rationalité. Le défi de la science et de la technologie aux cultures*, Paris, Aubier-Montaigne/Unesco, 1977, p. 102.
[222] *Encyclopedia universalis*. Corpus 2, Paris, E.U.F., 1995, p. 968.
[223] *Idem*.
[224] Denis HUISMAN et Marie-Agnès MALFRAY, *Les pages les plus célèbres de la philosophie occidentale*, Paris, Perrin, 1989, pp. 433-435.

projet de Nietzsche se réalise de plus en plus. L'embryon du surhomme existe aujourd'hui, mais il n'est encore qu'un instrument technique doté d'une intelligence artificielle.

Pour définir le mot "intelligence" dans son sens le plus littéral, Edward Feigenbaum et Pamela McCorduck se réfèrent à l'étymologie par laquelle ils identifient le latin *legere*, qui signifie réunir (des fruits), rassembler, collecter, puis choisir et former une impression[225]. *Intellegere*, estiment-ils, signifie choisir parmi, puis comprendre, percevoir et savoir[226]. À partir de cette définition littérale, ces auteurs considèrent qu'on se trouverait en face d'une intelligence artificielle si l'on pouvait imaginer un objet capable de réunir, de rassembler, de choisir, de comprendre, de percevoir et de savoir. Les machines pensantes, les intelligences artificielles, affirment-ils, intriguent toujours la société depuis l'apparition de l'histoire : « l'*Iliade* décrit quelques splendides robots, inventions du dieu Héphaïstos, que lui commandèrent un certain nombre de dieux et de déesses désireux de parvenir à leurs fins[227] ».

De son côté, Hubert Dreyfus, dans l'introduction à son livre *Intelligence artificielle* [228], estime que l'histoire de l'intelligence artificielle pourrait remonter à l'an 450 avant J.C., le jour où Socrate avait demandé à son compatriote, l'Athénien Euthyphron, qui s'apprêtait à dénoncer son propre père pour meurtre : « Je veux savoir ce qui caractérise cette piété, qui fait de toute action un geste pieux ... que je puisse faire appel à elle, et m'en servir comme étalon à l'aide duquel juger tes actions et celles des hommes ». Socrate aurait jugé ce comportement d'artificiel parce qu'il n'était pas de nature humaine, mais fondé sur une logique supérieure à celle des hommes[229].

Les encyclopédistes d'aujourd'hui définissent l'intelligence artificielle (A.I.) « un terme général désignant l'objectif de spécialistes en informatique qui cherchent à programmer des ordinateurs à faire

---

225 E. FEIGENBAUM et P. McCORDUCK, *La cinquième génération. Le pari de l'intelligence artificielle à l'aube du 21è siècle*, Paris, InterEditions, 1984, p. 56.
226 *Idem.*
227 *Ibid.*, p. 57.
228 Hubert L. DREYFUS, *Intelligence artificielle : mythes et limites*, Paris, Flammarion, 1984, p. 3.
229 L'évangile enseigne de son côté que Jésus-Christ avait une intelligence supérieure qui émerveillait les scribes, les pharisiens et les docteurs de la loi. S'agit-il de quelle intelligence ? Cette question est susceptible d'engager un autre débat sur la distinction qui existe entre les trois formes d'intelligence : surnaturelle, naturelle et artificielle.

preuve de comportements qui, s'ils se manifestaient chez les humains, seraient qualifiés d'intelligents[230] ». En effet, les premiers instruments techniques à disposer de l'intelligence artificielle seraient sans doute les ordinateurs. Leur intelligence se justifie parce qu'ils contiennent des programmes qui les amènent à résoudre des problèmes, à prendre part à des jeux, à donner des réponses appropriées aux différentes informations demandées, etc. Vers les années 1950, certains scientifiques comme le mathématicien Alan Turing s'imaginaient que les machines pouvaient penser[231]. Après plusieurs décennies, la réalité devenait plus forte que la science-fiction. Le 11 mai 1997, le résultat d'un jeu d'échecs marqua une date dans l'histoire de l'humanité : le plus grand champion de tous les temps, Monsieur Kasparov, s'avoue vaincu par une machine, un robot intelligent. Il s'agit vraisemblablement d'une étape importante dans la réalisation du projet de « la cinquième génération » qui consiste à « concevoir et à produire un matériel et un logiciel destinés à l'ingénierie de la connaissance avec une vaste gamme d'applications à la clé - dont les systèmes experts, la compréhension du langage naturel par la machine et la robotique[232] ». Mais ce projet suscite des voix hostiles parmi ceux qui considèrent que créer une machine pensante revient au même qu'empiéter sur les prérogatives divines, qu'une telle aventure scientifique serait d'un très grand danger pour l'humanité.

Dans l'objectif de transformer l'homme en une matière première qui a besoin d'être parfaite, modifiée ou au maximum améliorée, la technoscience, en tant que projet du monde, trouve finalement des outils en biologie moléculaire, en biogénétique et en chirurgie du cerveau. Là où les tenants de l'idée de la perfectibilité humaine raisonnaient, autrefois, principalement en termes moraux, la Technique entend - à l'aide d'une puce électronique[233] - changer les hommes menta-

---

[230] André JACOB, *Encyclopédie philosophique universelle*. L'univers philosophique, Paris, PUF, 1991, p. 973.

[231] *Idem*. On peut aussi lire l'excellent article de Michel de PRACONTAL : « Le Match Homme-Machine », *Le nouvel observateur* du 7 au 13 août 1997, pp. 8-14.

[232] E. FEIGENBAUM et P. McCORDUCK, *op. cit.*, p. 139.

[233] En juin 1997, un document intitulé « Ceci pourrait-il être la marque de la bête ? » a été diffusé aux Etats-Unis sous forme de tract et redistribué en France. Ce document informel reprend la révélation de l'évangéliste américain Carl Sanders, qui, dans son prêche, compare la Technique à la bête citée dans Apocalypse 13 : 11-17. A ce sujet, Sanders soutient que la puce électronique (qu'il appelle microchip) ressemble à la marque imprimée sur la main droite et sur le front de chaque personne, tel que décrit dans la Bible. Dans son commentaire, il cite :

lement, affectivement et physiquement. D'où cette question qui me vient à l'esprit : quel homme la Technique va-t-elle introduire dans le monde à la place de l'homme image de Dieu ?

2. De l'information et des communications

De nos jours, l'information occupe une place prépondérante dans la vie des hommes. On la considère comme étant la condition de tout développement intellectuel, social, économique[234]. Certes, l'information, dans la société traditionnelle pouvait aussi jouer un rôle de premier plan dans la culture sociale, mais le progrès moderne des techniques d'information place l'homme à l'avant-garde. La grande différence consiste dans le fait que ce n'est plus l'homme qui traite l'information, mais la Technique. Désormais les données jadis détenues entre les mains d'une classe sont gérées par l'informatique.

L'homme, submergé par l'information commence à pousser loin sa curiosité jusqu'à aborder la question de son essence. Il se heurte alors à des superficialités incohérentes qui le détournent de sa propre naturalité. Il se croit informé mais parfois mal informé. Au lieu de maîtriser l'information, il se laisse manipuler par elle. Se croyant

---

« En avant vers le progrès, faites-vous implanter la microchip ! Sans douleur, juste un petit pincement sur le dos de la main ou sur le front. Utile pour résoudre tous vos problèmes ! Plus besoin d'argent sur soi, de chéquier, ni de cartes bancaires ; la microchip fait tout. Par le transfert électronique de l'argent, il suffit de passer la main sous le scanner de la caisse de votre épicerie ou de tout autre centre d'achat, qui, liés au Centre de données comptables, déduira automatiquement de votre compte personnel, les montants correspondants ! Alors, rendez-vous compte, la criminalité baissera de façon conséquente parce qu'aucun voleur ne pourra s'emparer de votre microchip ! Et puis, plus besoin de s'embrasser de trousseaux de clés : votre microchip émettra une fréquence correspondant au numéro de votre identification numérique. Elle servira de code d'accès pour la fermeture de votre voiture, de votre maison, de votre bureau ou de tout autre chose que vous souhaitez garder sous clé. Quel progrès pratique !

Parents, plus d'enfants qui se perdent, ou qui font des fugues ! Vous faut-il retrouver quelqu'un d'urgence ? Vous n'aurez qu'à appeler votre local de données du Contrôle Humain en donnant le nom de l'enfant ou de la personne recherchée et par l'intermédiaire des radars (?) (*cellular towers*) ou la magie des satellites, la fréquence codée de leur numéro personnel d'identification numérique sera détectée (agissant comme un renseignement précisant leur localisation) et vous aurez retrouvé votre Jeannot ou votre Suzy, ou la personne que vous cherchez ! (...) »
Document traduit de l'anglais par Marguerite SAINTY, 12, allée P.L. Courier, 26000 Valence (France).

[234] Jacques ELLUL, *op. cit.*, 1988, p. 387.

informé, l'homme accepte toutes les supercheries que lui livre la Technique, avec le risque de tomber d'erreurs épouvantables, de dérapages sociaux ou de sa propre perdition.

L'exemple le plus frappant reste l'Internet qui, à peine né, cesse d'être un simple réseau de communication pour devenir un véritable phénomène de société en modifiant considérablement certains éléments-clés du tissu social. Il suffit de surfer sur *Facebook* ou sur *Twitter* pour s'en convaincre : les relations se tissent et se défont en un clin d'œil à travers le monde dans un manque d'intimité déplorable. Certes, ces réseaux sociaux donnent l'opportunité à tous les habitants de la planète de bien pouvoir se connaître à distance, mais ils défient considérablement le sacré cadre familial.

L'Internet, bien qu'il préfigure les futures autoroutes de l'information, n'incarne pas moins un certain nombre de démons liés à l'informatisation de la société : les prédateurs pédophiles et les marchants illicites y sont présents. L'Internet détruit alors le lien social en dénaturant les rapports humains, favorisant une forme de communication sans contact réel. Mais, selon Arnaud Dufour, cet élément n'est pas nouveau en soi puisque le Minitel et ses messageries ont déjà donné naissance à ce type de dialogue par clavier et écran interposés[235]. Toutefois, ces formes de communications individualisent les hommes au lieu de les rapprocher, de rompre leurs solitudes.

Un autre cas d'espèce : il s'agit du téléphone portable ou mobile. À travers ce monde devenu « village planétaire », le téléphone portable est devenu également véritable phénomène de société. Les antennes de télécommunication inondent les espaces comme des géants de Don Quichotte. Les multinationales qui les déploient s'y imposent à tel point qu'aucune institution n'ose poser la question d'éventuelles conséquences de cette technologie sur la santé publique. Pendant ce temps, les rayons d'émission et ondes magnétiques se croisent et s'entrecroisent au milieu des populations vivant dans des agglomérations ou en rase campagne. Et dans tout cela, l'homme cesse d'avoir besoin d'un animal de compagnie parce qu'il adopte bien son appareil de compagnie. Celui-ci l'accompagne et le suit partout. Tout y est compilé : jeux, agenda, horloge, musique, internet…

En matière de communication, les dangers que l'on peut encourir sur les autoroutes de l'information n'ont aucune mesure avec celles des autoroutes de la circulation. Dans la société technicienne, on dé-

---

[235] Arnaud DUFOUR, *Internet*, Paris, PUF, 1995, p. 107.

nombre plus de décès survenus par suite d'accidents d'automobiles que de morts naturelles. Les engins s'imposent, polluent et tuent, non seulement sur terre, mais aussi sur la mer et en l'air. En dépit de toutes les prétentions techniciennes, aucune mesure de prévention rigoureuse ne sécurise totalement l'homme et son environnement.

3. De la santé publique et de la procréatique

J'ai déjà signalé plus loin comment la médecine a pu éliminer de nombreuses maladies dans le monde d'aujourd'hui. Depuis la découverte du vaccin par Louis Pasteur en 1885 jusqu'à l'établissement de la carte du génome humain en avril 2003, le génie médical ne cesse de faire parler de lui en tant que science salvatrice. Après la découverte des gènes liés au vieillissement, l'être humain peut rêver d'augmenter son espérance de vie et entamer une course à l'éloignement de la mort, jusqu'à égaler peut-être un jour les patriarches de la Bible dont la durée de vie avait atteint plusieurs centaines d'années.

Certes, la technoscience se donne pour objectif d'éradiquer des maladies, mais elle en crée aussi d'autres à cause de ses extravagances sans bornes. La santé publique est un mille-pattes. Aujourd'hui, le prion et la dioxine ; hier, les hormones de croissance douteuses ; avant-hier, le sang contaminé. Le lexique biologique s'enrichit au jour le jour de vocables et d'expressions, parfois cocasses, telle celle de la « vache folle ». La recherche génétique nous apprend aujourd'hui l'existence des bébés-éprouvettes, brebis clonées, maïs transgéniques, et plus tard, sans doute, des hommes clonés et des hommes transgéniques.

Les événements récents en Europe rapportent qu'une femme stérile sexagénaire, ayant la foi en la Technique, a eu recours à la FIVETE pour donner naissance à un enfant qu'elle avait espéré en vain avant sa ménopause. De même, la Bible relate que par « la foi en Dieu, Sarah, l'épouse d'Abraham, malgré son âge avancé, fut rendue capable d'avoir une postérité... » (Hébreux 11:11)[236]. L'espérance de la femme européenne ne ressemble pas moins à celle de la famille d'Abraham[237]. La seule différence réside dans le fait que l'une

[236] Le récit de Sarah est présenté dans le livre de la Genèse 17 : 17-19 ; 18 : 11-15 21 : 1-8.
[237] Romains 4 : 18.

s'adresse à la Technique-dieu et l'autre à Dieu-Nature[238]. Autant la foi, l'espérance et l'amour en Dieu sont liés[239], autant la foi, l'espérance et l'amour en la Technique sont également liés.

La brebis clonée d'Edimbourg, à l'origine de « l'affaire Dolly » qui a suscité un grand débat en Europe pendant le premier trimestre de l'année 1997, est parfaitement reproduite à partir d'une cellule de mamelle de la brebis "mère". Le noyau de cette cellule a été retiré et transféré dans un ovule dont on avait éliminé l'ADN, puis cultivé et enfin implanté comme un embryon dans l'utérus d'une brebis "porteuse". Cinq mois plus tard, Dolly était née. Notons qu'à partir de ce procédé, on est capable de faire des milliers de copies d'un même animal, voire d'un être humain. Dolly n'est-elle pas née d'une "mère" vierge, sans père biologique, à la manière de Jésus-Christ ?[240] Aujourd'hui, n'est-il pas possible de cloner un adulte comme Dieu s'était lui-même cloné en Jésus-Christ ! (Jean 14 : 8 - 9)[241] Après Dolly, il y a eu Polly et d'autres aventures se poursuivront sans doute. Et comble de malheur, la communauté internationale semble être incapable de stopper cette folie humaine.

C'est un grand défi que de remarquer un tel démantèlement de l'ordre divin. Les conditions de l'accouchement de la femme, par exemple, ne se présentent plus telles que Dieu les avaient déterminées : « J'augmenterai la souffrance de tes grossesses, tu enfanteras avec douleur...[242] ». Aujourd'hui, dans le monde technicien, les femmes ont souvent recours à la méthode ASD (Accouchement sans douleurs) pour répondre à leurs besoins de maternité. Or dans les coins reculés d'Afrique, de telles technologies dépassent tout entendement. Tout est sujet au cosmique. L'interprétation accordée à un accident cardio-vasculaire (AVC) reste souvent concordante à l'action des phénomènes maléfiques (foudre, mauvais sort, etc.) En Afrique donc, il n'y a de mort naturelle que lorsque l'âge d'un individu franchit le cap de la centaine. La mort subite trouve toujours son explication causale dans les forces de la nature.

---

238 Dans son épitre aux Romains, chapitre 1 : 20-23, Paul montre que les perfections de Dieu apparaissent dans la Nature.

239 Romains 4 : 19-21; 1 Timothée 2 : 15.

240 Mathieu 14 : 33.

241 Selon Jean 10 : 30 ; 5 : 17; Luc 10 : 22. La ressemblance du Christ à Dieu est nette et complète, raison pour laquelle je considère Jésus comme un clone de Dieu.

242 Genèse 3 : 16.

4. De la consommation et de la nutrition

Dans le monde technicien, le consommateur semble encore être inconscient de la qualité de l'alimentation qui lui est imposée. La maladie de l'épizootie d'encéphalite spongiforme bovine (ESB) qui a fait couler beaucoup d'encre au cours des années 1996-1997 dans les pays de l'Union européenne provient des farines carnées (à base de carcasses contaminées par les cerveaux des vaches malades) insuffisamment cuites consommées par les animaux. L'homme en tant que consommateur de la viande bovine risque d'être atteint de cette maladie dite de la « vache folle ».

Les plantes transgéniques - comme le maïs, le colza, la tomate ou le soja - sont modifiées par l'injection de gènes venant d'autres plantes, bactéries, champignons ou même d'animaux. Il s'agit, en fait, de ce qu'on appelle Organismes génétiquement modifiés (OGM). De telles manipulations génétiques peuvent être nuisibles pour la santé humaine. Ces OGM, figuraient-ils sur l'inventaire des fruits que Dieu avait autorisés pour la consommation au Jardin d'Eden ?[243] La réponse à cette question doit se trouver dans la Bible[244] :

> Vous observerez mes lois.
> Tu n'accoupleras point des bestiaux de deux espèces différentes ;
> tu n'ensemenceras point ton champ de deux espèces de semences ...

Or, il en est autrement dans la société technicienne pour des raisons liées au productivisme et à la rationalité. L'objectif est d'obtenir la qualité la meilleure, semblable au vin que le jeune Jésus produisit lorsqu'il accompagnait sa mère aux noces de Cana[245].

Mais, dans cette course à la production, on assiste à la disparition de certaines belles races d'oiseaux ou de papillons qui, à force de butiner du pollen déjà empoisonné par des produits chimiques, meurent. On assiste également à la stérilisation progressive de la terre arable du fait des quantités de nitrates et herbicides qui y sont versées chaque année. Car, le laboratoire installe ses bases à l'intérieur même des champs et fermes, où le paysan champêtre est remplacé par un laborantin agronome pendant qu'un généticien vétérinaire a relayé l'éleveur de volailles et l'ancien pâtre.

---

243 Genèse 2 : 8-9.
244 Lévitique 19 : 19.
245 Jean 2 : 1-11.

Quoi qu'il en soit, l'avancée de la recherche fondamentale est loin d'être suffisante pour que l'on puisse se livrer à n'importe quelle manipulation sur le génome. Plus bas, j'insisterai sur cette question pour montrer comment les dissonances et dysharmonies qui résultent de ces pratiques peuvent déboucher sur de graves déséquilibres.

5. De l'art à l'esthétique

Dans le système naturel, l'art était une technique faite d'images et des symboles. Par la reproduction des images, il était invariant de la condition humaine qu'il représentait sous des formes plastique et sculpturale. Taillés en symboles, les objets artistiques prenaient une connotation extra-artistique.

Dans l'ordre naturel, l'art ne pouvait pas seulement servir au symbolique, il répondait également au critère de beauté en tant que besoin naturel. La scarification, les tatouages et les parures, par exemple, s'inscrivaient dans cette logique. Ils servaient à l'harmonisation de la beauté du corps. Michel Cazenave s'est donné la peine de remonter à l'origine latine du mot art qui se serait ensuite perdue, estimant qu'il descend d'une racine primitive, *ar*, qui signifie « mettre ensemble, ajuster » (mettre ensemble de la juste façon)[246]. Du fait que l'on mette ensemble comme il le faut, selon ce philosophe, on crée en droite raison. D'où l'harmonie qui dérive d'une réalité, d'un objet, et qui fait désigner le mot art par l'accord - particulièrement en musique lorsque plusieurs notes s'accordent, s'ajustent, se rassemblent selon leur bonne mesure, mais non selon une mesure excessive.

Aujourd'hui, nous assistons à la souffrance de l'art, à son abandon quasi-total par la société, à sa dénaturation et à sa perversion par des intérêts allogènes et illégitimes. Et Régis Debray d'écrire : « le musée a délesté les images sacrées de leurs fonctions cultuelles[247] ». Or, le musée relève du domaine de la Technique. Le Musée du Louvre en France en est une illustration parlante.

En réalité, le Musée du Louvre présente une beauté faite, non pas pour conserver les œuvres d'un Michel-Ange, d'un Picasso ou d'un Matisse, mais pour bien commémorer François Mitterrand. Ce musée combine seulement l'esthétique, c'est-à-dire le *design*, à la technologie

---

[246] Michel CAZENAVE, *La science et les figures de l'âme*, Paris, éditions du Rocher, 1996, p. 264.
[247] Régis DERAY, *Vie et mort de l'image*, Paris, Gallimard, 1992, p. 206.

de pointe. Les anciens objets d'art pour lesquels il a été construit semblent n'occuper qu'une position mineure.

L'art cède ainsi définitivement la place à l'esthétique qui est elle-même un élément de la Technique. L'art n'exprime rien, il ne symbolise plus rien, comme dans les sociétés africaines, amérindiennes et asiatiques. En Occident, l'art est dépouillé de ses fonctions classiques : artistiques et extra-artistiques. Or, le domaine de l'esthétique, selon Herbert Marcuse[248], ne peut pas donner sa valeur à un principe de réalité. Il demeure non réaliste comme l'imagination qui est sa faculté mentale constitutive. Ce n'est qu'au fil du temps qu'il finisse par recouvrer son statut d'œuvre d'art. Instantanément, il n'est d'abord qu'un tape-à-l'œil au même titre que la musique et la danse.

6. De la musique et de la danse

La musique et la danse, bien qu'objets du loisir, appartiennent en réalité au domaine de l'art. L'Afrique d'aujourd'hui, alliée dans ces domaines à la société technicienne, transforme la musique qui perd le sens qu'elle avait à l'état de nature. Elle ne transporte plus l'esprit de l'homme et n'apporte aucune expression à ceux qui la reçoivent. Ces deux arts relèvent désormais du domaine des bars, *clubs* ou boîtes de nuit, appelés à susciter une ambiance technique chaleureuse. En fait, musique et danse se sont fait récupérer totalement par la Technique. Mais celles-ci l'impliquent à leur tour dans les activités dominées par l'inversion des mœurs. Dès lors, certains rythmes musicaux comme le *pop* et le *rock'n'roll*, soutenus par le développement de l'industrie musicale, ont commencé à reproduire le bruit du moteur à explosion, imprégnant une terrible nuisance dans l'environnement. Plus question du *jazz*, du *funk*, du *tango*, de la *salsa* ou de la musique afro-cubaine (*la rumba*), de la valse ou du classique... ; il n'y a pas non plus de la musique douce, du *disco* ou du *rock* expérimental allemand. Déjà vers les années 90, on assiste à l'apparition du rythme *techno*, appellation décernée comme pour reconnaître les bienfaits de la Technique dans la promotion du domaine musical. Et la variante culturelle de ce genre musical est le *rap* : moyen de diffuser des messages rythmés dans des paroles, stigmatisant le racisme et autres formes d'injustices. Ce sont les jeunes et adolescents qui s'engagent dans cette classe manifestant

[248] Herbert MARCUSE, *Eros et civilisation. Contribution à Freud*, Les éditions de Minuit, Paris, 1963, p. 153.

une obsession croissante pour le bruit. L'ironie du sort est qu'il s'agit d'une nouvelle génération montante et hédoniste qui ignore totalement la mémoire d'un Mozart ou d'un Beethoven, personnages ayant vulgarisé un genre musical qui servait de tranquillisant aux descendants d'Ariane à l'époque où la neurologie n'était pas encore développée.

On sait que la musique classique adoucit les nerfs surtout quand on se retrouve dans une solitude dépressive, mais le rythme *techno* les excite. Du néo-folklore : un nouveau genre musical qui fait dégager une danse découlant du triple mélange du *rock*, du *sex-machine* et de la gymnastique. Une nouvelle forme du folklore qui inspire la violence et qui n'a rien d'artistique en elle. Un art tout autre, seule la personne qui l'exécute sait interpréter sa propre exhibition. Il s'agit d'une culture syncrétique qui dispose de ses propres adeptes et son propre jargon. Le seul côté positif de cette nouvelle musique est dans le message humaniste qu'elle diffuse : contrairement aux *rock-éens* qui chantent l'amour sexuel et le racisme, la *techno* prône l'antiracisme et la fraternité entre les hommes. Lorsque le "rappeur" exhibe la danse *techno*[249], il se donne la forme d'un objet technique semblable à un automate. On parle de *cyberdance*, mais qui n'a rien à voir avec l'esprit robotique. Pour les amateurs, l'effet est prodigieux, fascinant. Or, la même fascination du public par la danse permit que Jean-Baptiste soit décapité dans sa prison sur l'ordre d'un responsable victime de ses propres émotions. Si la tête de Jean fut mise à prix, c'est parce que l'individu responsable avait démissionné[250]. Et Vahanian d'en surenchérir : « Pour la Technique, c'est en effet par la danse que l'homme aspire à transfigurer son corps[251] ». Toute personne qui voit son plaisir infiniment prolongé peut toujours tomber en extase, se croyant au paradis.

Dans ce milieu, il y a aussi du sexe et son corollaire... Par ailleurs, tout l'appareillage, perfectionné et sophistiqué, provient de l'industrie musicale. « Le tam-tam rend toujours le danseur orgueilleux », dit un proverbe bantou. À côté d'instruments musicaux, l'électronique produit des échantillonneurs et ordinateurs comme pour amé-

---

[249] L'expression *rappeur* vient de rap, tiré du jargon musical. Elle ne signifie pas forcément celui qui exhibe le rythme *techno*. Il existe une différence de fond : le rappeur chante en *slam* et danse en même temps, mais le *teknokrate* ne chante pas ; il danse sur base d'une musique informatisée, non vocalisée.

[250] Mathieu 14 : 6-11.

[251] G. VAHANIAN, *Dieu et l'utopie. L'Eglise et la technique*, Paris, Les Editions du CERF, 1977, p. 154.

liorer la sonorisation. La chorégraphie justifie toutes les merveilles techniques. Par contre, l'instrumentation musicale attendue produit non pas l'harmonie, mais la dissonance, un ensemble bruyant qui, à l'état normal, indispose toujours l'ouïe. Entre-temps, le *rappeur* est saisi par sa folie d'orgueil.

Plus qu'une musique, le courant *techno* influence le mode de vie des nouvelles générations. Véritable phénomène de société, il a initié un style de vie avec une tenue vestimentaire adéquate : la veste et le pantalon amples, la jupe cache-sexe, les chaussures "Nike", un parler propre avec des rimes spéciales décodées sous un langage baptisé " *slam*".

Les *rappeurs* comme les *teknokrates* partagent une même culture : *le hip hop*[252]. Il existe à côté d'eux une association d'extrémistes qui se retranchent beaucoup plus dans la toxicomanie. Ils côtoient des dealers et se réunissent en groupes dans d'improbables hangars vaguement désaffectés, situés dans les banlieues de grandes mégalopoles pour échapper aux agents de l'ordre. Décimés par les aléas de la vie (prison, exclusion familiale, déscolarisation, accident de voiture, etc.), les *teknokrates* se retrouvent surtout pour célébrer le retour des temps *teknivales* (beau temps)[253]. Ceux-ci exécutent un sérieux virage *techno* à leur façon bruyante, bien qu'ils aient finalement réussi à séduire le milieu sociopolitique dans sa partie majeure en obtenant, par un décret, que la *techno-parade* fasse office de carnaval.

Généralement, la musique se définit comme l'art de combiner les sons d'une manière agréable à l'oreille. On parle de concert, mais tous les danseurs en état de convulsion, deviennent des possédés présomptifs, à cause de leurs mouvements discordants faisant transpirer excessivement leurs corps. Le paradoxe encore étonnant est qu'en temps de paix, les *teknokrates* pratiquent une danse recommandée en temps de guerre : une danse guerrière dont Platon fait parler dans *Les lois*[254]. La danse pyrrhique selon les propres termes de Platon, « celle

[252] A ce sujet, on peut lire Stéphane TESSIER, *Langage et culture des enfants de la rue*, Paris, Karthala, 1995, 143 pages; et Hugues BAZIN, *La culture hip hop*, Paris, Desclee de Brouwer, Paris, 1995, 305 pages.

[253] D'année en année, on remarque que les jeunes du monde occidental inventent de nouvelles façons de s'éclater. A l'aide des réseaux sociaux (facebook, twiter, linkedln, wikileaks, etc.), ils organisent des manifestations débordantes (projet X, skin party...) où la drogue circule, où les adolescents alcoolisés s'adonnent librement au sexe !

[254] PLATON, *Les lois*, VII-X (814a-815a), *Œuvres complètes*, tome XII, 1ère partie, Paris, Les Belles Lettres, 1956, p. 50.

qui imite les mouvements qu'on fait pour éviter les coups portés de près ou de loin, se jeter de côté, reculer, sauter en hauteur, se baisser[255] ». Platon d'ajouter que cette danse « imite également les mouvements qui portent aux attitudes offensives et essaient d'imiter le jeu de l'arc ou du javelot, ou le geste d'asséner de près n'importe quel coup[256] ». Dans la pensée de Platon, une telle danse perd son sens en période de paix où ne peut être exhibée que la danse pacifique, celle que manifestent les mouvements les plus beaux du corps.

Dans tout cela, l'ironie du sort est telle que la *techno*, qui relève des domaines des jeux et du loisir, a été développé par les adolescents issus du mélanisme, un type racial presqu'absent dans l'histoire des sciences et techniques modernes par le simple fait qu'un élément de son ascendance n'a servi à inventer ni la roue ni le clou, ni la poudre ni la boussole. L'homme noir réduit la danse et la musique aux simples expressions corporelles, raison pour laquelle le pouvoir politique s'y mêle pour multiplier des stratégies politiques.

7. Du loisir et des jeux

L'une des grandes manifestations du loisir est le jeu. J'ai déjà montré précédemment que les jeux existent depuis l'apparition de l'homme sur la Terre. Dans les sociétés traditionnelles, les jeux étaient organisés pour agrémenter les réunions faites à l'occasion de telle ou telle saison. Le jeu était aussi considéré comme un simple divertissement récréatif marquant la fin d'un travail puissamment exercé.

Pour mettre en pratique la théorie malthusienne, l'homme occidental a été convaincu que s'adonner au loisir constituait l'un des moyens les plus efficaces pour respecter les naissances désirables. Mais, la Technique récupéra cette conviction pour placer les jeux et loisirs dans son giron. Dès lors, l'industrie du loisir commença à progresser. Le système technicien s'engagea alors à trouver les compensations pour l'homme dans le loisir et des facilités dans l'automatisme[257]. Selon Jacques Ellul, le loisir devient un phénomène compensatoire de la progression automatique[258]. « L'homme, écrit-il, privé du pouvoir

---

255 *Idem.*
256 *Idem.*
257 Jacques ELLUL, *op. cit.*, 1977, p. 273.
258 *Idem.*

de décision dans ce domaine, a besoin d'une récupération totale en contrepartie[259] ».

Dans la société technicienne, le loisir n'est plus fondé sur une quelconque raison de divertissement. Il conduit l'homme à un besoin de lucre exacerbé. Les *casinos* ressemblent désormais aux marchés des valeurs mobilières. Les jeux de hasard croissent en nombre et permettent aux hommes de gagner des sommes d'argent colossales sans aucun travail. Les *clubs* de sport sont désormais cotés en bourse. Les entreprises privées surgissent en nombre, investissent et se font la concurrence. La Technique tient toujours sa logistique et supervise la maintenance. L'État subventionne l'organisation des jeux, des festivals du cinéma. On ignore que le cinéma est une excellente école de l'érotisme et de la violence, mais on décerne des *palmes d'or*, des *oscars* et des *césars* aux *stars* de Hollywood et aux réalisateurs. S'il existait un moyen éducatif contre l'éducation des enfants, le cinéma en serait une illustration ; à plus forte raison, son ascendante - la photo - et son acquéreur - la télévision -, jouent régulièrement ce rôle d'anti-maître qui défie le *tabou* qu'il brise pendant qu'il détruit les mœurs et corrompt les âmes. Que l'on nous présente le cinéma comme un idéal est encore une des folies de notre époque et révèle notre profond désarroi.

Grâce à la civilisation de l'image et à l'informatique, les hommes trouvent la possibilité de parier à distance et attendre les résultats. Des bourgeoisies naissent sans héritages. Nous pouvons alors nous demander où se trouve l'aspect ludique de tout cela. Et Ellul de répondre : « Ces jeux, tous, n'ont plus rien de commun avec les jeux ancestraux. Ils n'ont plus rien de ludique, ni rêve, ni amusement. Ils sont avant tout commerciaux, produits par un lourd appareillage technique, présentant des situations factices et codées (et non pas expression de l'instinct ludique)[260] ».

Le jeu est devenu surtout un instrument de politique internationale. Certains Etats y fondent essentiellement leur esprit de puissance. L'organisation des jeux olympiques, des grandes compétitions sportives régionales ou mondiales, par exemple, nécessite une importante infrastructure et des moyens techniques performants. Or, leur objectif n'est même pas essentiellement lié à la promotion de l'éducation physique, comme ce fut chez les anciens Grecs, mais tourné vers le spectacle, le prestige, le tourisme et le gain.

---

[259] *Idem.*
[260] Jacques ELLUL, *op. cit.,* 1988, p. 425.

Le sport, qui, jadis faisait partie des activités ludiques devient lui-même un élément de la Technique. Les sportifs cessent d'être les meneurs des jeux. Ils se considèrent désormais comme des techniciens qui tendent à porter à la perfection le côté mécanique de leur activité. Le besoin de lucre est leur motivation première. En conséquence, ils sont conduits au professionnalisme, affirme Ellul[261]. Ils s'y engagent « pour obtenir une couronne corruptible[262] ». Les entreprises capitalistes s'en mêlent pour faire leur publicité et obtenir des promotions. Ainsi disparaît le sens ludique du sport - sans but lucratif - bien que la mentalité sportive demeure. Et dans tout cela, le paradoxe est que le développement de cette mentalité, facteur de massification, de souplesse et de discipline, coïncide avec une civilisation aussi bien conformiste que totalitaire.

8. De la publicité à la propagande

La publicité est l'une des réalités du monde moderne qui jouerait un rôle médiatique important. Dans ses analyses, Ellul montre qu'elle est « une action psychologique qui se veut fondée sur une science[263] ». Pour ma part, je précise qu'elle intéresse à la fois la psychologie, la sociologie et l'économie.

En économie, la publicité constitue un moyen indispensable utilisée par l'entreprise capitaliste pour assurer sa promotion. C'est ce qu'on appelle vulgairement : *Marketing*. Et dans son livre *L'utopie ou la mort*, René Dumont écrit déjà : « La publicité constitue un pilier de base, une assise fondamentale pour notre économie de profit : laquelle exige, pour prospérer, ou même simplement se maintenir, une expansion constante, indéfinie, de la consommation[264] ». Ainsi, la publicité peut être considérée comme un investissement à moyen et long termes. On retrouve toujours son compte libellé dans tous les grands livres commerciaux des entreprises.

Sur le plan sociologique, la publicité intervient après le *Marketing*. Son importance est fonction de la localisation de l'entreprise. C'est dans ce sens que l'entreprise Peugeot, par exemple, accentue plus sa publicité à l'étranger qu'en France.

---

[261] Jacques ELLUL, *op. cit.*, 1988, p. 429.
[262] 1 Corinthiens 9 : 24-27.
[263] Jacques ELLUL, *op. cit.*, 1988, p. 409.
[264] René DUMONT, *L'utopie ou la mort*, Paris, Editions du Seuil, 1973, p. 68.

Sur le plan psychologique, il s'agit d'un conditionnement de l'action pour faire connaître les qualités d'un produit donné sur un nouveau marché. Les publicitaires investissent des moyens très importants à cette fin sans tenir compte du degré de risque escomptable. L'objectif principal, c'est de pouvoir acquérir l'acheteur en faveur du produit pour lequel est faite la publicité.

Dans la société technicienne, la publicité cesse d'être un moyen dont se servent les entreprises. Elle devient elle-même une entreprise et se fait adopter par la Technique dont elle est l'avatar. Elle finance des entreprises et en crée d'autres. Nul n'ignore que les chaînes de télévision françaises ou américaines vivent de la publicité. Or c'est par ces moyens audio-visuels que l'État et les groupes de pression mènent leurs propagandes. Ceux-ci se trempent tous dans la complicité de la publicité devenue le moteur du système technicien et le dictateur invisible de la société technicienne[265].

Quand l'État commence à utiliser les méthodes publicitaires au niveau national ou international, il accède à la propagande. Mais, contrairement à la publicité, fondée sur le principe de libre choix, la propagande impose son choix à celui qui la subit. Elle ne répond pas à un besoin, à une demande de la part de ceux qui la subissent, comme l'ont estimé Michel Hourcade et Jean-Pierre Jézéquel, deux anciens élèves de l'Institut d'Etudes Politiques de Bordeaux[266]. Elle est l'expression de la dictature et s'interprète assurément comme un rapport univoque des méchants manipulateurs intoxiquant une foule de victimes innocentes. Car, par la propagande, l'homme est mal informé.

L'homme devient la proie idéale de la propagande dans la société technicienne. On lui apprend que la Technique est son seul salut. Celle-ci l'a déjà détourné de sa culture ontologique pour lui en imposer une nouvelle. Le comportement de l'homme change alors, car il a accédé à de nouveaux acquis culturels.

---

[265] Jacques ELLUL, *op. cit.*, 1988, p. 412.

[266] Michel HOURCADE et Jean-Pierre JEZEQUEL, Les enseignements subversifs de Jacques Ellul, *Etudes*, mars 1996, p. 372.

III. LES RECETTES CULTURELLES EN « ISME ».

La révolution technicienne se démarque assez considérablement de ce que l'on appelle souvent révolution technologique, caractérisée par l'apparition des techniques de pointe. Souligner ses acquis dans la nouvelle civilisation, c'est évoquer la question de recettes psychoculturelles assimilées par la société sous forme d'idéologies. Autrement dit, la révolution technicienne est globale tandis que la révolution technologique est simplement sociotechnique. Etant de nature culturelle, la révolution technicienne transforme le comportement de l'homme et du groupe auquel il appartient.

« Le suffixe en "isme", écrit Gilbert Hottois, est l'indice qu'une science a été absolutisée et qu'elle prétend répondre aux questions les plus fondamentales[267] ». L'assimilation accrue de la culture technicienne suscite de nouveaux types de comportement qui remettent en cause l'immanence naturelle et dégagent d'autres postulats philosophiques qui s'imposent. Ces comportements se manifestent sous différentes formes : l'hédonisme, l'eugénisme, l'agnosticisme et le sécularisme.

1. Hédonisme

Les encyclopédies définissent généralement l'hédonisme comme une théorie qui place la recherche du plaisir au-dessus des autres valeurs. Elle fait toujours appel à la question de morale et de conscience (individuelle ou collective). Dans la société technicienne, la morale traditionnelle est remplacée par la psychologie, la conscience par l'anxiété. Dans cette société, l'hédonisme constitue le pavement de ce que j'ai appelé précédemment « vertu technicienne ». C'est une doctrine qui privilègie le moyen le plus efficace capable de promouvoir la Technique. Elle crée la thérapie de joie dans la mesure où elle pousse l'homme à s'observer soi-même et exige de lui qu'il réoriente sa vie.

Par hédonisme, l'homme apprend le désir du bien-être matériel. La thérapie de joie : son objectif est de libérer l'individu de ses inhibitions et de ses contraintes afin qu'il puisse exprimer plus facilement ses impulsions et ses sentiments. L'époque hédoniste est donc marquée

[267] Gilbert HOTTOIS, *Pour une éthique dans l'univers technicien*, Editions de l'Université de Bruxelles, 1984, p.14.

par les invocations faites à la Technique pour s'affranchir complètement de ces restrictions et contraintes. Elle se matérialise par la montée en flèche les NTIC[268], qui, pour l'homme, constituent l'aboutissement d'une longue marche vers sa libération. Or, en réalité, il ne s'agit que d'une libération dans la dépendance.

Certes, le système sociotechnique actuel dégage l'homme de ce qui pesait sur lui. Ce dernier se sent exempt de toutes ses difficultés quotidiennes. La Technique-dieu est seul son soutien qui l'aide à tout résoudre. Ne pouvons-nous pas aujourd'hui rapprocher la puissance du bâton de Moïse qui fit séparer les eaux de la Mer rouge aux rayons d'un minuscule appareil de télécommande qui ouvre les portails à distance ?

2. Eugénisme

Avant d'être une praxis, l'eugénisme est d'abord une philosophie fondée sur la différence entre les races. On part du principe selon lequel il existe au sein de l'humanité des races pures qu'il convient de sauvegarder et des races impures qu'il faut supprimer. Cette philosophie avait trouvé son application dans le système Nazi, avant la Deuxième Guerre mondiale.

En Afrique, quelle que soit la laideur de l'enfant, sa mère le dorlote, car dans l'imaginaire populaire, l'enfant nouveau-né représente un don de la Nature, l'avatar d'un ancêtre présomptif. Avec le développement des biotechnologies pendant la deuxième moitié du 20e siècle, le risque de l'eugénisme réapparaît dans le domaine de génie génétique. De curative et préventive qu'elle était, la médecine devient prédictive. Le progrès obtenu dans la maîtrise du vivant met en cause les mythes de la vie humaine. L'être humain devient alors *faber hominis*, une marque de fabrique en laboratoire. Grâce à la FIVETE, en partant du procédé de diagnostic préimplantatoire (DPI), le marché des « bébés-éprouvette » s'installe dans le monde technicien. Le mécanisme revient à procéder à des tris d'embryons, à les mettre en concurrence et à retenir le meilleur, avant réimplantation. Nombreux sont les embryons qui restent congelés susceptibles d'être proposés aux couples qui en feraient la demande[269].

---

[268] Nouvelles technologies de l'information et de la communication.

[269] Sur ce sujet, on peut lire un ouvrage collectif intitulé *Objectif bébé. Une nouvelle science : la babélogie*, dirigé par Geneviève DELAISIE de PARSEVAL et Jacqueline BIGEARGEAL, Paris, Autrement, 1985, 283 pages.

De même, à partir du diagnostic prénatal (DPN), un couple dispose du libre choix de sauvegarder ou détruire le fœtus humain. L'interruption volontaire de la grossesse (IVG) est aussi un défi à l'ordre naturel d'autant plus que la pratique en soi remet en question le mythe même de la vie humaine et suscite un nouveau débat aussi bien sur la définition de la vie que sur le statut juridique de l'embryon humain.

Dans cette société, on croit aisément que tous ces progrès cumulés dans ce domaine du génie génétique déboucheront sur une véritable amélioration de l'espèce humaine, qui n'aura rien de commun avec les délires du nazisme, fondés sur la barbarie. D'aucuns affirmeraient déjà que l'eugénique serait une science corrective de la vie humaine qui dépasserait toutes les capacités créatrices de Dieu. Or, une telle considération ne peut que faire basculer toute la société dans l'agnosticisme.

3. Agnosticisme

Par agnosticisme, entendons la théorie qui relègue Dieu, et en général les affirmations métaphysiques, dans l'ordre de l'inconnaissable. À en croire à Roland Mortier[270], ce mot ne connut son apparition qu'en 1884, dans un ouvrage de Jules Claretie sur l'*Histoire de la guerre de 1870-1871.* Ainsi, Mortier explique que l'attitude que ce mot exprime était certainement plus ancienne, mais elle se manifestait sous d'autres formes, comme le fidéisme (qui juge la croyance en Dieu non justifiable par la raison) ou le scepticisme[271].

Mais, si l'on se reporte au Concile du Vatican, comme le fait Pierre Colin[272], l'agnosticisme n'est autre chose que le refus d'attribuer à la raison humaine une véritable connaissance de Dieu, cette connaissance intellectuelle sur laquelle reposent la religion naturelle, les motifs de crédibilité, la révélation extérieure.

Le rapport à la Bible s'est transformé, un triage rétrospectif s'est opéré. Certaines thèses sont aujourd'hui communément reçues, tandis que d'autres sont reléguées dans un passé révolu. Les récits bi-

---

270 Roland MORTIER, L'athéisme en France au XVIIIème siècle : Progrès et résistances, Jacques MARX, *Problèmes d'histoire du christianisme : Athéisme et Agnosticisme*, Editions de l'Université de Bruxelles, 1986, p. 61.

271 *Idem.*

272 Pierre COLIN, Le Kantisme dans la crise moderniste, *Le modernisme*, Paris, Editions Beauchesne, 1980, p. 28.

bliques ne servent plus ni d'inspiration ni pour application, mais sont plutôt sujet à imitation dans le but de relever le défi. Je crois l'avoir explicité plus haut, selon le mode analogique. La société technicienne y recourt non pas avec l'objectif de transformer l'esprit humain en esprit divin, mais pour installer son paradis terrestre, où l'on ne trouve ni souffrance ni misère, et pour mettre en place une génération de clones et d'hommes matériellement parfaits.

La Technique s'engage ainsi à liquider toutes les contraintes endurées par l'homme depuis son existence en tant qu'être vivant (maladie, naissance, etc.). C'est un engagement qui semble se concrétiser depuis l'avènement de la biologie moléculaire, dont l'action la plus remarquable s'exprime par la maîtrise de techniques génétiques.

Dans la société technicienne, l'individu se sent à l'aise et croit comprendre le monde compliqué qui l'entoure. Pour l'homme de l'époque agnostique, il n'existe d'autres réalités que la réalité technique. La philosophie de la mort de Dieu en dit long. L'agnosticisme en lui-même, selon sa propre logique, suscite un nihilisme qui, soustendu par le panthéisme, s'oriente vers l'athéisme. Dans le reste du monde, en Afrique noire par exemple, le spiritualisme a considérablement perdu son sens depuis que de nouvelles religions dites de réveil se font remarquer par de nombreuses supercheries et autres pratiques mercantiles.

4. Nihilisme

Les encyclopédistes affirment que le mot de nihilisme fut vulgarisé dans la philosophie de Nietzsche et sa signification a été donnée de façon systématique par Heidegger. L'idée serait venue non du poème de Zarathoustra, mais dans *Le gai savoir*, au livre V, où Nietzsche révèle la mort de Dieu, considérée comme le plus grand des événements de l'époque contemporaine[273]. Dans ce remarquable ouvrage publié en août 1882, Nietzsche écrit[274] :

> Le plus grand événement récent - à savoir que « Dieu est mort », que la croyance au Dieu chrétien est tombée en discrédit - commence dès maintenant à étendre son ombre sur l'Europe. Aux quelques rares, tout au moins, doués d'une suspicion assez pénétrante, d'un regard assez subtil pour ce spectacle, il semble en effet que quelque soleil vienne de décliner, que

---

[273] Jules CHAIX-RUY, *Pour connaître la pensée de Nietzsche*, Paris, Bordas, 1964, p. 86.

[274] NIETZSCHE, *Le gai savoir*, Livre V (343), Paris, Gallimard, 1982, p. 237.

quelque vieille, profonde confiance se soit retournée en doute : à ceux-là notre vieux monde doit paraître de plus vieux.

Par nihilisme, on entend une remise en question d'un ordre quel qu'il soit, une méconnaissance pure et simple de valeurs ayant préexisté. Il s'agit de l'effondrement de tout ce qui était philosophiquement ou théologiquement stable et considéré comme immuable, éternel : les valeurs, les vérités établies, la morale et le savoir. C'est une crise manifestée par l'exclamation suivante : « Dieu est mort ! », un Dieu garant absolu des valeurs, des vérités et des interdits. Or si Dieu est mort, alors tout est permis. Sur ce sujet tant commenté, Gilbert Hottois[275] ajoute que depuis peu la Nature - comme référentiel stable et immuable - est morte aussi, puisque les formes biologiques qu'elle a produites ne sont pas des formes essentielles, mais des structures évolutives et modifiables. En conséquence, estime-t-il, l'équilibre local et général de la Nature est devenu précaire.

Selon Jacqueline Russ[276], le nihilisme désigne le phénomène spirituel lié à la mort de Dieu et des idéaux suprasensibles. C'est en lui que s'origine la crise actuelle de l'éthique, précise l'auteur ; c'est en lui également qu'entrent en gestation les nouvelles valeurs de la modernité. C'est ce rapport au rien.

La pensée nihiliste saisit le grand bouleversement qui s'est opéré dans l'ordre de la Nature où la science, devenue de plus en plus technicienne, pratique et opératoire, offre toutes les possibilités - dans la recherche fondamentale - de transgresser et de manipuler le naturel jusque dans sa face cachée. Il s'agit de la fin du monde des essences, un monde jadis interprété symboliquement et spirituellement.

Dans cet univers, tous les repères ou normes de l'obligation se dissipent, les valeurs supérieures se déprécient. Hans Jonas assimile ce phénomène à ce qu'il appelle « vide éthique » qu'il fait remarquer en ces termes : « Pour commencer, ce savoir avait neutralisé la Nature sous l'angle de la valeur, ensuite ce fut le tour de l'homme. Maintenant nous frissonnons dans le dénuement d'un nihilisme, dans lequel le plus grand des pouvoirs s'accouple avec le plus grand vide...[277] ». C'est

---

[275] Gilbert HOTTOIS, Bioéthique et nihilisme. Une approche philosophique : conférence du 28 janvier 1994 à l'Université des Sciences Humaines de Strasbourg.
[276] Jacqueline RUSS, *La pensée éthique contemporaine*, Paris, PUF, 1994, p. 7.
[277] Hans JONAS, *Principe responsabilité. Une éthique pour la civilisation technologique*, Paris, CERF, 1990, p. 45.

cette dimension du problème qui sous-tend le sécularisme en tant que phénomène foncièrement enraciné dans la société technicienne.

5. Sécularisme

En réalité, le sécularisme n'est pas un phénomène nouveau. Il remonte aux temps les plus anciens. C'est une sorte d'athéisme mitigé. Hervé Savon affirme que les chrétiens des premiers siècles se servaient des termes grecs : *atheotês* pour qualifier la doctrine qui niait l'existence de Dieu, *atheoi* pour désigner les hommes qui la professaient[278]. Ils se seraient sans doute inspirés du verset de l'Epitre de Paul aux Ephésiens (2 : 12) : « Souvenez-vous que vous étiez en ce temps-là sans Christ, privés du droit de cité en Israël, étrangers aux alliances de la promesse, sans espérance et sans Dieu dans le monde ». Or en réalité, les Ephésiens n'étaient pas des "sans-dieu", ils adoraient au contraire un grand nombre de dieux, auxquels ils rendaient des sacrifices.

Le *diktat* chrétien ramène toujours au sécularisme tout ce qui s'écarte du dogme chrétien : l'existence d'un seul Dieu créateur du ciel et de la terre et la foi en Jésus-Christ. L'idolâtrie devient ainsi un redoublement d'athéisme lorsqu'une jalousie en faveur du Dieu chrétien s'impose. On sait comment furent traités les soi-disant hérétiques au Moyen Âge.

Au début des Temps Modernes, la sécularisation se fait entendre à travers un courant passionnément polémique. Sur le plan politique, le pouvoir temporel se sépare du pouvoir spirituel. Le schisme voit aussi le jour au sein de l'Église chrétienne : le Pape de Rome traite Luther d'athée, et celui-ci réciproquement. L'émergence du cartésianisme, puis celle des idées du siècle des Lumières, firent apparaître une nouvelle façon de concevoir la vérité. Ce qu'on appelle « athéisme philosophique » en est finalement la conséquence. L'hérésie commence à céder la place à l'incrédulité, racine de cette sécularisation. L'athéisme de Marx est un fait éloquent. Guy Haarscher d'écrire que dès sa thèse de doctorat consacrée à Démocrite et Epicure, Karl Marx manifesta son athéisme en ces termes : « En un mot, je hais tous les

[278] Hervé SAVON, L'athéisme jugé par les chrétiens des premiers siècles, Jacques MARX, *op. cit.*, p. 11.

dieux[279] ». Le matérialisme comme idéologie se fait alors entendre dans tous les milieux.

La pensée marxiste est fondée sur une réflexion sociologique caractéristique du monde moderne. Karl Marx avait constaté que le procédé de production de la vie matérielle conditionne dans son ensemble la forme de la vie sociale, politique et spirituelle. Il part donc du principe que la distinction entre idée et matière, c'est-à-dire entre toutes les fonctions supérieures de la société (le droit, la religion et la science), et celles qui leur sont inférieures dans la hiérarchie de l'être, se situe dans un rapport de superstructure et d'infrastructure. La superstructure ne fait que refléter le fondement réel des rapports économiques, c'est-à-dire la structure uniquement économique de la société. Si ces rapports économiques changent, les rapports spirituels doivent aussi nécessairement changer, c'est dire que doivent changer les représentations politiques, philosophiques, juridiques, morales et religieuses.

Dans sa pensée philosophique, Marx voulait montrer que ce n'est pas la conscience de l'homme qui détermine son existence, mais inversement son existence sociale détermine sa conscience. La religion n'est autre chose que l'opium du peuple. Toute vie humaine est fondée sur des biens matériels. Cette conception serait à l'origine de l'athéisme moderne : de l'humanisme affectif, de l'effort de faire de l'homme un homme. Il s'agit là de la société moderne capitaliste.

Dans la société moderne technicienne, on croit que l'homme ne peut remonter en puissance que s'il se libère de la coquille mythologique du passé et si sa pensée en sort libre de Dieu. C'est ainsi que l'être technicien sent le monde : différant en cela totalement de l'homme médiéval ou de l'homme pré-moderne, il ne s'accommode pas d'un monde qui lui préexiste, créé par Dieu et ordonné par la Nature ; il se reconnaît, au contraire, appelé à tirer définitivement du chaos naturel l'univers dont la technoscience est le nouveau seigneur. Jean Ladrière en fait d'ailleurs une remarque alarmante en écrivant : « Dans l'époque contemporaine, la religion a perdu, du moins en grande partie, son rôle culturel et social : c'est le phénomène de la sécularisation[280] ». On assiste donc au mécanisme du revers de la médaille : le religieux reçoit une note désacralisant pendant que le pro-

---

[279]Cité par Guy HAARSCHER, Réflexions sur l'athéisme chez Marx et dans le marxisme, Jacques MARX, *Ibid.*, p. 63.
[280] Jean LADRIERE, *op. cit.*, p. 103.

fane se coiffe d'une couronne sacrée. De cet amalgame, Ladrière de constater que des systèmes de pensée s'élaborent et tentent d'assumer la fonction dévolue à la religion[281]. Ils se destinent à proposer une doctrine rationnelle de la réalité absolue, capable de fournir un cadre d'interprétation fondateur à tous les secteurs de la culture et à toutes les formes de la vie sociale[282]. Ces nouveaux systèmes de pensée se doivent de concentrer leur expression dans la Technique qui, désormais, régule le monde à la place du Dieu naturel.

L'être humain, en s'attachant à la Technique au détriment de Dieu, perd le contrôle d'une liberté qu'il a voulu se donner pour former son monde. Tout lui échappe, de sa nature à son destin. La Technique joue à l'avant-plan de la scène après avoir créé une société permissive. Etant lui-même objet technique, l'homme ne sait plus évaluer la gravité du risque que son espèce encourt dans un système machiavélique caractérisé par l'usage effréné de la Technique : du nucléaire aux manipulations génétiques. Les questions cruciales de l'humanité lui échappent pour ne trouver finalement leurs solutions que sur l'hôtel de la raison technique. La civilisation technicienne que l'Occident conçoit comme modèle universel est-elle prête à faire l'unanimité ? L'Africain qui somnole en moi se met à tressaillir quand il assiste à toutes ces transformations fantasmagoriques.

281 *Idem.*
282 *Idem.*

Troisième partie

LE SYSTÈME TECHNICIEN DANS LA VISION AFRICAINE

QUESTION DE RESPONSABILITÉ

I. LES PRÉTENTIONS DE LA TECHNIQUE MODERNE

A. Défis de la science-fiction et libération de l'apprenti sorcier

1. Les anticipations de la science-fiction contemporaine

Toutes les questions résolues par des récentes performances des sciences et techniques trouvent leur origine dans les aspirations des hommes. Plusieurs décennies avant que les grandes puissances n'aient été engagées dans la conquête de la lune, le grand savant de la bande dessinée, le Belge Georges Remi connu sous le pseudonyme de Hergé, avait dans son célèbre *album Tintin* représenté une fusée alunissant. De manière humoristique, Antoine de Saint-Exupéry exhibait son *Petit prince* sillonnant toutes les planètes alors qu'il était inconcevable pour des astronautes d'atteindre la planète Mars, voisine de la Terre.

L'un des promoteurs les plus connus du roman scientifique dans le monde reste l'écrivain français Jules Verne (1828-1905). Ses nombreux récits, localisés à mi-chemin entre l'épopée et le rêve, l'amènent à explorer le temps, les espaces, les océans, avec une vision à la fois optimiste et angoissée du progrès technique. Dans tous ses récits, Verne partage, certes, les préjugés de l'époque, mais procure à son genre littéraire une place particulière à la fois parce que la technique acquiert dans son œuvre une force jubilatoire et parce qu'il a imaginé de multiples inventions, dont certaines sont devenues aujourd'hui réalité. Il y a, par exemple, dans *Les Voyages extraordinaires*[283]le sous-marin, le téléphone, les voyages interplanétaires, etc. Jules Verne n'a été indifférent à aucune des recherches techniques contemporaines et il a cherché systématiquement à en projeter les aboutissements possibles. Tout ce qui est réalisé dans l'univers de personnages de Jules Verne sera accompli[284]. Cela lui a valu une consécration de "précurseur," sous l'égide des pionniers de l'astronautique. Certains auteurs lui ont reconnu ce mérite : « Jules Verne n'a rien inventé, mais il a donné une forme cohérente aux inventions de ses pré-

[283] D'autres grands récits de Jules Verne : *Voyage au centre de la Terre, le Tour du monde en quatre-vingts jours, vingt mille lieues sous les mers...*

[284] Mais lorsque Jules Verne organise le *Voyage au centre de la Terre* pour Lidenbrock et son élève Axel, cette randonnée initiatique ne nous révèle pas un monde très exubérant, et ne dépasse pas non plus le cadre de l'excursion géologique.

décesseurs, dont il a rassemblé les thèmes en un corpus organisé, en liaison avec une certaine idéologie du progrès[285] ».

Dans *L'apprenti sorcier*, une ballade de Goethe rendue populaire par la musique et par le dessin animé, l'apprenti pense un beau jour à utiliser la puissance mystérieuse de son maître pour alléger sa tâche. Il métamorphose un manche à balai et l'envoie puiser de l'eau à sa place. Mais comme il ne sait pas l'arrêter, son esclave obéissant mais inintelligent lui en apporte tant qu'il inonde toute la maison. Heureusement, l'histoire se termine bien, car le maître arrive à la rescousse.

En Afrique, depuis des temps immémoriaux, la fiction revêt une logique négative. Porteuse de malheur, elle demeure pessimiste aussi bien en essence qu'en entendement. Au contraire, en Occident, la science-fiction est un projet au service du progrès technique, une aspiration scientifique combinée au merveilleux. Par le moyen de l'anticipation technologique, elle propose, à partir des données contemporaines des auteurs, toutes sortes d'avenir probables pour l'espèce humaine. Le défi de Frankenstein et l'exploit de Faust entrent dans ce contexte. La science-fiction fait de la technique un instrument de grande valeur lorsqu'elle atteint sa réalisation. C'est lorsque la technique devient effective que l'homme commence à s'en servir pour rendre son travail plus facile, plus productif, et parfois même plus agréable. En revanche, quand il ne la maîtrise pas suffisamment ou qu'il l'utilise mal, elle présente des conséquences négatives, parfois funestes. On trouve ainsi dans la science-fiction des futurs post-apocalyptiques, d'autres moins lugubres, mais qui constituent des signaux d'alarme face aux excès et aux exubérances de notre temps. C'est dans ce sens que Mary Shelley avait imaginé, en 1818, le récit de *Frankenstein ou le Prométhée moderne*[286], qui posait le problème des responsabilités du scientifique vis-à-vis d'un acte dont les conséquences lui échappaient. Au tableau de la situation, Frankenstein, le célèbre personnage créé par Mary Shelley, avait fabriqué un monstre androïde. À partir de là, tout un courant de la science-fiction s'emploiera ainsi, par anticipation, à radicaliser la responsabilité de la Technique.

---

[285] Gilbert HOTTOIS, *Science-fiction et fiction spéculative*, Bruxelles, Editions de l'Université de Bruxelles, 1985, p. 15.

[286] Mary W. SHELLEY, *Frankenstein ou le Prométhée moderne*, traduit de l'anglais par Joe Ceurvorst, Belgique, Marabout, 1978, 381 pages.

L'exemple de *Superman* peut également nous édifier. Il n'est pas un projet merveilleux, mais rocambolesque et émotionnel. Ce n'est pas ce surhomme que présente Nietzsche, mais un "Homme-Technique" que la science et les techniques modernes pourront sans doute mettre au point au cours de la révolution technoscientifique contemporaine : un humanoïde robotisé, capable de voler à la manière de l'oiseau et d'intervenir ou d'apporter secours en cas de besoin, mais capable aussi de détruire au point d'anéantir complètement son entourage proche ou éloigné. À l'antipode de l'*Homo Ferens* - sauvage de tous les temps et de tous les lieux[287] - *Superman* deviendra *Homo Monstruosus*, c'est-à-dire objet technique disgracié de la Nature. À ce stade, sans pouvoir parier, je suis bien persuadé que tôt ou tard, la Technique finira par annihiler sa cause fondamentale et enterrer son propre géniteur : *Homo Sapiens*, produit suprême de la Nature. La science-fiction aura alors transformé l'humanité en un macrocosme qu'habitent non pas des êtres humains, mais des automates, une sorte de race extra-terrestre.

2. La quête du réalisme technoscientifique

L'interface culturelle mettant corps à corps la création littéraire et l'invention technique devait susciter un décollage aussi rapide du domaine des sciences et techniques. Le perfectionnement progressif des nouveaux matériaux, outils et procédés ainsi que la mise au point des machines - de la plus simple à la plus complexe -, n'ont pas été moins attisés par l'histoire des réalisations de la technique, faisant appel à une amélioration du bien-être matériel et une longévité de l'individu. Dans ce cas, l'acte technique est poétique : les écrivains se sont intéressés à l'invention au point d'en faire le cœur de leurs œuvres, raison pourquoi ces œuvres restent les composantes majeures de l'histoire sociale des techniques.

On sait que l'activité technique est déjà omniprésente dans la mythologie grecque, où elle apparaît surtout comme "thaumaturgie" (art de fabriquer des prodiges). Prométhée fabrique le feu, Héphaïstos dispose de servantes artificielles, Dédale s'approprie le vol, Thésée télécommunique en binaire (voile noire/voile blanche). Mais ce ne sont que des histoires d'échec et de punition pour nourrir la pensée

[287] N. ALBESSARD, *D'où vient l'humanité ?*, Paris, Encyclopédie Planète, 1969, p. 308.

technologique des fantasmes. Par un souci pédagogique, il fallait montrer que le danger de démesure guettait la prouesse dans la société grecque, puisqu'elle arrachait l'homme à sa condition naturelle. C'est la littérature de l'âge classique qui prend vraiment en compte l'histoire du changement technique et s'interroge sur ses ressorts. Sur ce point, j'ai évoqué l'école d'Alexandrie et les prémonitions de la Renaissance.

Sur le plan pratique, cependant, l'acte technique est souvent téléologique : il consiste à ordonner rationnellement des moyens pour atteindre un but. A mesure que l'homme améliore ses techniques, l'extension de son savoir lui montre paradoxalement à quel point ses connaissances sont limitées. Dans le domaine de matériaux, l'homme traditionnel se contentait de ses silex et de ses radeaux, qui lui permettaient de répondre à ses besoins vitaux. Plus tard, il fallait attendre des exigences toujours plus importantes des ingénieurs modernes pour voir s'amorcer la recherche du matériel convenable : le progrès technique.

A partir de ce stade d'évolution, les liens qui se sont resserrés entre la science et la technique ne cessent de se consolider après leur compénétration virtuelle. La technique, la science et la technoscience forment une *troïka* technicienne qui s'installe et s'affermit de plus en plus pour devenir plus tard une « Sainte trinité technicienne ». La recherche scientifique et technique progressivement politisée se solidarise du processus d'industrialisation. Le plus grand changement a d'abord eu lieu sur ce point dans le système de la recherche : ce fut la création d'institutions publiques et privées organisées pour promouvoir l'arsenal des techniques, engendrer des nouvelles techniques sinon des technologies[288]. Cela à la manière dont, au 19e siècle, de nouvelles institutions avaient été également créées pour la production et la commercialisation à grande échelle des biens et des services.

Du même coup, ce n'est pas seulement la dimension des systèmes techniques qui va changer, mais aussi la rationalité avec la-

---

[288] L'emploi généralisé du terme "technologie" est facilité par l'influence des auteurs anglo-saxons pour lesquels *technology* signifie technique (art de faire, codification d'une pratique en fonction d'un résultat). En linguistique française, technologie correspond à la théorisation de la pratique technique. Mais dans le discours scientifique français comme dans le langage courant, ce terme de technologie paraît plus noble, plus chargé de sciences appliquées, plus avancé que le substantif "technique". Pour notre part, nous ne l'emploierons que sporadiquement dans le cadre de cette étude en tâchant d'ébaucher implicitement sa redéfinition, d'abord en tant que discours sur les conditions techniques, ensuite comme science de l'homme et de l'organisation sociale.

quelle les techniques sont conçues, ainsi que la rapidité avec laquelle ces techniques nouvelles sont diffusées sur le marché : un marché réellement élargi à la dimension de l'économie-monde[289]. La technique devenue constamment améliorée, perfectionnée, bien régulée - grâce à la recherche scientifique sans cesse motivée - est donc vraiment un nouvel horizon pour l'homme, un moyen de résoudre l'intégralité de ses problèmes, à plus forte raison ceux que la technique traditionnelle n'a pu résoudre. Dans leur ouvrage, Fourastié et Laleuf[290] donnent l'anecdote selon laquelle le 5 juin 1783, Montgolfier fait s'élever à Annonay son premier aérostat. À Paris, soulignent-ils, l'attitude traditionnelle consista ou à ne pas le croire, ou à y voir une manifestation de puissance occulte. Quelques jours plus tard, la vieille maréchale de Villeroy, qui avait refusé d'y croire, vit le ballon s'envoler dans la cour des Tuileries : « Ah ! Je le vois bien, dit-elle, ils trouveront le moyen de ne pas mourir, mais ce sera quand je serai morte ». L'apprenti sorcier, sorti de son mythe, s'engageait avec force dans la recherche des solutions aux problèmes de la société.

3. Le spectacle du changement technique

Aujourd'hui, nul ne peut mettre en doute le fait que l'amélioration de la qualité de la vie passe par des connaissances technoscientifiques. D'aucun croiraient peut-être que le médecin ne recourt à la technique qu'au moment où il utilise sa voiture ou son stéthoscope, que seul le tracteur de l'agriculteur est un fruit de la technique. Plus que la technique traditionnelle, la technique moderne occupe une place capitale à tous égards, en prévenant la famine, en combattant la maladie et en prolongeant la durée de la vie humaine. Tracer le chemin sous le rocher, détruire le « Temple de Jérusalem » en un seul jour et le reconstruire dans trois jours, marcher sur l'eau ou habiter sous la mer, voler avec les ailes de cire comme Icare, etc., sont autant d'énigmes que la technoscience se montre capable de résoudre.

Dans certaines parties du monde, la production agricole d'une zone cultivée a été multipliée de 20 à 30 fois, grâce à l'introduction de semences améliorées, de fertilisants et autres produits chimiques. L'accroissement énorme des rendements agricoles permet de couvrir

---

[289] Jean-Jacques SALOMON, *Le destin technologique*, Paris, Gallimard, 1992, p. 214.

[290] J. FOURASTIE et A. LALEUF, *Révolution à l'Ouest*, Paris, PUF, 1957, p. 79.

les besoins alimentaires de la race humaine, sauvée de la disette. Dans les pays équipés où des moyens de production sont beaucoup plus performants, les produits agricoles inondent les marchés et remplissent les banques alimentaires. Toutefois, le sol ne se repose jamais à défaut de jachères.

L'élimination des maladies les plus redoutables, l'apparition de certains produits pharmaceutiques et des thérapies les plus efficaces, sont obtenus grâce à l'intensification de la recherche scientifique. Aucune branche de la technique n'est sans doute humainement plus intéressante que la pharmacologie, bien qu'elle ne soit qu'une longue suite inlassable de recherches et d'essais. L'importance accordée aujourd'hui à la recherche thérapeutique contre le Sida peut bien confirmer ce constat.

L'histoire de l'humanité enseigne que les hommes, quel que soit leur degré de civilisation, ont toujours cherché à vaincre des maladies et autres épidémies qui les attaquent dans leurs milieux respectifs. La lutte que mène aujourd'hui la communauté scientifique internationale du secteur biomédical contre le virus du Sida, épidémie redoutablement répandue dans le monde et la plus meurtrière des 20e et 21e siècles, prouve combien la médecine préoccupe par toutes les énergies technoscientifiques mobilisées à cet effet.

La médecine a déjà éradiqué à travers le monde plusieurs épidémies dont la peste, et soulage continuellement l'homme des agressions contre sa santé. Les efforts déployés en thérapie des maladies cardio-vasculaires et de certains cancers ont déjà fourni des résultats bénéfiques et encourageants. La réduction du taux de mortalité dans le monde par l'essor de la médecine est aussi très remarquable. Désormais, les causes de certaines maladies génétiques jusqu'à présent terrifiantes peuvent être identifiées et localisées par la médecine prédictive. Le pari est tenu, l'établissement de la carte du génome humain est devenu réalité : il s'agit de la localisation sur le ruban d'ADN blotti dans le noyau de chacune des cellules, chacun de quelques cent mille gènes (fragments d'hérédité) qui portent le programme du genre humain. En effet, par l'étude de la fonction et des altérations de chacun de ces gènes, les chercheurs progressent dans l'identification des gènes responsables des maladies génétiques, dont les myopathies, les maladies de l'hémoglobine, l'épilepsie et les diabètes. A partir de l'étude des structures et fonctions des gènes, donc, on parvient à situer le gène responsable de telle affection, puis explorer des voies thérapeutiques susceptibles d'occasionner la mise au point des médicaments traitants.

Généralement, la technique moderne rencontre moins de difficultés lorsqu'elle porte sur des objets de fabrication humaine que sur les organismes vivants, en dépit des efforts effectués récemment dans le domaine des biotechnologies où les scientifiques sont sérieusement confrontés au problème épineux des coûts. Dans d'innombrables domaines, la technoscience n'a pas seulement produit de nouvelles améliorations, objets premiers des recherches, mais elle a également permis une réduction considérable des coûts.

Les transports et les communications figurent parmi les formes les plus directement visibles de la technique moderne et parmi les plus heureuses. Dans le cas de la voiture familiale, le succès n'a été que partiel ; de nos jours, ce type d'automobile est répandu presque partout à la surface du globe, mais le chemin parcouru reste peu sensible : une voiture ne consomme guère moins le pétrole, et ne peut pas transporter des charges supérieures ou voyager plus rapidement, car son propriétaire souhaite rarement transporter davantage et la vitesse est bien souvent limitée pour raison de sécurité. D'autre part, le chemin de fer a permis progressivement le transport de chargements plus lourds à des vitesses toujours plus élevées, et l'objectif ayant été atteint sur les réseaux existants, il est resté viable en dépit de l'apparition de nouveaux systèmes sur rails, qui nécessitent des investissements très importants. On trouve également de gros véhicules routiers longs courriers, qui, aujourd'hui ne concurrencent pas moins le train en matière de transport des biens. De même, les navires et les avions ont pu enregistrer des progrès considérables en accroissant leurs dimensions et leur vitesse, plus que les autres moyens de transport. Ceci leur a permis d'obtenir la plus grande part des bénéfices provenant de l'accroissement énorme du trafic à prix réduits.

Parallèlement aux progrès sans précédent concernant la vitesse et la capacité de transport, on a pu aussi accomplir de réels progrès dans les domaines de la sécurité et de la fiabilité : grâce à différents systèmes électroniques, il est maintenant possible de percer le brouillard et l'obscurité, de donner une lecture exacte et instantanée de la position d'un appareil ou d'un bâtiment, de tenir compte du trafic maritime ou aérien et de maintenir, quelles que soient les conditions atmosphériques, toutes les fonctions de contrôle et de communication. Actuellement, en ce qui concerne le trafic routier, l' « apprenti sorcier » en est aux autoroutes superposées, aux carrefours à feux de signalisation et aux échangeurs en trèfle, pour éviter les risques d'accidents ou d'embouteillages.

Les techniques de navigation sont telles que l'homme peut se déplacer avec un maximum de précision (comme un poisson) dans les profondeurs des océans jadis considérés comme monde des esprits, survoler dans les airs en toute sécurité à des vitesses supersoniques et dans l'obscurité, les reliefs les plus accidentés (à la manière d'une chauve-souris), et voyager dans l'espace pour se poser en un point précis de la lune ou d'une autre planète (comme l'ange de Dieu). Les télécommunications ont permis de réduire les coûts, tout en accroissant la capacité de traitement du trafic. Les satellites de communication relaient les messages téléphoniques, les programmes télévisés et les émissions radiodiffusées, reliant ainsi les régions les plus éloignées du globe. L'ensemble de ces performances techniques, surtout celles qui résultent de la récente maîtrise de l'électronique et de l'informatique, marque considérablement l'époque de la révolution technoscientifique qui caractérise notre monde d'aujourd'hui.

A. La révolution technoscientifique et son impact dans la société contemporaine

1. Nouvelle donne "technologique" : les réseaux sociotechniques

De nos jours, l'action de la technique moderne se présente de telle façon qu'elle finit par exercer une influence considérable sur l'homme, principalement sur sa façon de penser et sur son mode de vie : une influence telle qu'elle cessera bientôt d'être la servante de l'homme pour devenir sa maîtresse.

A peine sortie de son traditionalisme, la technique subit des modifications et des métamorphoses. Celle qu'a connu le 19e siècle se dégraisse régulièrement et se miniaturise. En plus, les techniques contemporaines sont, à double titre, complexes : parce qu'elles dépendent de connaissances et d'instruments scientifiques de plus en plus sophistiqués et parce qu'elles supposent, pour fonctionner, un tissu organisationnel lui-même beaucoup plus complexe. Ici, il convient de parler des réseaux techniques et non pas des techniques isolées. Car comme le montre Jean-Jacques Salomon[291], acheter une voiture, tourner le bouton électrique, téléphoner ou utiliser un ordinateur, c'est se placer dans un réseau de relations sociotechniques où interviennent des fac-

[291] Jean-Jacques SALOMON, *op. cit.*, p. 215.

teurs d'approvisionnement, d'entretien, de maintenance, d'assurance, etc., en l'absence duquel l'utilisation même du produit technique serait impossible. Et plus le réseau sociotechnique est complexe, plus l'organisation sociale est vulnérable au blocage d'un seul des éléments du système.

On trouve un excellent exemple avec l'automobile. Il n'y a pas de doute que celle-ci a procuré de nombreux bienfaits à la société en général. Cependant, nul ne niera qu'elle a aussi eu de tristes effets : la pollution de l'air et le bruit causent beaucoup de nuisances ; les décès et blessures provoqués par des accidents, souvent à cause de l'imprudence des conducteurs. Le moins que l'on puisse dire, c'est que cette innovation technique ne présente pas que des avantages surtout lorsqu'on sait que l'on est plus en sécurité à cheval qu'en voiture.

Toutefois, les conséquences de la technique vont beaucoup plus loin. En effet, celle-ci est si répandue dans le monde moderne qu'elle ne change pas seulement la manière de vivre des hommes et leur façon de travailler, mais aussi leurs valeurs, la façon dont l'*ego* considère sa personne et la société dont il est membre à part entière. D'où cette question : l'homme a-t-il su employer la nouvelle donne technique pour son bien ou l'a-t-il laissé régir son mode de vie à son détriment ? En tout cas, sans l'ombre d'un doute, la société contemporaine a incontestablement bénéficié du progrès des sciences et techniques. Dans les nations développées comme dans les pays en voie de développement, la technique a eu une foule d'heureuses conséquences matérielles dans la quasi-totalité des domaines de la vie.

Depuis la deuxième moitié du 20e siècle, les procédés technoscientifiques sont devenus beaucoup plus performants aussi bien en Occident que dans certains pays d'Extrême-Orient. Grâce au progrès technique réalisé et à la croissance économique qui en est le résultat, de nombreux problèmes afférents au genre humain ne cessent d'être résolus. La production de biens de consommation et leur distribution à travers le monde a fait accéder l'humanité à l'ère dite "technologique". Par la maîtrise de la technoscience, l'homme a exploré la Terre et s'est lancé à la découverte d'autres composantes de notre galaxie. Il a réussi à placer en l'orbite des satellites conçus pour observer le globe terrestre et pour assurer la transmission des télécommunications. De nos jours, on parle du modernisme lorsque l'homme utilise des engins dits "sophistiqués" non seulement pour communiquer, mais surtout pour se déplacer aussi rapidement possible d'un coin de la planète à l'autre. À l'échelle de l'individu, la technique a éliminé quantité de tâches pénibles, tant au travail qu'à la maison. Il faut dire qu'il maîtrise dans une certaine mesure un système sociotechnique qui lui permet de vivre décemment. Comme je l'ai déjà souligné, l'Africain du terroir lorsqu'il se sent émerveillé par ces artifices étonnants, évoque « la sorcellerie des Blancs ».

Certes, certains habitants des pays industrialisés préfèrent parler du « bon vieux temps » où il n'y avait ni saccage ni nuisance, mais personne n'est disposée à renoncer aux multiples appareils qui permettent d'économiser le temps et l'énergie vitale depuis qu'on a pris l'habitude de les utiliser quotidiennement. La technoscience offre à l'homme d'innombrables prothèses en le détachant d'une vie réellement humaine. L'exemple des techniques dites virtuelles est édifiant. Je préfère l'expression technosphère virtuelle pour désigner l'environnement qu'occupent ces techniques ainsi que leur importance dans la vie quotidienne. La technosphère virtuelle se constitue de l'ensemble de techniques de simulation qui déconnectent de plus en plus l'homme de la réalité. Par ces techniques, l'homme se sent libéré de sa corvée naturelle, des exigences fatalistes.

C'est ainsi qu'en apparence, la technoscience porte cette étiquette d'esclave instrumentalisé pour la cause de l'homme ; or à plusieurs égards, elle n'est que couteau à double tranchant. Si bien qu'elle serve l'homme, sa tendance est de bifurquer en vue de poursuivre de nouveaux buts, étant donné que chaque nouveau pouvoir qu'elle conquiert suggère de nouvelles fins.

2. La technosphère ou l'univers virtuel

Dans le contexte où la science et les techniques modernes apportent des bienfaits à l'humanité, le système sociotechnique mis en place grâce au savoir-faire occidental procure à l'homme moderne une libération quasi-totale dans ses activités quotidiennes. De surcroît, sa place se confirme de plus en plus dans la société de consommation au sein de laquelle il jouit de privilèges anthropocentriques remarquables. Ceci marque l'accomplissement de nombreuses projections idéales - entendez prémonitions - faites jadis par des génies comme Léonard de Vinci, une des plus grandes intelligences des Temps Modernes, projections que Lewis Mumford évoque aussi dans ses analyses[292]. Le

---

[292] Lewis MUMFORD, *Le mythe de la machine. La technologie et le développement humain. Tome 1*, Paris, Fayard, 1967, pp. 384-393.

mythe du langage tambouriné, le rêve de Morse, s'accomplissent du jour au lendemain. Plus qu'avant, les hommes communiquent entre eux à distance comme s'ils se trouvaient face à face. Les moyens d'information et de communication ne cessent de s'accroître. On entend parler de Nouvelles Technologies de l'Information et de la Communication (NTIC) dont une première au monde au plan social serait la « Maison Electronique ». Ces *high-tech* s'appliquent principalement dans le secteur domestique à partir d'un système appelé “domotique“.

La technique comme instrument de l'homme s'est alors généralisée dans toutes les activités humaines. Dans ce secteur domestique par exemple, elle est plus servante à partir d'un appareillage électroménager complexe, conçu pour satisfaire entièrement l'homme dans ses besoins élémentaires liés au vécu quotidien. Serge Latouche affirme à cet égard que « la technique n'est pas seulement la machine à laquelle elle a donné naissance, mais des relations des hommes, des outils et de l'environnement à l'occasion du procédé de production et de consommation[293] ». C'est ce que j'ai préféré appeler réseau sociotechnique.

Le développement récent des techniques de l'électronique, de l'informatique et de la communication, associé à la miniaturisation de plus en plus poussée des objets correspondants - développement occasionné surtout par l'introduction du *laser* dans les procédés de fabrication - a permis la diffusion d'équipements de bâtiments performants, sensibles, automatisés et interconnectés. L'accès progressif à ces techniques par les habitants de la planète est susceptible de révolutionner les modes d'habitat par la mise à disposition généralisée des systèmes interactifs permettant la télérelation et la téléaction, donc l'ensemble de ce qu'on appelle "domotique[294]". Cet ensemble de liaisons canalisées représente un réseau sociotechnique par excellence.

Le vocable "domotique" est un néologisme repérable dans les dictionnaires les plus récents de la langue française. Pour le plus populaire d'entre eux, le "Petit Larousse", la domotique est un concept d'habitat intégrant tous les automatismes en matière de sécurité, gestion de l'énergie, communication. Dans cette définition, l'emploi du mot automatisme requiert une réserve. En effet, on peut estimer que ce

---

[293] Serge LATOUCHE, *L'occidentalisation du monde*, Paris, La Découverte, 1990, p.74.

[294] M. RUBINSTEIN, *L'impact de la domotique sur les fonctions urbaines*, Dublin, F.E.A.C.V.T., 1993, p. 7.

ne seront pas toujours des automatismes qui seront utilisés pour améliorer les usages domestiques ou permettre de nouvelles activités dans l'habitat[295].

Pour d'autres, la domotique désigne les systèmes et les services afférents, améliorant les fonctionnements dans l'habitat. Les tenants de cette définition l'explicitent en précisant que c'est un ensemble de services de l'habitat assurés par des systèmes réalisant plusieurs fonctions pouvant être connectés entre eux à des réseaux internes et externes de communication. Parmi ces fonctions, on trouve notamment l'économie et la gestion technique, l'information et la communication, la maîtrise du confort, la sécurité et l'assistance. Ici, deux aspects importants de la domotique peuvent être particulièrement soulignés : l'aspect "système (réseau)" et l'aspect "multifonctionnel". Par ailleurs, l'aspect « produit et services » ne peut être mis en lumière qu'en fonction de son caractère essentiellement économique.

La domotique recouvre donc un ensemble de techniques faisant appel à l'automatique, l'électronique et l'informatique, destinées à soulager l'individu dans ses tâches quotidiennes, lui assurer sa sécurité et son confort, lui donner les moyens de communiquer avec le monde extérieur. Cette terminologie, ayant étymologiquement son contenu dans l'ensemble des services offerts aux occupants d'un logement, fondés sur l'échange d'informations permettant d'accéder à un nouvel art de vivre, s'étend également aux sphères plus larges comme une ville, voire l'ensemble du territoire national ou d'une région donnée. De nos jours, les pays du G 8 et certains pays émergents comme la Chine et l'Inde en ont le monopole en étant très avancés dans le domaine des NTIC avec des techniques de pointe marquées par l'usage généralisé du *laser* et du système de carte à puce. Mais concrètement, à grande échelle, ce domaine intègre les nouvelles techniques rangées dans ce qu'on appelle « planète multimédia »: logiciels, numérisation, Internet, autoroute de l'information, etc.

La première étape de la révolution domestique remonte à la révolution industrielle. En effet, le chauffage central, l'eau courante, le gaz et l'électricité, par exemple, ont entraîné de profondes transformations dans la maison urbaine, visant d'abord à la satisfaction des besoins primaires de confort, ensuite conduire au mythe du retour de l'esclave, non plus humain, mais mécanique. Pour s'en convaincre, il suffit de consulter la page d'un catalogue publicitaire de 1913 décri-

---

[295] L'automatisme est plus accentué dans la robotique que dans la domotique.

vant une chambre à coucher électrique, page reproduite dans la monumentale *Histoire de l'Électricité en France*[296] dont je reprends quelques extraits dans la note en dessous de la marge.

Quelques décennies plus tard, ce sera l'avènement de la télévision. C'est une seconde étape de la révolution domestique qui commence. Elle vise les besoins de communication, de culture et de loisirs, avec ses contraintes, ses risques et ses craintes, puisant énormément dans l'économie de l'innovation. Voilà ce que l'Africain du terroir appelle encore « magie du Blanc ».

En effet, il va sans dire que la domotique a réellement plus d'un siècle, et qu'elle aurait entamé aujourd'hui une troisième étape de sa révolution avec un nom nouveau, nom moderne qui cache cependant une réalité fort présente : la domotique combine à la fois l'électronique, l'informatique et l'espace des télécommunications ou la télématique. La symbiose entre ces trois domaines de la technique moderne caractérise le monde du virtuel qui justifie dans une certaine mesure la révolution technoscientifique actuelle responsable de ce qu'on appelle "cyberespace." Cela sous-entend en particulier que le dialogue entre les appareils est possible, que toute complémentarité ou tout conflit entre eux est géré par un système. C'est ainsi qu'on trouve

---

[296] F. CARON et F. CARDOT, *Histoire de l'Electricité en France. Tome I/ Espoir et conquête 1883-1918*, Paris, Fayard, 1991, dont voici quelques citations :
« L'électricité servante féerique remplace aujourd'hui le valet de chambre le plus stylé. Pour avoir l'heure pendant la nuit, il suffit d'étendre le bras et d'appuyer sur un bouton, l'heure est immédiatement projetée au plafond en forme de grand cercle lumineux au-dessus de votre tête. Pour causer avec l'office qui se trouve dans les sous-sols, pas besoin de téléphone, la conversion s'engage à haute voix dans l'ambiance avec le lustre qui vous répond également à haute voix sans que vous ayez à prendre en mains aucun appareil ».
« Désirez-vous les journaux, votre courrier, le déjeuner, le valet de chambre ne pénétrera pas dans la pièce. Un diffuseur postiche faisant pendant à table de nuit va servir d'intermédiaire entre vous et l'office : le plateau dudit chiffonnier va pivoter sur lui-même et se déplacer sur le lit de façon à former une table très solide sur laquelle vous pourrez déjeuner, lire, écrire sans faute, puis ce que vous demandez apparaîtra, venant de l'office, dans l'ouverture du chiffonnier ».
« Sur ordre de vous, donné au lustre, il vous allumera à distance la cheminée électrique ou vous l'éteindrez suivant votre demande ».
« Si vous avez le rhume, des douleurs, etc., le cataplasme électrique est à votre disposition, remplaçant la farine de lin. Si vous avez froid aux pieds, la bouillote électrique qui se déplace dans le lit, vous donne 60 degrés en moins d'une minute. Votre lampe électrique se met en veilleuse si vous désirez dormir avec un peu de lumière à flots. Toutes les commodités possibles et imaginables sont obtenues par l'emploi de la Fée Electricité qui nous réserve encore des surprises ».

dans un même logement un micro-ordinateur, un Minitel, un téléphone, un *fax*, une alarme anti-intrusion, un dispositif de vidéo-surveillance, des appareils soniques télécommandés, une station de monte-charge etc., pour garantir les fonctionnalités domotiques de ce logement appelé au sens mélioratif “maison intelligente“. Ce sont là quelques manifestations de la technoscience considérée projet de l'homme moderne dans sa vie domestique. Cette conception d'univers intelligent accompagne également l'homme dans sa vie professionnelle.

3. Le cyberespace professionnel

Bien que toutes les activités humaines relèvent aujourd'hui de l'intelligence informatique, nous trouvons nécessaire d'aborder en marge la question du « bureau intelligent » sinon du bureau électronique lorsqu'on remarque la manière dont les services administratifs du domaine tant public que privé organisent actuellement leurs conditions de travail. Philip Wade et Didier Falcaud décrivent cette situation en parlant du « potentiel des bureaux de voisinage[297] ».

Depuis quelques années, l'habitude a été prise de traiter d'une façon spécifique de l'ensemble des matériels intégrant des techniques électroniques et utilisés pour le traitement de l'information dans les bureaux. Ainsi est né la bureautique comme nouveau système technique d'application informatique[298]. À l'origine de ce vocable - bureautique - il faut noter la prolifération des terminaux d'ordinateurs installés dans les locaux administratifs et, surtout, la possibilité de rendre certains terminaux partiellement indépendants de l'ordinateur central, par l'adjonction de mémoires autonomes et la mise en œuvre de logiciels d'application ne concernant que les tâches de bureau. Dès lors que furent installées des machines à traitement de textes dotées d'un écran de visualisation et d'une mémoire, la bureautique prit son indépendance par rapport à l'informatique.

---

[297] Philip WADE et Didier FALCAUD, *Cyberplanète. Notre vie en temps virtuel*, Paris, Autrement, 1998, p. 155.

[298] Il convient de noter que la définition de l'informatique recouvre à la fois l'informatique de gestion, la bureautique, la télématique, l'informatique scientifique et l'informatique industrielle. Il faut noter également que les frontières entre ces divers domaines d'application de l'informatique deviennent incertaines avec l'application de nouveaux matériels à fonctions multiples.

Cette évolution n'est pas seulement le fait d'une extension de l'informatique de gestion aux tâches du secrétariat, elle résulte également des progrès qui ont permis aux machines à écrire de traiter ou "de travailler" des textes, c'est-à-dire de les modifier d'une façon très simple et très rapide : ajouter ou supprimer un mot, corriger une faute, ajouter des paragraphes supplémentaires, changer la disposition, introduire un graphique, faire des copies etc.

Mais dans ce domaine également, ce sont les progrès de la micro-électronique qui ont été déterminants. La bureautique est donc le résultat de ce double mouvement : descendant à partir de l'ordinateur et ascendant à partir de la machine à écrire. Elle permet de combiner la production de textes et l'utilisation des informations extraites de bases de données.

Les traitements de textes ont révolutionné la saisie du langage écrit : la hantise de la faute de frappe n'existe plus, on peut taper "au kilomètre" à toute allure, puis corriger toutes ses fautes sans problème. Même avec une frappe "gendarme" (avec deux doigts), dès lors qu'un peu d'habitude est prise, on finit par taper aussi vite que ce qu'on écrivait, voire même plus. Le temps qui est consacré à la saisie sur clavier est égal, si ce n'est inférieur, à celui qui était consacré à écrire, c'est-à-dire à une saisie manuscrite. Ce travail terminé, on passe à la mise en forme pour assurer la perfection des textes, finaliser les études et les graphiques réalisés sur tableur et les commentaires sur traitement de textes. En tout cas, les avantages d'un micro-ordinateur sont les suivants : il ne se fatigue pas ; il n'est jamais absent ; il s'adapte à tous les milieux et on l'emporte n'importe où... Mais son seul inconvénient, sans doute : il ne marche pas tout seul !

Ainsi donc, le concept de bureautique dépasse les premières tentatives pour automatiser les tâches de bureau. Autant que celui de la domotique, il constitue une approche nouvelle du problème des communications dans l'entreprise par l'installation possible de réseaux interconnectant les outils électroniques mis à la disposition de l'ensemble des personnels traitant de l'information.

Difficile de nous retrouver dans ce dédale de "technojolies" - le cyberespace - à cause de son ampleur et sa complexité. Mais, une chose est certaine : aujourd'hui, notre époque n'en continue pas moins de tourner pour l'essentiel autour d'une innovation qui remonte aux années 80, le micro-ordinateur. Depuis les machines à écrire type *Remington*, nous avons atteint avec le micro-ordinateur une performance inégalée : capacité de calcul accrue grâce aux nouvelles générations de microprocesseurs très perfectionnés ; élargissement des applications avec la conception de nouveaux logiciels ; plus grande convivialité grâce aux perfectionnements ergonomiques (souris, interface, clavier multifonctionnel, etc.); interconnexion des ordinateurs au moyen de modems[299].

La capacité de stocker, traiter et diffuser toute forme de donnée (texte, son, image fixe ou animée) en un temps record paraît ainsi sans limite, avec l'ordinateur multimédia. Ce système résulte des avancées réalisées en matière de numérisation[300], de compression[301] et de transport à haut débit, par satellite, câbles ou ondes hertziennes. Ce dernier élément nous fait facilement entrer dans le domaine de la télématique qui engage, elle, à partir d'une combinaison de l'informatique et l'électronique, des outils de communication à distance. C'est essentiellement dans ce secteur télématique que l'on trouve Minitel, Télétel, télécopie ou *Fax*, téléphone mobile, radio messagerie, visiophonie, télésurveillance, etc. Sans oublier la télévision que l'on pensait un temps devoir s'effacer progressivement devant un ordinateur multifonction. Les recherches s'orientent depuis quelques années vers la conception de décodeurs numériques et de la télévision interactive, censée permettre au téléspectateur de construire son propre programme et d'accéder aux télé-services (téléachat, réservation, etc.). Mais dans ce domaine de l'information, l'Internet devient une grande première chargée d'inaugurer la clôture des réalisations techniques au 21e siècle.

Ce phénomène d'informatisation de la société ne s'arrête pas uniquement à la domotique, la bureautique et à la télématique. Le cyberespace occupe l'ensemble de ce qu'on appelle "productique," dont l'activité la plus régulière fait appel à la robotique. Et l'on peut signaler en passant que la domotique dont le champ d'application est le foyer n'est pas absolument contenue dans la productique. Par contre, la bureautique et la télématique sont essentiellement destinées à la production des services de même que la robotique donne lieu à la production

---

299 Nouvelles technologies : mythes et réalités, in *Sciences Humaines* n° 59, mars 1996, p. 19.

300 La numérisation est un langage informatique dont la principale caractéristique est de fonctionner sur le mode binaire : une information est traduite en combinaisons de 0 et 1. Les progrès réalisés dans la numérisation et la puissance de calcul des ordinateurs ont permis de traduire en langage informatique aussi bien de l'écrit que du son ou des images fixes et animées.

301 La compression consiste à ne traduire qu'une fois en langage numérique les informations récurrentes figurant dans un texte, une image ou une bande-son.

des biens. Il en découle une certaine confusion de classement lorsqu'il s'agit de distinguer les robots des certains distributeurs à tendance bureautique. En effet la conception d'un distributeur de billets de banque, par exemple, et celle d'une boutique-robot ou d'un distributeur de boissons, ne suivent-elles pas la même logique informatique ? Quoi qu'il en soit, les techniques dépendant de la biotique, par exemple, ce mariage de la biologie et de l'informatique, restent encore énigmatiques.

S'agissant de la robotique, il convient d'abord de souligner qu'un robot n'est autre chose qu'un instrument programmé doté d'un mécanisme automatique complexe qui lui permet d'effectuer des opérations techniques imitant la démarche humaine. Bien que doté d'un cachet très technique, le domaine de la robotique est en général entouré d'un certain mythe. Cet état de fait est dû notamment à l'origine même du terme "robot" qui nous vient de la littérature de science-fiction. D'après les encyclopédies, il fut pour la première fois introduit en 1923 par Karel Capek dans son œuvre théâtrale *Les robots universels de Rossum*, dont le thème était la lutte des classes dans une société comportant des travailleurs automates.[302] Au sujet de la robotique en tant que domaine technologique, l'ingénieur d'origine tchèque, Isaac Asimov, a été le premier à l'évoquer, et avec raison puisque le terme "robot" signifie "travailleur" en langue tchèque, même s'il a été déjà largement utilisé par les auteurs de la science-fiction de 1930 à 1960. Le Tchèque Asimov serait en tout cas l'inspirateur de chercheurs et ingénieurs, tel Jo Engleberger, qui a participé au développement des premiers robots industriels. Il a fallu attendre l'année 1961 pour que le savant Erntz développe le premier robot commandé par un ordinateur[303].

La robotique n'admet pas actuellement de définition acceptée de façon universelle. Elle se manifeste en fonction des notions de mobilité, programmation et retour d'information sensorielle. En réalité, c'est un domaine issu du développement de la cybernétique qui, dès son apparition vers les années quarante, s'intéresse à la conception de mécanismes autorégulés. Selon Philippe Breton[304], l'idée des précurseurs de l'informatique - qu'il appelle « grands ancêtres » - est de doter

[302] Sylvain AUROUX, Les Notions philosophiques, tome 2, in André JACOB, *Encyclopédie philosophique universelle,* Paris, PUF, 1990, p. 2280.
[303] *Idem.*
[304] Philippe BRETON, *La tribu informatique. Enquête sur une passion moderne*, Paris, Editions Métaillée, 1990, p. 163.

de l'intelligence à la machine afin qu'elle soit capable de faire ce que l'homme sait faire. La réalisation du « projet d'un cerveau artificiel » est ici l'objectif à atteindre.

Le terme cybernétique dérive d'un mot grec *Kubernein* qui signifie gouverner au sens de piloter[305]. Son sens s'est élargi à la science interdisciplinaire portant sur le contrôle et la communication dans toutes les formes de vie, les machines et les organisations. Dans la pratique, de nombreuses relations cybernétiques ont une portée limitée, beaucoup concernant les zones de contacts entre humains et machines. Mais, des questions cybernétiques plus complexes se posent lorsqu'il s'agit de construire toute sorte de machine intelligente. Tout d'abord, l'intelligence est-elle compatible avec la machine ? Déjà, ce fait est discutable. Mais un fait est réel que la robotique se présente comme l'association de l'informatique et l'électronique à la cybernétique. Le concept de robot, cette machine construite comme un humain - se présentant généralement avec la même taille et sous la même forme qu'une personne, mais gardant son caractère de machine - a suscité l'intérêt du public tout au long de ce siècle et fait l'objet de nombreux livres et pièces, dont beaucoup mettent en scène des machines incorporant des éléments humains dotés de parties mécaniques. Dans la plupart de cas, les robots se font utiliser dans le secteur industriel à production de grande échelle, notamment dans l'industrie automobile et dans l'aéronautique.

C. La Technique devenue l'enjeu de l'humanité

1. Un procès à la technique : des ombres au tableau

En dépit de différents services rendus à l'homme grâce au progrès réalisés, la technique ne cache pas sa face la plus négative lorsqu'elle commence à transgresser le statut ontologique de l'être humain. Devenue Technique (avec un T en majuscule), elle commence à bifurquer en cherchant de nouveaux buts, nouveaux moyens, nouvelles méthodes. La "technofolie" s'impose alors et contrebalance la "technojolie" tant estimée. Elle passe par l'homme et tronque son essence. Elle le menace de suppression, le défie et le supplante finalement. L'homme devient en conséquence l'instrument de la Technique, l'objet des manipulations techniques. L'ironie du sort se présente telle que le

[305] *Sciences Humaines* n° 59, op. cit., p. 18.

possédant est possédé par ce qu'il possède. Désormais, ce n'est plus l'homme qui s'occupe des machines, ce sont les machines qui s'occupent de l'homme. La nature biologique de l'homme, relevant jadis d'un domaine *tabou*[306], se réduit au simple domaine exploratoire : visualisée et démystifiée. Pour tout dire, l'homme est devenu à la fois patin et patinoire de la Technique. Ainsi flagellé par ce qu'il a lui-même produit, l'homme regimbe dans un univers technicien, ballotté par tous les caprices de la Technique, contraintes qui semblent plus graves que celles de la Nature. Et Satosi Watanabe de surenchérir : « L'homme perd la maîtrise sur son propre esprit et sa propre existence individuelle, et devient un rouage dans une machine gigantesque qu'on appelle société[307] ».

Considérons tout d'abord les effets de la Technique sur l'environnement. Ils témoignent de la suffocation dont l'homme est objet. Les émissions polluantes accumulées chaque jour dans l'atmosphère à cause du fonctionnement des usines et de l'utilisation sans cesse croissante des automobiles sont tellement nuisibles et gênantes qu'elles entraînent des altérations tant génétiques que naturelles de la biosphère. D'autres polluants à effets cumulatifs ou retardés, comme le fréon, les métaux lourds, des substances radioactives à longue durée de vie, détruisent progressivement l'écosphère. Nul n'ignore aujourd'hui à quel rythme la couche d'ozone qui protège notre atmosphère contre la pénétration des rayons ultraviolets s'amenuise par suite de l'utilisation massive des aérosols dégageant le gaz CFC.

La pollution de l'air par le dioxyde de carbone et les autres gaz à effet de serre provoque le réchauffement de la Terre susceptible d'entraîner à long terme le changement du climat. Les pluies acides sont à la base de la désertification de certaines parties de la planète et présentent un danger permanent pour la forêt tropicale. Le dépôt de déchets toxiques détruit l'environnement, surtout dans les pays du Tiers-monde où ils sont souvent stockés. Leur immersion en mer et dans les océans présente aussi un grand danger pour la faune aquatique ; et lorsqu'il s'agit de déchets radioactifs, leurs effets pourraient avoir des répercussions beaucoup plus néfastes sur l'espèce humaine.

---

306 *Tabou* est un mot polynésien signifiant : Attention ! Haute tension. La mise en garde délimite une zone de danger où l'individu profane risque de périr, ou du moins court les plus grands risques, s'il ignore ou ne respecte pas les prescriptions.

307 S. WATANABE, La simulation mutuelle de l'homme et de la machine, B.A.P., *Civilisation technique et humanisme*, colloque de l'Académie internationale de philosophie des sciences, Nouvelle série n° 6, Paris, Beauchesne, 1968, p. 19.

La science et les techniques du 20e et du 21e siècle ont contribué à casser l'idée d'une vérité intangible et éternelle. Elles reflètent aujourd'hui l'image exacte d'une nouvelle réalité qui doit être dévoilée. Les conséquences de la Seconde Guerre mondiale ont confirmé la désillusion selon laquelle le progrès technique porterait atteinte au progrès moral, conformément aux prémonitions de certains penseurs du siècle des Lumières, par exemple. En effet, les dégâts matériels funestes qu'avait causés la bombe d'Hiroshima, au Japon, en 1945, et toutes ses répercussions, furent des plus abominables que le monde ait jamais connus quant à l'importance du dommage causé au patrimoine génétique et naturel de l'archipel nippon. Presque le même cas s'est encore produit en 1986 lors de l'explosion d'un réacteur nucléaire à Tchernobyl, en ex-URSS, dégageant dans l'environnement de terribles rayons radioactifs, nuisibles à l'écosystème aussi bien naturel qu'humain. On raconte à ce propos que les nuages de Tchernobyl, en déplacement, auraient survolé le ciel européen et se seraient dirigés vers l'Amérique du nord et l'archipel nippon. D'aucuns affirmaient qu'ils s'étaient amassés au-dessus du Mexique. Les rumeurs colportées sur l'imminence du danger d'irradiation atmosphérique généralisée devaient susciter de vives émotions surtout en Europe occidentale. Mobilisés, les pays du G-7 prenaient l'engagement de débloquer des fonds importants pour la fermeture complète des centrales nucléaires en Ukraine : l'opération a pour but d'écarter l'éventualité de nouvelles catastrophes beaucoup plus graves que la précédente. Aujourd'hui, en Ukraine, les enfants naissent avec des malformations effroyables. Le récent incident de Fukushima, au Japon, n'est pas en reste. Le 11 mars 2011, en effet, un tremblement de terre de magnitude 9,6, suivi d'un tsunami qui balaie plus de 400 kilomètres de côtes, fait plusieurs dizaines de milliers de victimes au Japon et entraîne la fonte du cœur et des brèches dans les enceintes de confinement de plusieurs réacteurs de la centrale nucléaire de Fukushima. Les radiations issues des fuites menacent la vie de millions de personnes. L'impact sanitaire et économique de la catastrophe se fera sentir pendant des années[308]. Telle est la conséquence d'un mode de vie qu'impose la société dite "technicienne".

[308] Baudouin MWAMBA MPUTU, *Pages d'histoire des relations et institutions internationales*, Kinshasa, Editions de l'Odyssée, 2013, p. 188.

Dans son ouvrage intitulé *La Technique ou l'enjeu du siècle* publié en 1954, Jacques Ellul[309] fait remarquer que l'état d'esprit de l'homme moderne est complètement dominé par des valeurs techniques ; ses objectifs se limitent aux améliorations et au bonheur qu'il peut trouver au moyen de la Technique. Entièrement pénétré par la Technique, l'homme éprouve la difficulté de ne pas se passer d'elle parce que celle-ci est devenue son milieu et, à plus forte raison, le facteur déterminant de son existence.

2. La Technique aujourd'hui : un enjeu révélé

Notre époque est marquée par un usage généralisé des machines, des appareils techniques de tous ordres. À travers la problématique qui en découle, il se pose la question du rapport qui existe entre la technique et la machine. Le sociologue Jacques Ellul est peut-être le premier à présenter cette situation sur l'assiette des connaissances, au moment où nul esprit n'a encore prêté des intentions négatives à la technique. Dès 1954, Ellul monte au créneau et montre que la technique se confond de plus en plus avec la machine. Il souligne au demeurant qu'aujourd'hui le discours sur la technique est centré sur l'existence des machines. Or la « technique en soi » a son fondement dans la nature même de l'homme. Depuis qu'elle s'identifie à la mécanisation, son caractère "biologique" s'efface.

Autrement dit, la technique endosse la responsabilité de la machine parce qu'elle se confond avec elle. De nombreux auteurs spécialisés en histoire des techniques commettent souvent l'erreur de confondre machine et technique. Le professeur Jean Brun semble être de ceux qui ont pris ce risque en intitulant son excellent livre *Le rêve et la machine*[310], et non « Le rêve et la technique ».

Lorsque la place accordée à la machine grandit, la machine crée un milieu inhumain, car elle n'est plus un objet au service de l'homme, mais un moyen de substitution à l'homme. C'est dans ce contexte qu'Ellul écrit : « La machine prend sa place dans un ordre qui n'est pas fait pour elle et, par là même, elle crée la société inhumaine que nous avons traversée[311] ». Selon Ellul, la société du 20e siècle s'avérait sociale par rapport à celle d'aujourd'hui (antisociale), et le

[309] Jacques ELLUL, *La Technique ou l'enjeu du siècle*, Paris, Armand Colin, 1954, 397 pages.
[310] Jean BRUN, *op. cit.*, 366 pages.
[311] Jacques ELLUL, *op. cit.*, p. 3.

capitalisme actuel - sauvage et agressif - n'est qu'un aspect de ce désordre profond. Antisociale parce que la machine exclut l'homme au lieu de s'intégrer dans la technique qu'utilise l'homme, de le faire dans la société en se rendant sociale et sociable. Ellul montre que du moment que celle-ci pénètre dans tous les domaines et dans l'homme lui-même qui devient pour elle un objet, la Technique cesse d'être elle-même l'objet pour l'homme, elle devient sa substance ; dès lors, elle envahit l'homme et l'absorbe.

Or la liberté de l'homme vis-à-vis de la machine dépend de sa capacité à s'affirmer hors de la machine, tout en restant lié à la technique. Dans ces conditions, il pourra parvenir à prendre une position libre à l'égard de la machine.

Outre la confusion qu'apporte l'existence de la machine, un deuxième obstacle émane de la science. Traditionnellement, il n'existe pas de relations de cause à effet entre la technique et la science. Avant l'avènement du modernisme, la technique n'a pas dépendu de la science et vice versa. La science se limitait au "savoir" et non au "faire." Aujourd'hui, la technique va apparaître comme le point de contact entre la réalité matérielle et le résultat scientifique, comme un résultat expérimental et comme une mise en œuvre des preuves que l'on adaptera à la vie pratique[312]. On parle ainsi de savoir-faire pour dire techno-science. Or dans son analyse, Jacques Ellul signale le manque de distinction claire entre travail technique et travail scientifique.

D'une manière "naturelle", logique, c'est la technique qui précède la science. Mais la réalité aujourd'hui est telle que tous les procédés passent par une activité scientifique préalable sans laquelle la technique ne peut pas connaître un progrès effectif. Lorsque la recherche scientifique n'existe pas, la technique n'avance pas.

La relation entre science et technique devient encore plus obscure et complexe si l'on considère les nouveaux domaines auxquels s'applique la technique : des domaines où on ne décèle aucune frontière. C'est notamment les cas des biotechnologies et de l'informatique. Dans ces domaines, on ne sait pas où commence et où finit la science, puis la technique : tout est lié de sorte que la dissection de la technique en dehors de la science devient impossible, et vice versa. Autrement dit, la différence entre l'activité scientifique et l'activité technique n'existe pas. Cette fusion entraîne des risques de déviationnisme lors-

---

312 *Ibid.*, p. 5.

que les appétits de la science et sa curiosité se heurtent aux procédés techniques, débouchant sur ce qu'on appelle "phénomène technicien." Ici, la science s'intègre complètement dans la technique, ce qui aboutit à des effets d'entraînement : la technique porte le *t* à caractère majuscule, donc un *T* de majesté et d'honneur que lui reconnaît la société. L'absorption complète de la science par la Technique devient alors effective, comme le constatent Jacques Ellul et Gabriel Vahanian. Ellul explique que la science dépend aujourd'hui de la technique. Vahanian se rallie à ce point de vue lorsqu'il affirme dans des termes assez tranchants : « La science est venue elle-même se placer dans l'orbite de la technique[313] ». En se greffant sur la technique, la science augmente sa capacité d'action et lui offre rationalité, artificialité, automatisme, auto-accroissement et enchaînement.

3. Traits caractéristiques du progrès technique

« Le progrès technique, écrit Jean Fourastié, n'est pas une inépuisable tonne de vin à laquelle l'homme peut boire sans effort ; le progrès technique est seulement un moyen de remplir la tonne[314] ». La science fournit ce moyen afin d'accroître le nombre des matières utilisables et de diminuer le travail nécessaire à leur transformation. Le premier trait reconnu à la technoscience est la rationalité. La Technique est devenue un processus rationnel à cause de sa tendance à soumettre au mécanisme ce qui appartient à la spontanéité ou à l'irrationnel[315]. Elle se fait remarquer dans les faits, dans l'organisation du système et dans la mise en place des moyens en présence ; par exemple, lorsqu'une activité laborieuse suscite la division du travail, lorsque la fabrication de produits exige des normes de production et le choix de standards. La rationalité donne lieu à un examen rationnel des possibilités d'une expérimentation plus étendue, plus mouvante, sous l'impératif du progrès technique. Elle multiplie les opérations techniques avec une très grande diversification, mesure les résultats en tenant compte de ce but précis de la Technique qui est l'efficacité. Bref, la rationalité suscite ce qu'on appelle « raison technique ». Selon Ellul, cette raison note ce que chaque moyen est capable de fournir, et

---

[313] Gabriel VAHANIAN, *Dieu anonyme ou la peur des mots*, Paris, Desclée de Brouwer, 1989, p. 37.
[314] Jean FOURASTIE, *La civilisation en 1975*, Paris, PUF (Que sais-je ?), 1957, p.71.
[315] Jacques ELLUL, *op. cit.*, p. 73.

parmi les moyens qu'elle met à la disposition de l'opération technique elle fait un choix, une discrimination pour finalement retenir le moyen le plus efficace, le mieux adapté au but recherché de façon à réduire l'ensemble des moyens à celui qui est le plus efficient.[316] La recherche du meilleur moyen dans tous les domaines par la Technique est la cause principale de l'amoralité du phénomène technicien.

Le second trait est l'artificialité. « La Technique s'oppose à la Nature[317] ». À ce sujet, comme l'atteste Jacques Ellul, s'opposer à la Nature signifie déformer, absorber ou détruire le naturel. Art, artifice, artificiel, peu importe la dénomination : la technoscience - charmante et jolie fille issue de l'union entre Science et Technique - est pour l'environnement créatrice d'un système artificiel, factice. Hier, les hommes se sont servis des objets naturels - fabriqués au moyen de leurs propres mains, de leur propre intelligence, pour satisfaire des besoins. Aujourd'hui tout est artificiel, l'homme devient incapable de travailler seul, sans l'usage des machines. Il recourt sans cesse à des prothèses, même pour les basses besognes. Ellul d'estimer que la Technique « détruit, élimine ou subordonne ce monde naturel, mais ne lui permet ni de se reconstituer ni d'entrer en symbiose avec lui[318] ».

Par souci d'artificialité, l'homme est obligé de se soumettre à certains impératifs et à des lois sans aucune mesure. Ici, Ellul cite le cas d'une cascade d'eau naturelle qui est transformée en électricité par le biais d'une conduite forcée, et finit par conclure : « le milieu technique absorbe ainsi de la même façon le milieu naturel[319] ». L'artificialité de la Technique exprime le caractère fondamental de l'antithèse même du phénomène naturel. Il n'est plus question de considérations ontologiques, de l'homme condamné à « vivre à la sueur de son front », mais plutôt de l'homme qui jouit des objets que lui apporte la Technique, qui vit aux dépens des machines de tout acabit.

L'automatisme constitue le troisième trait caractéristique de la technoscience. C'est le fait que l'orientation et les choix techniques s'effectuent d'eux-mêmes. L'opération technique s'exerce elle-même. Il n'y a pratiquement plus d'intervention manuelle routinière. La Technique opère elle-même le choix entre les moyens à utiliser, sans rémission, sans discussion possible[320]. De plus, elle élimine toute activi-

---

316 *Ibid.*, p. 18.
317 *Ibid.*, p. 74.
318 *Idem.*
319 *Idem.*
320 *Ibid.*, p. 75.

té non technique ou la transforme en activité technique. L'homme intervient dans une moindre mesure pour apprécier ce qui donne le maximum d'efficience. Mais, selon Ellul, ce n'est plus un choix, car n'importe quelle machine peut effectuer la même opération. C'est pourquoi l'automatisme écarte de plus en plus l'homme de l'exercice technique. Il l'écarte presque totalement du processus d'opération technique et le place au rencart. Celui-ci disparaît désormais en amont pour ne se retrouver qu'en aval où il recueillit seulement le fruit de la production faite par la machine. L'homme devient alors semblable à un retraité à qui on doit la consommation de ce que produisent les autres. En conséquence, la main-d'œuvre s'efface, sans aucune raison économique, puisque le travail est fait par des engins automatiques.

Le quatrième trait est l'auto-accroissement de la technoscience. La Technique progresse seule sans intervention décisive de l'homme. Elle s'engendre elle-même et évolue vers son propre perfectionnement. Cette caractéristique légitime l'idée sous-jacente au progrès technique selon laquelle la technoscience apporterait le développement ! Le perfectionnement de la Technique est constitué de la multiplication de minuscules perfectionnements dans des domaines très variés jusqu'à former un pas décisif. Le cas de l'invention de la machine à vapeur et ses multiples retouches est exemplaire. Ainsi, soutenue par la recherche scientifique qui occupe aujourd'hui une place prépondérante dans les politiques nationales, la Technique avance sans s'arrêter ; elle se régénère en s'accroissant.

Un autre trait, le cinquième, est l'enchaînement des techniques. Par souci d'efficience, les innovations s'attèlent à renouveler sans cesse des techniques en utilisant de nouvelles méthodes de production conformes aux exigences de plus en plus grandes de la société moderne. Du point de vue de leur évolution historique, les techniques modernes sont parties du gigantisme à la miniaturisation. On ne parle plus de division du travail, car les techniques sont devenues compatibles les unes avec les autres. On trouve même des techniques qui, en se complétant, s'améliorent en donnant les « Nouvelles Technologies ». Autrement dit les techniques accompagnent l'évolution des sociétés. Tout à la fois, elles restent tributaires de nouvelles exigences de la modernité et contraignent à adapter la société à leurs modes de fonctionnement, à leurs rendements en répondant au-delà des demandes et besoins sociaux. Le système technicien tel que nous le connaissons aujourd'hui est la conséquence de ce besoin constant d'optimisation, et du désir d'atteindre l'efficience. Les spécialistes distinguent des innovations mineures qui enrichissent ce système et des innovations majeures qui le bouleversent. Si l'apparition de l'électricité, de l'automobile, du transistor ou de l'informatique se situe entre ces deux types d'innovation, la désintégration de l'atome et la bombe nucléaire sont des innovations majeures : domaine intimement adapté à la puissance du phénomène technicien.

4. Le phénomène technicien

Sociologiquement parlant, un phénomène est un fait ou un ensemble de faits majeurs dont les causes restent méconnues, complexes et difficiles à expliquer. Par phénomène technicien, nous entendons un ensemble des faits subséquents aux productions technoscientifiques nécessaires à l'amélioration des conditions humaines, mais dont la démesure et l'excès de rationalité portent atteinte à la nature humaine. Certainement le progrès technique mène au mieux-être, mais, son désengagement de ses fonctions primaires, son enchevêtrement remarquable dans des activités extravagantes, créent une nouvelle situation fort inquiétante : situation résultant des faits techniques provoqués. La technique cesse alors d'être exclusivement un moyen de servir l'homme. Elle devient pour ce dernier une finalité : finalité absolue, moyen manichéiste. L'homme ne peut se maintenir que par la Technique et celle-ci seulement justifie son existence dans la société. C'est ainsi que dans sa définition, Jacques Ellul présente la Technique comme un ensemble de moyens gouvernés par la recherche de l'efficacité[321]. Ces moyens ne sont pas uniquement matériels, c'est-à-dire ne se réduisent pas aux outils, machines ou à la vie industrielle, ils sont aussi logistiques, psychologiques ou économiques.

Le phénomène technicien et le phénomène technique, ne sont pas à confondre avec l'opération technique qui s'est remarquablement renouvelée à travers toutes les époques de l'histoire. Jacques Ellul affirme que le phénomène technique actuel (entendez phénomène technicien) n'a presque rien de commun avec le phénomène technique tel que l'a connu l'humanité jusqu'aux Temps modernes[322], car les anciens caractères de la technique ont disparu, laissant chemin aux nouveaux. Son avènement remonte au 18e siècle[323], c'est-à-dire à la révolution

---

[321] *Ibid.*, p. 16 et p. 72.
[322] *Ibid.*, p. 73.
[323] Jacques ELLUL, *Le système technicien*, Paris, Calmann-Lévy, 1977, p. 91.

industrielle. Le phénomène technicien actuel est le produit d'une double intervention : de la conscience et de la raison[324]. Mais, la réalité actuelle montre à plusieurs égards que dans la production du phénomène technicien, la raison prime toujours sur la conscience. Car, comme on peut oser le stipuler, « la Technique a sa raison que la conscience ignore ». En cela, le phénomène technicien peut apparaître non pas comme facteur exclusif de la société d'aujourd'hui, mais aussi - dans une moindre mesure - celle d'hier (sans vouloir contredire Ellul). Il n'est pas absolument l'apanage du progrès technoscientifique tel que nous le vivons actuellement ; autant que l'opération technique, il a suivi l'évolution de l'*Homo Faber* dans la société et, dans ce cas, la technique n'est autre chose que la traduction du souci des hommes de maîtriser les choses par la raison[325]. Exemple : lorsque certaines tribus d'Afrique, d'Amérique ou d'Océanie aiguisent des flèches et effilent des haches en préparation d'une guerre imminente, ils ne se rendent pas immédiatement compte de ce qu'une flèche bien aiguisée, bien pointue, peut causer sur l'adversaire, ainsi que les conséquences d'un coup de hache ou de machette porté sur quelqu'un. Depuis toujours les hommes se sont entretués les uns les autres par les armes qu'ils ont eux-mêmes fabriquées, sans conscience en matière d'usage. C'est dans le même sens qu'il faut justifier l'existence d'armes à destruction massive scientifiquement conçues et stockées aujourd'hui dans le monde. Mais ici, les applications démesurées des sciences enlèvent à l'opération technique sa couverture de naturalité, suscitant un phénomène différent de ce qu'il a été dans la société traditionnelle. Nous devons élucider ce point en réaffirmant, comme le note Ellul lui-même, que la technique est un phénomène très ancien, autant que l'homme et son langage. Nous ne pouvons pas nous limiter à jeter la pierre à la Technique au 21e siècle. Le dénominateur reste presque le même, tandis que la variation du numérateur n'est plus une différence de degré, mais une différence de nature[326].

L'union entre la recherche scientifique et l'invention technique s'est considérablement accrue à notre époque. Dans ces conditions, ce sont la conscience ou sa négation qui mènent toujours l'homme de science soit à bon escient, soit à la dérive. Jacques Ellul estime que lorsque le savant prend conscience d'une nouvelle matière première

---

324 Jacques ELLUL, *op.cit.*, 1954, p. 19.
325 *Ibid.*, p. 40.
326 Sylvain DUJANCOURT, Technique et éthique selon Jacques Ellul, in *Foi et vie*, n° 5-6, Décembre 1994, p. 30.

qu'il faut utiliser ou d'un nouveau besoin de l'homme auquel il faut répondre, il oriente alors délibérément sa recherche vers une découverte scientifique à application technique[327].

Contrairement à la conscience qui se trouve dans l'appel d'un besoin prévu, imminent et juste, la raison conduit à réaliser un objet en fonction de certains traits caractéristiques opportuns, de certaines données aléatoires et non préméditées. Selon Ellul, cela conduit, hors de l'imitation de la Nature, sur une voie qui est celle de la Technique[328]. C'est dans ce contexte qu'il faut appréhender ce phénomène technicien qui, au parcours de sa spirale d'action pour atteindre l'efficience, s'érige en système par combinaison de diverses formes de techniques. Une combinaison qui se fait dans les secteurs très variés depuis la médecine, les biotechnologies jusqu'à la propagande et les communications en passant par le loisir, la publicité, l'esthétique, la politique etc. La Technique, n'a-t-elle pas gagné tous les éléments de la civilisation ? Et Jacques Ellul de surenchérir : « Ici l'homme lui-même est l'objet de technique[329] ». Depuis que l'homme se concentre dans la Technique, toutes ses préoccupations gravitent autour d'elle. Cette aliénation se définit aussi par la compromission qu'il cause au préjudice de la Nature.

La Technique engage toutes les nouvelles techniques, leurs organisations et la façon dont elles sont administrées. Dans leurs applications, ces nouvelles techniques sont diversifiées tellement que chacune d'elles dispose de différents secteurs d'action. Elles ne se ressemblent pas les unes aux autres, mais partagent un même but, une même préoccupation : agir sur l'homme et façonner la Nature, au lieu de « agir sur la Nature, agir pour l'homme ». Ce contraste paradoxal entraîne en conséquence une sorte de tourbillon évoluant non pas dans l'intérêt de l'homme ni de la Nature, mais pour le compte de la Technique. Les alluvions de cette mouvance finissent par converger dans un engrenage que Jacques Ellul a appelé "système technicien." En fait, il n'est rien aujourd'hui qui échappe au mécanisme de la Technique[330]. La société contemporaine tout entière est contrainte d'évoluer dans ce système dit "technicien". L'ancienne technique, sortie de son état naturel après avoir été coiffé d'un T de majesté, devient plus médiatisante que médiatrice. Plus médiatisante parce qu'elle intercon-

[327] Jacques ELLUL, *op. cit.*, 1954, p. 42.
[328] *Ibid.*, p. 18.
[329] *Ibid.*, p. 20.
[330] *Idem.*

necte les machines aux machines, les appareils aux appareils, au point de les faire dialoguer, de les faire agir, de les faire œuvrer. Elle perd considérablement sa fonction de médiatrice, c'est-à-dire, elle n'est plus intermédiaire entre l'homme et la Nature ; elle devient plutôt objet en soi, un facteur déterminant. La technique prend ainsi cette carrure de "Technique" qui lui confère un statut particulier et lui assure son autonomie de fait. Désormais, elle n'est plus liée à la nature humaine ; elle n'est plus l'outil qui amplifie la pensée et prolonge l'action humaine. Au contraire, c'est tout un système qu'elle représente à partir d'un mécanisme fonctionnel qui l'entraîne : le système technicien.

II. LE SYSTÈME TECHNICIEN ET SES INCIDENCES DANS LA SOCIÉTÉ

A. Le système technicien et son fonctionnement

1. Ce qu'on entend par système

L'étude des systèmes s'efforce d'établir le cadre à l'intérieur duquel on peut étudier le comportement d'une entité complexe analysable, c'est-à-dire son évolution au cours du temps. Les objets dont s'occupe directement la théorie des systèmes sont des entités abstraites : les systèmes, leurs éléments respectifs, leurs mécanismes et fonctionnements. Exemple : le système solaire est constitué des plusieurs planètes qui gravitent autour du soleil ; chaque planète, considérée comme sous-système, est entourée des satellites, la lune est le satellite le plus important de la planète Terre...

Selon l'Encyclopédie Bordas, « un système est un tout organisé, ensemble d'éléments combinés, ordonnés, en relation de réciprocité entre eux[331] ». Le Dictionnaire encyclopédique Quillet stipule qu'un système est une totalité irréductible à la somme de ses parties, possédant une logique interne, une finalité ; cette totalité reste explicative de ses parties. Il y a interdépendance des éléments dans le tout, c'est-à-dire qu'un système est formé d'un ensemble de structures liées, agencées entre elles suivant une organisation reflétant les lois de fonctionnement du système[332]. Autant d'auteurs, autant de définitions. Nous retenons toutefois celle de Jacques Ellul qui définit le système comme « un ensemble d'éléments en relation les uns avec les autres de telle façon que toute évolution de l'un provoque une évolution de l'ensemble et que toute modification de l'ensemble se répercute sur chaque élément[333] ». Ici, l'auteur considère un système non pas comme un ensemble d'objets isolés et indépendants, mais un réseau d'interrelations. Peu importe la nature identique des éléments qui forment ce réseau, le caractère "interactionnel" est le facteur le plus important de la définition d'un système. L'observation de l'interaction entre ces éléments permet de découvrir la typologie de leurs rapports les uns aux autres, ainsi que celles de leurs influences réciproques. Ellul ap-

[331] Encyclopédie *BORDAS*, tome IX, Paris, 1944, p. 4988.
[332] Dictionnaire encyclopédique *QUILLET*, Paris, Editions Quillet, 1986, p. 6660.
[333] Jacques ELLUL, *op. cit.*, 1954, p. 88.

plique cette définition et cette méthodologie pour approcher et comprendre le système technicien.

2. Le système technicien

À travers les explications de ce qu'il entend lui-même par « système technicien », Jacques Ellul estime qu' « il est avant toute chose un système : c'est-à-dire un ensemble dont les parties sont étroitement unies les uns aux autres, sont interdépendantes et obéissent à une régularité commune[334] ». Ce système, précise-t-il, est formé par « la conjonction entre le phénomène technique et la progression technique[335] ». À travers son argumentation, Ellul détermine les germes du système en affirmant que le phénomène technique est spécifique de la civilisation occidentale depuis le 18e siècle[336]. Puisque le capitalisme, dans son évolution, a été la matrice du progrès technique, l'existence du système technicien devait apparaître au grand jour.

En toute vérité, toutes les actions du système technicien s'illustrent en fonction des méthodes capitalistes employées, des archétypes et du comportement social. Nul ne peut nier le fait que le capitalisme est catalyseur du progrès technique et qu'il joue un rôle de fil conducteur dans le mécanisme fonctionnel du système technicien. Ce qui est réalité pour le système capitaliste le demeure aussi pour le système technicien : la libre entreprise, l'économie de marché, la concurrence et la propagande, sont des exemples probants. Autant que le capitalisme, le système technicien est fondé sur un régime de laisser-faire : Jacques Ellul lui-même affirme que « la Technique assure la liberté qu'elle avait acquise en fait[337] ».

3. Logique et fonctionnement du système technicien

Le système technicien a sa logique : celle de la quantité, de la rationalité et de l'expansion (comment produire d'autres choses, plus nombreuses, plus efficaces, voire plus dangereuses ; comment assurer la distribution ; comment tourner à plein ; comment créer de nombreux besoins chez l'homme, même inutiles, pour que tout ce qui peut être produit puisse être consommé...). Il s'agit en fait d'une logique qui

---

[334] Jacques ELLUL, *op. cit.*, 1977, p. 171.
[335] *Ibid.*, p. 90.
[336] *Ibid.*, p. 91.
[337] *Ibid.*, p. 161.

privilégie le productivisme et le marché pour lesquels l'avenir et l'espoir sont réduits à l'efficience, à la conformité au système, ses lois internes et ses valeurs. C'est la dérision de la Technique dont la virtuosité quantitative, la friandise ou l'avidité excessive de l'innovation violent la mobilité qualitative et engendrent le déséquilibre de l'ordre ontologique.

Certes, le système est souple dans son fonctionnement, mais totalitaire vis-à-vis des autres, machiavélique pour la société tout entière. Dans *La technique ou l'enjeu du siècle*, Ellul semble approuver ce point de vue quand il cite Driencourt qui parle de la technique de propagande et la qualifie de totalitaire dans sa nature, dans son message, dans ses méthodes, dans son champ d'application et dans ses mœurs[338].

Par son caractère machiavélique, le système technicien ne supporte aucun jugement éthique, il ne tolère pas d'être arrêté pour une raison morale[339]. Dans ce système cynique, la technicisation est totale : elle soumet la vie humaine au contrôle, à la manipulation, à l'expérimentation et à l'observation de façon à obtenir son efficacité[340]. Cependant, l'obtention de cette efficacité ne favorise nullement la hausse des valeurs humaines, elle renforce plutôt l'honneur du système technicien.

B. Caractères fondamentaux du système technicien

J'ai explicité les cinq traits caractéristiques du progrès technique. Il en existe encore quatre qui, cette fois-ci, relèvent exclusivement du phénomène technique. Notez d'abord que ce sont ces traits du progrès et du phénomène techniques qui, dans leur ensemble, traduisent l'essence du système technicien.

Tels qu'exposés dans l'analyse de Jacques Ellul, les caractères du phénomène technique sont : unicité, autonomie, totalité et universalité. Ensemble, ils consacrent le monopole absolu du nouveau système dans la nouvelle société : la société technicienne. Ces derniers traits caractéristiques assurent le monopole parce qu'ils permettent au système de fonctionner à partir de principes de structuration par lesquels il organise la société, lui donne une figure particulière, lui im-

[338] Jacques ELLUL, *op. cit.*, 1954, p. 114.
[339] Jacques ELLUL, *op. cit.*, 1977, p. 161.
[340] *Ibid.*, p. 94.

pose des orientations indépendamment de la volonté humaine. Par ces caractères, le système technicien devient le creuset de la nouvelle société qui s'est dégagée de sa naturalité à cause de son engagement dans la technicisation.

1. Unicité

L'unicité de la technique suppose que ce phénomène forme en soi un tout dont on ne peut séparer les éléments ni en privilégier un aux dépens des autres[341]. Autrement dit, la Technique est insécable et indissociable de son usage. Elle utilise les mêmes méthodes, mêmes motivations dans l'activité de son œuvre. Selon Ellul, « toutes les parties sont ontologiquement liées et l'usage est inséparable de l'être[342] ». Sylvain Dujancourt de surenchérir en présentant un exemple suivant lequel dans le système technicien, on ne peut pas dissocier les usages civils ou militaires, privés ou publics, d'une même technique[343]. Toutes les techniques sont dépendantes les unes des autres et obéissent à une régularité uniforme. Le débit de leur action, de leur offre et de leur conjoncture forme la Technique.

Ce caractère de l'unicité, souligne Jacques Ellul, est l'expression concrète du système technicien[344]. Contrairement au système industriel où les machines sont fonction d'une spécialisation respectant la division du travail et réparties entre plusieurs hommes qui les manipulent, dans le système technicien les engins sont polyvalents. Nul n'ignore comment l'ordinateur s'applique à tout : gestion, instruction, médecine, vie pratique, etc.[345]. L'exemple le plus éloquent aujourd'hui est celui de l'Internet, ou encore celui des autoroutes de l'information dont on affirme souvent qu'elles pourront couronner le développement de l'Internet à l'issue du 21e siècle. Selon Armand Dufour, les autoroutes de l'information nous permettent une série de services qui sont déjà totalement ou partiellement disponibles sur Internet[346]. En effet, les services de connexion à l'Internet sont nombreux, mais canalisés dans un seul réseau de distribution d'information. Des programmes ont été mis au point pour simplifier l'accès au réseau. Par le

---

[341] Sylvain DUJANCOURT, *op. cit.*, p. 31.
[342] Jacques ELLUL, *op. cit.*, 1954, p. 88.
[343] Sylvain DUJANCOURT, *op. cit.*, p. 31.
[344] Jacques ELLUL, *op. cit.*, 1977, p. 171.
[345] *Ibid.*, p. 172.
[346] Arnaud DUFOUR, *Internet*, Paris, PUF, Que sais-je ?, 1995, p. 40.

système téléphonique, l'utilisateur doté de l'équipement nécessaire (un ordinateur équipé d'un *modem*[347], des logiciels permettant la connexion au réseau, des logiciels de consultation) peut entrer en communication avec un tiers correspondant. Pour tout dire, l'Internet constitue un réseau complexe qui connecte de nombreux serveurs multimédias séparés par des longues distances. En fait, il confirme dans une large mesure ce caractère d'unicité du phénomène technique.

Selon Jacques Ellul, l'unicité du système technicien entraîne un grand nombre de conséquences[348]. Parmi elles, il cite la nécessité d'un ordre technicien qui suppose une multiplication des instances techniques destinées à organiser l'unicité du système[349]. Ayant présagé le phénomène actuel de globalisation appelé aussi mondialisation, Ellul stipula que la Technique était devenue un ordre nouveau, unique, s'imposant dans la société entière.

2. Autonomie

L'autonomie du système technicien est un sujet à controverse. Logiquement, n'est autonome qu'un élément qui ne subit pas l'influence d'autres éléments. D'aucuns affirment que le phénomène technicien est autonome parce qu'il représente en lui une puissance que seuls les dieux peuvent revêtir : la Technique est un dieu visible, capable de tout donner. Jacques Ellul souligne que la Technique est elle-même la condition de son développement[350]. Elle se veut ainsi parce qu'elle se sent autonome vis-à-vis de tous les agrégats de la société : la politique, l'économie, la morale, la culture et la religion. La Technique s'auto-détermine et s'oriente elle-même comme une boussole, sans tenir compte de facteurs extérieurs. Une girouette obéit aveuglément à la direction du vent, sans moindre résistance, mais la Technique ne connaît que le pôle Nord comme véritable point cardinal. Elle n'épargne ni l'essence de l'homme ni la Nature inviolable, mais ne s'intéresse qu'à l'assainissement de son propre écosystème et à son développement. Si elle s'occupe de l'homme, c'est pour démontrer sa puissance et accroître sa gloire. En général, la Technique désacra-

[347] Un *modem* est un équipement capable de convertir un signal analogique à modulation de fréquence (et vice versa) utilisé pour permettre aux ordinateurs de communiquer par l'intermédiaire du réseau téléphonique.
[348] Jacques ELLUL, *op. cit.*, 1977, p. 180.
[349] *Idem.*
[350] Jacques ELLUL, *op. cit.*, 1954, p. 137.

lise tout et défie ce qui est *tabou*, opérant seule sur ce point. Selon Sylvain Dujancourt, cette autonomie met en exergue l'absence de finalité qui la caractérise ainsi que le primat accordé au moyen.[351] Elle se conduit en se voulant égale à elle-même et indépendante d'une tierce puissance. D'où la question : en vertu de quoi la Technique se fait-elle autonome ?

En réalité, la Technique est un instrument de la puissance souveraine de l'État quand celui-ci étend son emprise sur elle pour exprimer sa grandeur. Si les Etats les plus industrialisés du monde, appelés aussi G-8, sinon G-20 avec l'ascension de nombreux pays du tiers-monde, peuvent se dire grandes puissances politiques et économiques, c'est parce qu'ils évoluent pleinement dans les rouages du système technicien. Certes, nous pouvons dire que ces Etats forment des puissances dans une puissance, mais l'inverse est aussi vrai : ils possèdent la Technique ; celle-ci devient à son tour une puissance dans une autre puissance.

Une autre question assez épineuse concerne la relation Technique et Science que j'ai déjà évoquée plus haut. J'ai montré que ces deux facteurs forment une union semblable à un couple conjugal. Nombre de penseurs laissent entendre que la Science exerce une influence sur la Technique. Science avec S (majuscule) parce qu'il ne s'agit pas de science particulière pure ou impure, fondamentale ou superficielle, expérimentale ou inexpérimentale, appliquée ou neutre, mais de la science dans sa globalité. La complicité qui existe entre Science et Technique est telle que pour évoluer, cette dernière s'abreuve à la source de la Science. Dans ce cas, la Technique autonome innocente la Science et porte seule le poids de leur responsabilité collective. Car devant les conséquences de la Technique, la Science se dérobe. La technoscience, fruit de leur accouplement concrétise cette complicité effective et se met à régner dans la société où elle étend son influence. À cet effet, elle se déplace du laboratoire, de l'usine, pour se cristalliser au marché.

Mon entendement m'incite à affirmer que ces trois éléments (Technique, Science et technoscience) forment ce que je préfère appeler : Sainte Trinité technicienne, entité aussi mystérieuse que la Sainte Trinité divine que prêchent certaines églises chrétiennes. Sainte Trinité technicienne parce que ces facteurs techniciens se concentrent tous

[351] Sylvain DUJANCOURT, *op. cit.*, p. 32.

dans un ensemble homogène et cohérent, portant une étiquette hiérophane.

L'innocence scientifique accrédite l'idée que le scientifique ne peut faire que de bonnes choses. Cette thèse est mise en cause par Ellul qui estime que la relation réciproque entre Science et Technique ne peut être séparée de la relation Technique et Politique[352]. La Science est promue par le Politique avec mission de contrôler la Technique, d'avoir mainmise sur elle. Mais comme de ce fait la Science est un instrument du Politique, elle facilite ce contrôle pour que celui-ci utilise la Technique comme instrument de sa puissance. L'ironie du sort fait que la monstrueuse Technique absorbe le Politique, elle le place dans l'engrenage du système technicien. En apparence la Technique n'est pas autonome, il y a une interdépendance. Pour s'en convaincre, il suffit d'imaginer les récalcitrantes France et Chine devant le traité d'interdiction des essais nucléaires, malgré des pressions internationales, les tyrannies nord-coréenne et iranienne. La Science place alors le Politique au diapason de la Technique. Dès lors le Politique devient l'instrument de la Technique et, de surcroît, son bouclier technique.

L'autonomie implique une caractéristique qui lui est corollaire : la neutralité. Celle-ci suppose que la Technique reste neutre, qu'elle n'est pas sujet d'une quelconque position ; la Technique n'est ni à gauche ni à droite. Or en réalité, elle accuse un penchant qui lui fait servir une puissance dont elle veut à tout prix justifier la légitimité. C'est l'apanage des pays nantis, l'instrument de l'exploitation des pauvres par les riches. La neutralité de la Technique se révèle ainsi inexorablement utopique.

Il faut dire aussi que l'alliance contre nature, c'est-à-dire l'accouplement entre techniques et sciences, ne manque pas de montrer les tendances de la Technique. Aussi, la Science elle-même n'est pas neutre du moment que l'aspect de la Technique l'emporte sur la notion prétendument épistémologique. Dans cette relation, la Nature n'est plus une superstructure ontologiquement organisée, mais ce que l'on produit au laboratoire. La Technique nous fait croire erronément que la photographie d'un individu est son reflet aussi bien physique que psychologique, que le cinéma peut représenter des faits réels tels qu'ils se seraient produits à telle ou telle époque. Or la photographie d'un homme peut dégager les signes d'une hypocrisie absolue, de même que le cinéma reste lueur illusoire, un trompe-l'œil.

---

[352] Jacques ELLUL, *op. cit.*, 1977, p. 140.

Les tendances de la Technique ne se limitent pas seulement au détournement du réel. Le phénomène technicien est surtout machiavélique : il impose sa propre notion de valeurs fondée sur ce que nous pouvons appeler "vertu technicienne."

Par vertu technicienne, on entend l'ensemble de comportements qui font avancer la Technique peu importe leur degré éthique. Ces comportements peuvent être humains, sociaux, politiques ou économiques. Le phénomène technicien interprète autrement la notion du bien et du mal. Pour lui, le bien réside dans ce qui soutient la Technique, tandis que le mal représente ce qui l'entrave.

Enfin, la Technique n'est pas neutre parce qu'elle bouleverse les liens et les limites entre la théorie et la pratique non pas dans le but d'assurer son indépendance, mais pour ériger sa dictature.

3. Totalisation

La totalisation se réfère au phénomène globalisant dont la Technique devient l'objet. Ainsi, la Technique stimule sa propre progression et enveloppe toutes les activités humaines. Elle consacre sa totalité parce qu'elle ne peut plus sortir du cadran de la spécialisation technicienne. La Technique respecte toujours sa lignée en se renouvelant sur la même tare, le même dénominateur. Jacques Ellul confirme ce fait en montrant que « lorsqu'une technique disparaît, elle est remplacée par une autre du même ordre, mais supérieure[353] ». La Technique se présente alors comme un archétype du fait qu'elle garde sa substance : « Rien ne se perd dans la Technique », écrit Ellul[354]. Aujourd'hui, les NTIC, en tant qu'innovations incrémentales, englobent l'incorporation du téléphone, du clavier à écrire, de la télécopie, du moniteur à écran, etc., sur des réseaux informatiques ; aussi l'Internet est conçu à partir du Minitel et il existe déjà des autoroutes de l'information bien opérationnelles surtout avec la mise sur pied de la fibre optique installée partout dans le monde.

La combinaison Totalité-Spécialisation donne lieu à un système unaire. Ici, le caractère total de la Technique se confond avec son caractère d'unicité. Et selon Ellul, l'unicité est assurée dans le système technicien ; par conséquent, elle cesse d'être « une construction méta-

---

[353] *Ibid.*, p. 219.
[354] *Ibid.*, p. 220.

physique[355] ». Ceci voudrait dire que le système technicien, totalisant, se constitue non pas seulement en tant que phénomène lié à la progression - géométrique ou arithmétique, peu importe - mais aussi comme l'accomplissement de l'aspiration la plus profonde de l'homme[356]. Plus qu'avant, la Technique accompagne l'homme partout, même dans ses comportements les plus intimes.

Dans la totalisation technicienne, l'homme se croit conscient de son devenir. Il semble ignorer sa subordination progressive à la Technique dont il dépendra infiniment. Ellul, ayant sonné le glas, montrait que la totalisation de la Technique recouvrait tous les composants du corps social et que progressivement toutes les expressions de la vie humaine deviendraient techniques[357]. Et l'auteur de surenchérir : « Toutes les opérations de la vie depuis le travail et les distractions jusqu'à l'amour et à la mort, sont des opérations envisagées sous leur angle technique[358] ». Aujourd'hui, personne ne peut mettre en doute le fait que l'humanité entière se porte sous la houlette de la Technique qui dispose d'une capacité d'intégrer la totalité de facteurs naturels, faisant d'elle un phénomène universel.

4. Universalité

L'universalité de la Technique est la conséquence de son caractère totalisant. Dès lors que la Technique s'étend à tous les domaines de l'activité humaine et concerne tous les peuples de la planète, elle devient universelle. À savoir, Jacques Ellul en arrive à une distinction entre l'universalité quantitative - qui concerne l'environnement et les domaines de l'activité humaine - et l'universalité géographique exprimant l'expansion de la Technique à travers le monde[359].

Puisque plusieurs explications de l'universalité quantitative se retrouvent dans d'autres caractères du phénomène technicien ci-haut énumérés, je m'attèle à l'universalité géographique pour expliquer l'influence de l'expansion technique sur les civilisations non techniciennes et ses conséquences.

La Technique se révèle transnationale : elle ne tient compte ni des frontières des Etats ni des continents. Elle n'épargne non plus les

---

[355] *Idem.*
[356] *Ibid.*, p. 221.
[357] *Ibid.*, p. 223.
[358] Jacques ELLUL, *op. cit.*, 1954, p. 107.
[359] Jacques ELLUL, *op. cit.*, 1977, p. 186.

mœurs d'autres peuples. L'universalisme technique se justifie ainsi depuis que le monde entier commence à recourir aux mêmes méthodes, aux mêmes procédés en matière de production des biens ou des services. Les firmes multinationales s'installent partout et exploitent sans réserve les ressources naturelles qu'elles rencontrent, créent des emplois, certes (du moins dans un premier temps), mais rapatrient la quasi-totalité des revenus. La Technique n'a pas moins gagné ce pari en s'imposant comme unique moyen civilisateur au sein de la société humaine. Ellul estime à cet effet que le changement de disposition à l'égard du monde des objets est le signe de cet universalisme[360]. Car on a cessé de considérer les activités naturelles de l'homme au détriment des activités artificielles. La finalité de la Technique n'est autre que d'engager tous les peuples dans son empire cynique. Partout où il se trouve, l'être humain prend le luxe de consommer des biens artificiels, appréciant les bienfaits des techniques modernes : bienfaits qui ne sont pas seulement matériels mais aussi artificiels. Les paysans africains, destinés à vivre sous un climat torride, méprisent désormais les chaumières ou les maisons en pisé capables de réduire la température tropicale ; ils préfèrent au contraire des logis en blocs de ciment et en toitures métalliques qui amplifient la chaleur et transforment leurs habitations en fourneaux. Pourtant, l'excès de chaleur est l'une des causes de la mortalité en Afrique, principalement parmi les enfants et les personnes âgées. Quoi que cette observation soit loin de faire l'unanimité, elle confirme l'opinion de l'Africain Kä Mana, qui, dans son livre *L'Afrique peut-elle mourir*, écrit : « Nos peuples sont sous le charme des aspects tape-à-l'œil d'une civilisation technique portée par la magie de la communication et le fétichisme du profit. L'Occident est un monde mystérieux et sublime...., il s'est doté d'une énergie dominatrice qui nous a pris notre propre âme et nous a transformés en zombies[361] ».

La dictature technicienne n'accepte nullement le droit à la différence : tout est fonction des principes techniques qu'elle impose. Or les réalités culturelles sont différentes les unes les autres selon que l'on se trouve dans telle ou telle région.

---

[360] *Idem.*

[361] KÄ MANA, *L'Afrique peut-elle mourir ?* Paris, Editions du CERF, 1991, p. 60.

B. Le système technicien face à d'autres systèmes socio- techniques

L'histoire sociopolitique de l'humanité nous apprend que l'idéologie et la propagande ont été toujours au service du totalitarisme. Nombreux sont les auteurs qui partagent cet avis. Ellul, voulant justifier le caractère totalitaire du système technicien dans le monde, note : « Ce que l'on transporte dans tous les pays du monde, ce ne sont pas des machines, c'est en réalité l'ensemble du monde technique, à la fois nécessaire pour que les machines soient utilisables et conséquence de l'accumulation des machines : c'est un style de vie, un ensemble de symboles, une idéologie[362] ». Plus bas, à la cinquième section, je tâcherai d'analyser de manière assez détaillée ces trois variables qui ravivent l'univers technicien : symbole, idéologie et ordre (style de vie technique).

Le fait que le système technicien s'impose de plus en plus dans le monde, sans pouvoir ménager d'autres systèmes, entraîne une problématique suscitant des questions liées non seulement à des considérations d'ordre culturel, mais aussi à ce qui concerne l'intégrité des autres civilisations ou l'existence d'autres idéologies. À la manière d'une étincelle sur la paille sèche, la propagation du système technicien s'étend de plus en plus à travers le monde, contraignant les systèmes antérieurs d'aliéner leurs légitimités. Or si ce système impérial et intolérant acceptait d'emprunter des ingrédients extérieurs à lui-même, l'espèce humaine trouverait peut-être réponse à certaines questions que la technoscience n'arrive pas à résoudre.

1. Le système technicien face à la civilisation africaine

Un adage africain stipule : « L'étranger ne voit que ce qu'il sait ». Cela suppose que tout être humain quelles que soient sa race, sa culture et sa religion, reste étranger à la compréhension d'une cosmologie à laquelle il n'appartient pas. La question de droit à la différence se pose dans ce cas et interpelle le principe de l'unicité de la Technique.

J'ai déjà montré ci-haut que la technique en tant qu'élément de la civilisation existe depuis que l'homme habite sur la planète. Jacques Blanc, dans son livre *Construire un monde solidaire*, montre que de-

---

[362] Jacques ELLUL, *op. cit.*, p. 196.

puis toujours l'humanité a eu recours aux techniques[363]. De ce fait, il évoque l'exemple de l'Algérie, estimant qu'avant la colonisation, ce pays maîtrisait la technique de production du blé et en exportait. L'Algérie maîtrisait les techniques du tissage, du travail du cuivre, de la construction, etc.[364] Ces techniques, poursuit-il, permettaient la reproduction du groupe social et un surplus pour les chefs, les soldats, les religieux...; elles correspondaient à un nombre réduit de professions, héréditaires, couvrant chacune l'ensemble du processus de production[365]. Cet argument prouve à suffisance que le système technique africain traditionnel vise la satisfaction minimale des besoins essentiels (nourriture, protection et vêtement), contrairement au système technicien dont l'objectif est l'atteinte du résultat le plus efficient dans tous les secteurs d'activité humaine.

Fondées en ces besoins essentiels, les techniques africaines couvrent un champ immense. Mais l'histoire moderne réserve peu de place aux savoir-faire africains. On trouve rarement dans les livres d'histoire africaine des chapitres sur la manière dont les premières générations d'Africains avaient tenté de résoudre les problèmes pratiques de leur vie quotidienne. Goudjinou P. Metinhoue estime qu'en Afrique noire, on ne peut pas continuer à limiter la recherche historique aux thèmes considérés comme classiques et universels[366]. Les penseurs africains, dans le souci d'enrichir l'histoire des techniques africaines, ont essayé d'étayer les « savoirs endogènes ». Paulin Hountondji appelle cette discipline ethno-technologie, c'est-à-dire « l'étude des savoirs traditionnels (ethnoscience) transmis de génération en génération[367] ». La civilisation africaine - comme c'est le cas pour de nombreuses civilisations traditionnelles - ne peut aller au-delà des besoins élémentaires et encore moins s'accommoder au système technicien, à cause de sa complexité. Jacques Ellul insiste sur la cause de l'inadaptabilité africaine aux éléments du système technicien. « Nous connaissons bien le cas de ces machines, écrit-il, qui données à certains pays africains restent inutilisées, sous des hangars, à se perdre en

[363] Jacques BLANC, *Construire un monde solidaire. Une logique nouvelle*, Paris, Les bergers et les mages, 1992, p. 45.
[364] *Idem.*
[365] *Idem.*
[366] Goudjinou P. Metinhoue, L'étude des techniques et des savoir-faire : questions de méthode, sous la direction de Paulin J. HOUNTONDJI, *Les savoirs endogènes : pistes pour une recherche*, Paris, Karthala, 1994, p. 37.
[367] *Ibid.*, p. 38

vain. Ici ce n'est pas avant tout une question de compétence, c'est bien plus une absence de conformité du style de vie, de l'organisation sociale, etc.[368] Cette vision de Jacques Ellul ne corrobore pas moins celle de Jacques Blanc lorsque ce dernier soutient qu'en Algérie les techniques traditionnelles impliquaient des valeurs telles qu'appartenance à un groupe, solidarité, sécurité dans la reproduction du passé, résistance à l'enrichissement individuel. Cependant, reconnaissant l'existence des dominations en Afrique, Jacques Blanc précise toutefois que celles-ci devaient être légitimées ou confirmées par l'idéologie du groupe[369].

Evoquant la question de transfert de technologie, Ellul ne s'attèle pas à la détermination exacte de la nature du don (clé en mains ou pas). Il finit ainsi par déboucher fatalement à ce dilemme : « ou bien la machine est utilisée, alors elle implique un certain type de relations familiales, d'organisation économique, une certaine psychologie, une idéologie de productivité, d'efficacité, etc. ; ou bien elle ne sera pas utilisée[370] ». Le pessimisme d'Ellul persiste dans ce cas du fait qu'il demeure dans cet embarras sans chercher un choix judicieux pour l'Afrique, une voie adéquate pour elle. Or, en toute évidence, la première partie de l'alternative correspond mieux au diapason africain. Il conviendrait de conditionner les techniques modernes en les adaptant à certains éléments de la civilisation africaine. Ainsi, les sociétés africaines pourraient convenablement s'intégrer dans le système technicien non pas dans sa dimension phénoménale, mais en tant que modèle du progrès technique. Toutefois, Axelle Kabou s'interpose en montrant comment les Africains semblent être indisponibles à l'assimilation de la méthode et de l'organisation occidentales. Ils gaspillent leurs maigres ressources, sabotent tout ce qui pourrait fonctionner durablement au profit du plus grand nombre, détestent la cohérence, la transparence, la rigueur[371]. En Afrique, généralement l'homme est inconscient en matière de recherche scientifique. Les universités africaines elles-mêmes n'en sont pas compétitives. L'homme de science agit non pas pour promouvoir la science, mais pour servir ce à quoi il s'identifie. En Occident par contre, la conscience et son contraire sont

[368] Jacques ELLUL, *op. cit.*, 1977, p. 196.
[369] Jacques BLANC, *op. cit.*, p. 46.
[370] Jacques ELLUL, *op. cit.*, 1977, p. 196.
[371] Axelle KABOU, *Et si l'Afrique refusait le développement ?*, Paris, L'Harmattan, 1991, p. 23.

au service de la science. Cette attitude rend toujours les Africains vulnérables vis-à-vis d'autres systèmes.

L'accès de l'Afrique au progrès technique a donc un préalable : la réforme du système transmetteur. Quant aux conditions, il faudrait en premier lieu que le système technicien s'écarte de ses bases capitalistes, rationalistes et manichéennes, et qu'il soit fondé sur des valeurs et principes humanitaires ; autrement dit, il faudrait que la Technique cesse d'être une finalité absolue, une fin en soi. Car, dans les civilisations africaines, le développement se conçoit non pas en fonction des biens matériels, mais de l'agent qui en constitue la finalité.

2. Le système technicien et la culture islamique

De toutes les cultures que l'on connaît dans le monde, la culture musulmane est actuellement la plus imperméable, la plus intolérante et la plus hostile au système technicien. Elle se caractérise surtout par une certaine violence vis-à-vis des mœurs et valeurs extérieures. Il faut remonter à près d'un siècle en arrière, à l'époque du Sultan Ottoman Abd al Hamid, de l'expansion du Cheikh Somouni en Tripolitaine et l'actuelle Libye, où l'on parlait de Pan-islamisme, pour assister de la part d'Occidentaux déconcertés, à la même surprise, la même épouvante que celle qui les agite aujourd'hui et dont une grande part vient de l'incompréhension.

Nombreux sont ceux qui essaient de s'expliquer le phénomène par toutes sortes d'approches extrinsèques, par les stratégies internationales, les déceptions, ou encouragements qu'elles peuvent en recevoir, la décolonisation, l'opposition de blocs, l'enchérissement du pétrole, les tensions régionales. Mais pour ma part, l'approche de l'Islam est à faire essentiellement du dedans : le système technicien n'est pas en mesure d'absorber complètement la culture islamique en lui imposant une autre culture ! Dire cela n'est pas seulement une leçon pour l'Occident, c'est à certains égards une situation en cours d'être vécue.

Naturellement, une société ne peut résoudre que les problèmes qu'elle se pose elle-même et non pas ceux qui lui sont posés par les autres, extérieurs à elle en quelque sorte. Si l'Islam pose actuellement des problèmes au monde, ceux-ci sont corrélatifs des problèmes qu'il se pose à lui-même. Dans cela, la rigueur de la *Charia* est pour beaucoup.

Certains penseurs islamiques répugneront à cet aspect du problème mais toutes les situations que nous pouvons remarquer ne ramènent-elles pas à une interrogation fondamentale : l'Islam va-t-il et comment va-t-il se renouveler devant les transformations du monde ; dans quelle mesure peut-il s'intégrer dans le système technicien au sein duquel tous les systèmes mondiaux sont condamnés à s'engager ? Deux possibilités peuvent cependant être envisagées : soit en adaptant certains rythmes du système technicien, soit en le traitant par un recours à ses propres fondements et en s'enfermant dans sa solitude.

Historicité d'un côté, fondamentalisme de l'autre, deux perspectives apparemment opposées que nous devons recroiser pour essayer de mieux comprendre les phénomènes tels qu'ils se présentent aujourd'hui. Que l'Islam soit dans le monde, dans la mesure où il participe du monde, l'histoire de deux derniers siècles pourra nous en convaincre.

Les premiers ébranlements de l'Islam datent du XVIIIème siècle, pendant lequel en Inde, un réformateur d'une importance extrême, ignoré dans l'Islam occidental, Cheikh Ouali Houla de Derby, à peu près contemporain de Cheikh Ibn Abdel Houabab dont les enseignements sont encore en vogue actuellement en Arabie Saoudite, inaugura une approche sans précédent dans son pays et dans l'Islam, un écho du mouvement qui animait le monde au siècle des Lumières. Le Cheikh Ouali Houla était un partisan convaincu de la rationalité. Ces deux penseurs essayaient de régénérer l'Islam à ses sources vives en tâchant de le restaurer contre les déformations qu'il avait subies.

Le siècle suivant est marqué par les efforts de Jamal al-Din al Afghani (ainsi appelé ironiquement parce qu'il était iranien) et Cheikh Abduh l'Egyptien, efforts de rationalité, de combativité qui opposent certaines des tendances actuelles, les uns soulignant la prédestination de tout événement, d'autres s'efforçant de sauvegarder au mieux l'initiative et la liberté humaines. En tout état de cause, l'Islam n'est pas anti-capitaliste, *a contrario* l'idéal coranique stimule un enrichissement dans les limites de la sauvegarde de l'intégrité divine. Ici, l'accent est mis sur le bon usage des biens, sur le mérite qu'il y a à les dépenser avec intelligence et à les distribuer avec générosité[372]. Or le système technicien se fonde sur des bases plus machiavéliques, indisposées à intégrer une telle prescription morale.

---

[372] Maxime RODINSON, *Islam et capitalisme*, Paris, Ed. du Seuil, 1966, p. 121.

Notre époque connaît un contraste entre "progressisme" et "intégrisme": deux mots issus de l'Occident mais qui ne sont peut-être pas d'un emploi extrêmement pertinent pour l'Islam. Souvent l'amalgame persiste entre la religion musulmane et la culture arabe. Mais le grand dilemme réside au sujet de l'ouverture au monde, d'un côté, et au retrait sur soi, de l'autre. La problématique reste compliquée et inexplicable. Comment qualifier, par exemple, l'Islam indonésien qui, il y a quelques années, servait de point d'appui à un coup d'État très réactionnaire ? L'Iran actuel qui applique une révolution islamique ? Mais le régime libyen aussi se qualifie dans un sens assez différent de révolution islamique. L'Arabie saoudite se réclame aussi de la théologie islamique dans un sens qui n'est que peu révolutionnaire. Il y a surtout ces pays dont la société est fracturée entre intégristes et progressistes, tels l'Égypte et l'Algérie. À cause de la rigueur religieuse, l'intervention américaine en Irak a laissée derrière elle une catastrophe épouvantable.

Dans ces pays, nous constatons l'existence d'une confusion dramatique entre deux approches, deux réalités humaines en conflit dans la société, dans l'assise territoriale des pays, dans chaque psychisme : d'un côté, l'élan vers la modernité, la rénovation (en arabe : *tejddid* ou *tajaddoud*), le système technicien, et de l'autre, l'instinct de l'authenticité, l'esprit conservateur. Conciliation difficile pour tout homme moderne, y compris dans les sociétés européennes, mais encore plus dans les sociétés colonisées par l'Occident. L'Islam au cours d'un siècle de dépendance a été dans son corps temporel presque complètement décentré de ses bases par les nécessités de résistance et d'adaptation; problème qui déplaçait les termes du conflit entre la modernité et l'authenticité. Aujourd'hui, on parle de conflit de civilisations, Al Qaïda au premier rang face aux néo-croisés.

Certains auteurs occidentaux, comme Louis Massignon[373], font croire qu' « une politique musulmane vraiment réalisatrice doit se résoudre à envisager l'adaptation au monde moderne des formes spécifiques de la société musulmane, puisqu'elle ne veut pas mourir[374]; à considérer jusqu'à quel point la défense de l'ordre social occidental (entendez l'ordre technicien) peut associer les musulmans à la défense sociale de leur culture traditionnelle, de leur règle de vie commune, de

---

[373] Louis MASSIGNON, *Introduction à l'étude des revendications islamiques*, Paris, Editions Ernest Leroux, 1920, p. 21.
[374] C'est l'auteur lui-même qui insiste.

leur patrimoine de croyants ». De ce fait on peut remarquer les sociétés qui sont obsédées par l'instinct de rattrapage, d'ajustement matériel : industrialisation, accès à la culture technicienne etc., pour combler les retards effrayants de l'histoire. Or ce rattrapage ne s'opère qu'au prix de l'imitation de l'autre, laissant au fond de soi-même la béance de l'identité qui appelle d'autres forces pour marquer sa résistance.

3. Le système technicien et la culture judéo-chrétienne

Nul ne peut mettre en doute le fait que la culture chrétienne ait favorisé l'essor du système technicien dans le monde. En effet, le système technicien a émergé avec les méthodes capitalistes avant de se confirmer comme système à part entière. C'est à partir de l'esprit du capitalisme tel que Max Weber l'a expliqué que l'on peut comprendre le phénomène technique et les conditions du progrès technique. La constitution de cet esprit, selon Weber, passe forcément par la rationalité qui est à la fois élément majeur des promotions capitaliste et technicienne. En développant sa thèse sur le protestantisme, Weber estime que « l'on devrait considérer historiquement le protestantisme comme une étape antérieure d'une philosophie purement rationaliste[375] ». Dans son analyse, il décrit le grand bouleversement des Temps Modernes, la transformation dans les mentalités du rapport à l'argent et à la fortune. Selon lui, l'homme s'est détaché de l'esprit médiéval dominé par la parole évangélique selon laquelle « il est plus facile à un chameau de passer par le chas d'une aiguille qu'à un riche d'entrer dans le royaume de Dieu » (Marc 10:25), pour se livrer à des œuvres terrestres, car le succès de ses entreprises est le signe de la grâce divine.

En réalité, le progrès technique en Occident n'est pas une grâce divine, il est le résultat d'un concours des circonstances sociologiques, écologiques et historiques. Il importe donc de souligner que toutes les régions ayant connu des remarquables immigrations juives dans leur histoire sont celles qui ont produit de nombreux savants, raison pour laquelle la terre promise n'est plus l'Israël, mais plutôt le monde technicien qu'elles ont érigé. De ce fait, Jérusalem n'est plus le centre du monde, New York assume désormais ce rôle messianique permettant à

[375] Max WEBER, *L'éthique protestante et l'esprit du capitalisme*, Paris, Plon, 1993, p. 79.

Manhattan city d'être la nouvelle acropole. À savoir, la déférence due à Bill Gates se doit de dépasser celle encore due à sa Sainteté le Pape de Rome. La limousine de Gates, comme celle de Rockfeller, sont plus en sécurité que la papamobile. Le monde occidental connaît un progrès matériel sans limite, en conséquence son patrimoine religieux se dilue sur fond de Technique.

Depuis que l'Occident affronte une réelle déperdition du christianisme à cause d'une telle déviation nihiliste à laquelle incite le spectacle du phénomène technicien, un autre débat s'engage, opposant la science et la foi. Le développement des sciences et techniques, ayant causé à la foi chrétienne une formidable baisse en Occident, fait émerger des discussions centrées sur le fidéisme. Or, dans ce monde occidental hérité des ancêtres chrétiens depuis les temps médiévaux, leurs descendants, principaux acteurs du progrès scientifique, semblent eux-mêmes désengagés de ce débat. Une dichotomie indéchiffrable et absurde. En effet, l'état d'esprit occidental ne se marque pas simplement d'agnosticisme, mais aussi d'un scepticisme latent en aval de l'abandon du christianisme, position parfois alimentée d'un athéisme irraisonné devant lequel la Technique, donne incontournable sur tous les plans, se présente comme un défi à relever.

4. Le système technicien face aux systèmes capitaliste et industriel

Dans son acception sociologique, le système capitaliste suppose un ensemble de principes qui s'efforce d'assurer et de protéger la liberté d'un sujet économique : liberté du commerce, liberté du travail, liberté des contrats, etc. Le droit de propriété absolue est l'expression fondamentale de cette liberté. Ces principes ou lois favorisent l'essor de nouvelles unités de production dont les effets de multiplication se généralisent en donnant naissance à une société capitaliste.

Dans sa réalité historique, la société capitaliste est née des cendres de la société féodale entre les 11e et 12e siècles. Il a fallu plusieurs siècles pour qu'elle se cristallise et prenne la forme qu'elle recouvre à notre l'époque. La révolution industrielle du 18e siècle n'a pas seulement produit l'industrie moderne, elle a aussi favorisé le développement de l'entreprise capitaliste dont l'objectif primordial est de réaliser le bénéfice maximum. Autrement dit, le but de l'entrepreneur capitaliste n'est pas l'atteinte du résultat le plus efficient comme dans le système technicien, mais plutôt la réalisation du plus grand profit possible. Mais, à cause de son manque d'efficience et de spécialisation, l'entreprise capitaliste se dilue de plus en plus au sein d'autres entités macro-économiques qui forment le système industriel, relayé à son tour par le système technicien. Je dois dire qu'il s'agit d'un mécanisme évolutif dont le stade suprême reste cette combinaison entre la Technique et son progrès. Pour parvenir à ce stade, tout est parti du capitalisme. C'est ce que soutient Lewis Mumford lorsqu'il écrit : « Sans l'aiguillon du profit commercial, la machine n'aurait pu être inventée si rapidement et répandue avec tant de zèle. Les occupations artisanales les plus habiles étaient fortement enracinées. L'introduction de l'imprimerie, par exemple, fut retardée pendant vingt ans à Paris par la violente opposition de la corporation des scribes et des écrivains publics. Si la Technique a sans aucun doute une dette envers le capitalisme - comme envers la guerre d'ailleurs - il est cependant regrettable que la machine ait été conditionnée à ses débuts par ces institutions et ait pris un caractère qui n'a rien à voir avec les opérations techniques ou les formes de travail.[376] ». Cependant, l'auteur, ayant reconnu l'influence du capitalisme sur la Technique, précise : « Le capitalisme n'a pas utilisé la machine en vue d'un mieux-être social, mais pour accroître les bénéfices privés[377] ». Dans son stade macro-économique, estime-t-il, les instruments mécaniques (entendez les usines) ont servi à enrichir des classes dirigeantes. C'est par le produit de la machine que le capitalisme a écrasé presque toutes les industries artisanales en Occident[378]. Les principaux caractères légués au système technicien par le capitalisme sont les prestiges du progrès, du succès et de la puissance, même lorsque la Technique n'améliore rien, même lorsqu'elle est techniquement un échec[379].

Le système technicien s'impose au moment où les objectifs de la grande entreprise change. Ce n'est plus le profit qui est forcément recherché, mais l'efficience, c'est-à-dire le moyen le plus efficace pour améliorer la Technique. Certes, la place de la Technique a été exagérément gonflée et le degré d'enrégimentement poussé au-delà de ce qui était nécessaire pour maintenir l'harmonie et l'efficacité en raison des possibilités du profit ; mais le système technicien cherche à œuvrer dans la neutralité. Si la Technique est un agent réellement neutre dans sa naturalité, par contre, le système technicien, alimenté des méthodes

---

[376] Lewis MUMFORD, *Technique et civilisation*, Paris, Seuil, 1950, p. 119.
[377] *Idem.*
[378] *Idem.*
[379] *Idem.*

capitalistes est néfaste à la société, insoucieux de la vie humaine, indifférent aux intérêts humains fondamentaux. Les deux systèmes fonctionnent pourtant autour d'un même centre de gravité : l'industrie. A propos de l'industrie, Pierre Ducassé écrit qu'elle est le symbole même des puissances ambiguës parce que le fer qui permet la charrue permet aussi le glaive[380]. Au bout du compte, le capitalisme profite des vertus de la Technique, qui, de son côté, endosse en conséquence les péchés du capitalisme.

La démarcation entre les deux types de systèmes est telle que les systèmes capitaliste et industriel produisent pour la promotion du marché, tandis que le système technicien produit pour la promotion de la Technique. Dans l'évolution industrielle, il n'est plus question de l'entrepreneur - seul propriétaire des machines -, mais de la technostructure. À ce sujet, l'économiste John Kenneth Galbraith écrit : « Dans le passé, la direction de l'entreprise s'identifiait avec l'entrepreneur, c'est-à-dire l'individu qui joignait au contrôle du capital la capacité d'organiser les autres agents de production et dans la plupart des cas, une aptitude à l'innovation. Avec la croissance des grosses sociétés, avec l'apparition de l'organisation qu'exigent la technologie et la planification modernes, et avec le divorce survenu entre la propriété du capital et la direction effective de l'entreprise, l'entreprise n'existe plus en tant que personne individuelle dans la firme industrielle évoluée[381] ». Cependant, la position de la technostructure, dans l'organisation macro-économique, se place à mi-chemin entre le système industriel et le système technicien. Il s'agit d'une étape transitoire sur l'axe qui mène d'un système à l'autre. Son objectif s'étend de la gestion des entités productives à l'élaboration des réglementations internes, des projets à long et à court termes. Nul n'est l'objet d'exploitation par l'autre.

Contrairement à la technostructure industrielle échelonnée des cadres aux manœuvres, la technostructure du système technicien reste invisible, de sorte qu'il devient difficile de distinguer l'inventeur de l'innovateur, le décideur de l'exécutant, l'ingénieur de l'ouvrier. La Technique les englobe tous et forme un bloc compact et indissociable. Elle n'obéit qu'à elle-même et s'autodétermine indépendamment de la volonté politique. C'est le Politique qui, par contre, cède à ses intran-

---

380 Pierre DUCASSÉ, *Histoire des techniques*, Paris, PUF (Que sais-je ?), 1945, p.10.

381 J. K. GALBRAITH, *Le Nouvel état industriel*, Paris, Gallimard, 1968, p. 81.

sigeances opportunes. Ce phénomène se remarque lorsque certaines législations nationales, par exemple, confirment l'incapacité des gouvernements à arrêter le massacre des fœtus humains dans la société, par la légitimation de la pratique d'interruption volontaire des grossesses (IVG).

Dans le système capitaliste, l'entrepreneur se présente comme le principal moteur, il dispose de l'emprise sur les ouvriers. De son côté, le système industriel, bien que divisé entre cols blancs et cols bleus, dépend en grande partie de l'État qui donne des orientations tant sur le plan social qu'économique. Aussi, l'État est en même temps fournisseur et client. Mais le système technicien dépasse le cadre étatique, voulant se prendre lui-même en charge. L'amplitude de son champ d'influence devient sans limite. Il se révèle alors un système universel, transnational. Mais, son autonomie semble devenir utopique dans la mesure où l'État reste l'institution la plus élevée et souveraine dans les relations internationales. Puisque l'Etat-Nation doit justifier sa toute-puissance par le niveau élevé de son progrès technique, il ne peut s'en passer délibérément. Quoi qu'il en soit, le système technicien est assez fort par lui-même pour assurer le développement adéquat de la Technique. On le constate notamment lorsque les laboratoires du monde entier collaborent sans faire intervenir leurs gouvernements respectifs. Aussi, l'Internet, les autoroutes de l'information, toutes ces « Nouvelles Technologies de l'Information et de la Communication (NTIC) » ne tiennent jamais compte des frontières nationales.

5. Le système technicien et le système socialiste

La vision pessimiste du système technicien pouvait être contrebalancée par les victoires du socialisme. Mais cette philosophie sociopolitique n'a pas réussi à faire triompher les idées du changement telles qu'elles avaient été énoncées par plusieurs penseurs gauchistes. La Russie et la Chine ne figuraient pas au programme de la stratégie révolutionnaire du renversement du capitalisme conçue par Marx et Engels. Les principales cibles étaient en Europe occidentale : l'Angleterre, la France et l'Allemagne. Mais, les partis marxistes avaient pris le pouvoir dans des pays dont le capitalisme n'en était qu'à l'étape embryonnaire. La Russie tsariste qui était encore une région rurale ne pouvait attirer l'attention de Karl Marx à cause de sa non-conformité aux critères d'une véritable société industrielle capitaliste : centralisation des moyens de production, exploitation rationnelle de la main d'œuvre ouvrière, distribution massive d'objets standardisés et réinvestissement du capital. Marx et Engels pensaient que le capitalisme extrayait une forme excédentaire d'énergie humaine dont le "vol" au prolétaire constituait la plus-value. Le problème était alors, selon eux, de récupérer cet excédent et de le socialiser.

D'après le programme qui devait aboutir au dépérissement de l'État, tel que l'avait conçu Marx, les antagonismes de classes, produit du système capitaliste, auraient disparu dans le cours du développement, et toute la production serait concentrée entre les mains des individus associés. Selon sa logique, il n'y aurait ni entrepreneur, ni technostructure, ni pouvoir politique. Au sens strict du terme, le pouvoir politique est un pouvoir organisé d'une classe pour l'oppression d'une autre. « Si, dans sa lutte contre la bourgeoisie, écrivaient Karl Marx et Friedrich Engels, le prolétariat est forcé de s'unir en une classe ; si, par une révolution, il se constitue en classe dominante et, comme telle, abolit violemment les anciens rapports de production - c'est alors qu'il abolit en même temps que ce système de production les conditions de l'existence de l'antagonisme des classes ; c'est alors qu'il abolit les classes en général et, par là même, sa propre domination en tant que classe. L'ancienne société bourgeoise, avec ses classes et ses conflits de classes, fait place à une association où le libre épanouissement de chacun est la condition du libre épanouissement de tous[382] ».

L'application du schéma socialiste en Russie par Lénine était vouée à l'échec à cause de son anticipation. Les Bolchéviques auraient dû attendre l'âge du capitalisme pour déclencher leur révolution. L'erreur de Mao Zedong en Chine communiste serait d'une autre nature. Ce que Mao appelait « révolution verte » n'était rien d'autre que l'édification de toute sa politique sur la règle du nombre (les masses laborieuses) et sur le culte de la personnalité. Le Timonier de la révolution chinoise avait négligé de prendre en compte les principes fondamentaux de la philosophie chinoise.

En tout état de cause, l'idéologie socialiste, si elle a été juste, semble devenir utopique : le capitalisme - terme qu'il faut entendre plus que jamais comme désignant le système global de la circulation de la valeur - serait désormais la consommation de l'humanité par elle-même. En plaçant l'homme dans le cycle continu des emplois de la Technique, la société d'utilité - système au sein duquel la Technique

---

[382] K. MARX et F. ENGELS, *Manifeste du parti communiste*, Paris, Editions Sociales, 1964, p. 14.

seule prédomine - fait de l'homme une ressource consommable comme les autres.

Contrairement au système technicien qui place l'homme à un rang inférieur à la Technique, les valeurs dans le système socialiste placeraient l'être humain au sommet dans la cosmogonie universelle. Car, l'idéal, suivant la pensée marxiste, est l'épanouissement de chacun et de tous. Selon Roger Garaudy, le socialisme est un projet de société indispensable à la réalisation d'un modèle de civilisation et d'un modèle d'homme nouveaux. Ces modèles supposent que la technique s'applique à sa juste mesure, qu'elle ne soit plus seulement une nécessité de subsistance externe, mais un besoin interne de création. « La nouvelle révolution scientifique et technique, écrit Garaudy, laisse entrevoir (...) la perspective d'une « négation de la négation », c'est-à-dire d'une nouvelle inversion des rapports du sujet et de l'objet, de l'homme et de la machine, conférant au sujet, à l'homme, sa primauté et sa maîtrise, dépassant l'antinomie entre la direction et l'exécution, entre le travail intellectuel et le travail physique, instaurant ainsi l'homme, contre les dualismes maléfiques du passé, son intégrité et sa plénitude[383] ». L'auteur estime que pour créer cette société nouvelle, il importe que la propriété sociale ne soit plus identifiée à la propriété d'État, comme dans certaines formes de socialismes, et surtout que l'État lui-même échappe à la trop grande centralisation et à la bureaucratie. L'auteur pense alors que cette révolution s'exprime par le rôle croissant que joue la technoscience dans la production. Celle-ci devient immédiatement une force productive, allant jusqu'à produire une intelligence artificielle qui dépasse largement celle de l'homme. Mais, puisqu'elle reste la seule force dominante dans l'usage des techniques, elle s'implique irrésistiblement dans le système technicien.

En toute réalité, le système socialiste n'a pas été aussi rigoureux, il ne s'est pas avéré capable de démanteler le mécanisme du système technicien afin de pouvoir le relayer à partir du modèle préconisé par Karl Marx. Le marxisme, en tant que théorie, comporte à la fois une critique de l'aliénation humaine dans la société, une analyse historique du capitalisme, et une prédiction pseudo-scientifique quant au dénouement des contradictions du capitalisme. Il s'agit d'une philosophie libératrice qui s'insurge contre toutes les machines à domination. Son échec d'applicabilité n'incombe pas à Marx, mais plutôt aux ré-

[383] Roger GARAUDY, *Le grand tournant du socialisme*, Paris, Gallimard, 1969, pp 37-38.

gimes qui s'en sont fait un drapeau. À ce sujet, un philosophe marxiste, Waldeck Rochet, écrit : « quels que soient les dommages causés par le culte de la personnalité, cela ne doit pas nous empêcher - pour juger la nature humaniste du socialisme - de considérer tout ce que le socialisme a effectivement apporté aux peuples de l'Union soviétique et au mouvement ouvrier international[384] ».

La "soviétisation" de la société dans le monde communiste renforçait le pouvoir technique au lieu de privilégier le pouvoir social. Tout au long du cheminement socialiste dans les pays dits du bloc communiste, la technoscience évoluait sous le contrôle de l'État qui en faisait l'instrument de sa politique. Depuis l'échec du projet communiste, le capitalisme est présenté comme le cadre indépassable de l'efficacité humaine et les notions de communisme comme de socialisme sont dénaturées par la défaillance même d'une forme pervertie qui s'est retournée contre les peuples[385]. Le système technicien, considéré comme le stade suprême de l'évolution capitaliste s'accommode plus aux notions de libéralisme, d'économie de marché ou de libre entreprise, de libre concurrence, etc., plutôt qu'à celles de dictature du prolétariat, d'État social ou de communisme. En Chine, l'ancienne « révolution culturelle » a été remplacée par l'économie de marché. Certes, les résultats sont accompagnés d'une croissance explosive, mais le grand danger social vient de ce que les nouveaux riches Chinois deviennent des « capitalistes rouges[386] » au lieu d'être capitalistes libéraux.

6. Le tradi-modernisme et ses problèmes

Depuis la fin de la Guerre froide et l'effondrement du bloc communiste, le monde est presque devenu un village planétaire, non pas seulement sur le plan politique, mais aussi sur le plan technologique. L'Internet et les autoroutes de l'information commencent à re-

---

[384] Waldeck ROCHET, *Le Marxisme et les chemins de l'avenir*, Paris, Editions sociales, 1966, p. 31.

[385] Francette LAZARD, *La révolution inattendue*, Paris, Messidor/Editions sociales, 1991, p.56.

[386] Le capitalisme rouge est un système par lequel les propriétaires des moyens de production méprisent les prolétaires, étalant leurs richesses devant des masses désœuvrées chassées de la terre par la médiocrité du niveau de vie. Ce système encourage la main-d'œuvre presque gratuite et l'emploi massif des femmes dans les entreprises.

lier toutes les villes du monde à tel point que les hommes ne se sentiront plus éloignés les uns des autres. Le système technicien conduit à une civilisation qu'il forge lui-même. La technicisation de notre monde est devenue une réalité, mais dans la limite de certaines considérations culturelles propres à chaque peuple. C'est là que se situe la question de l'intégration dans le système technicien.

Plusieurs écrits essaient de sonder la stratégie de la réussite japonaise. D'aucuns parlent du « miracle japonais », mais n'identifie pas les facteurs responsables de l'accession du Japon au progrès technique.

L'ouverture de l'Empire japonais au monde occidental s'étant passée par négociation, le peuple nippon eut l'occasion d'assimiler la culture technicienne en provenance de l'Occident en corrélation avec sa culture traditionnelle. L'esprit du travail imputé aux Japonais serait une expression vide de sens ; ce qui aurait favorisé ce prodigieux « bond en avant économique japonais » serait plutôt l'application des mœurs et coutumes traditionnelles aux acquisitions culturelles nouvelles. L'ère Meiji marque le début de la période de mutation technologique. Mais les archétypes de la culture japonaise remontent à des temps immémoriaux. L'Occident les a épargnés sans pouvoir les démanteler comme ce fut le cas en Afrique, au seuil de la colonisation. L'exorcisme et l'ascèse sont pratiqués au Japon jusqu'à ces jours ; le shintoïsme, par exemple, n'a pas pu être remplacé par la doctrine chrétienne : les pagodes existent toujours ; le respect dû à l'Empereur reste un acquis solidement enraciné dans le comportement de ce peuple, pour ne citer que ces exemples. Aussi, les Japonais n'accordent pas foi en mythe de l'homme blanc, contrairement à ce que veulent démontrer certaines études, notamment celle de Karoline Postel-Vinay[387]. Par contre, en Afrique, la pénétration occidentale a été en même temps envahissante et agressive, marquée par la politique de la table rase. Pendant quatre siècles environ, l'Occident a utilisé la loi du plus fort devant des peuples pacifiques. De la traite négrière à la colonisation, l'Occident s'est engagé à démanteler les substrats culturels africains ainsi que l'ensemble de forces productives traditionnelles. Il a réussi facilement à enrayer les structures mentales, sociales et culturelles des Africains en leur imposant de surcroît une culture inadéquate, non conforme à leurs propres valeurs et à leur mode de vie traditionnel.

---

[387] Karoline POSTEL-VINAY, *La révolution silencieuse du Japon*, Paris, Calmann-Lévy, 1994, pp. 35-37.

L'animisme, réservoir par excellence des connaissances techniques, a été neutralisé, déraciné foncièrement et relayé par des philosophies religieuses d'origine étrangère. Le mécanisme d'Inquisition fonctionnait normalement. La religion chrétienne par exemple, à peine introduite par le colonisateur, s'est engagé dans une sérieuse campagne d'obstruction. Sa première entreprise fut d'interdire les mœurs et coutumes africaines, de bannir leurs pratiques ancestrales, leurs savoirs endogènes. L'État colonial lui assignait, en vertu de sa position proche de la masse autochtone, cette mission extra-religieuse importante de démanteler les structures traditionnelles préexistantes sous prétexte d'acculturation, c'est-à-dire, graver dans l'esprit des peuples colonisés de nouvelles mentalités qui répondent aux nouveaux impératifs de la colonisation. Au Congo belge, un certain évêque, à travers ses homélies, ses écrits et ses actions pastorales, ne cessait de manifester son désir le plus ardent d'enrayer toutes les pratiques et savoirs ancestraux dans leur intégrité. Dans l'une de ses publications rédigées entre les années 1920 et 1925, une note introductive met en relief cette question : « Que pouvons-nous faire valoir avec avantage, pour détourner nos néophytes de l'usage des fétiches ?[388] ». Plus loin, l'évêque dévoile sa propre réponse, estimant qu' « en cultivant la crainte des châtiments de Dieu et l'espoir de ses récompenses en des néophytes, on les éduque parfaitement dans le sens de leur psychologie ; car pour un *muntu* [389] comme pour tous les hommes, la crainte des peines éternelles et l'espérance du bonheur éternel sont les facteurs les plus puissants, les plus naturellement aptes pour le décider à éviter le mal et à faire le bien. Pour donc lui inculquer le sentiment de ses devoirs envers Dieu, poursuivit-il, il faut imprimer, le plus vigoureusement possible, en son âme la crainte du jugement et de l'enfer, le désir du ciel, et les y entretenir[390] ». Je peux confirmer, du reste, que cette campagne obscurantiste était parfois accompagnée de violences physiques et de contraintes judiciaires.

L'efficacité de cette politique de la table rase, facilitée par l'absence de l'écriture en Afrique précoloniale, montre aujourd'hui ses effets néfastes dans une société africaine nouvelle ayant sensiblement perdu ses repères, c'est-à-dire les traces essentielles de son authenticité culturelle.

---

[388] Mgr Auguste de CLERCQ (CIM), *Les chrétiens devant les Manga, Bakishi, Mikiya*, Kananga, Editions de l'Archidiocèse, Réimpression, 1985, p. 5.
[389] Le terme "muntu" (en langues bantoues) signifie : personne humaine.
[390] Mgr Auguste de CLERCQ (CIM), *op. cit.*, pp.30-31.

La présence occidentale actuelle en Afrique sous sa monstruosité capitaliste constitue ainsi un frein majeur à l'insertion des sociétés africaines dans le système technicien d'autant plus que le capital lui-même se trouve accumulé et bloqué au nord de la planète. À la limite, le capitalisme accompagne la mondialisation[391] dans le but d'entretenir le système technicien. L'absence de vases communicants, c'est-à-dire manque de dialogue entre modernisme et traditionalisme en Afrique, commence à susciter un réveil de conscience parmi les Africains.

En tant que partisan du modèle occidental auquel je me suis abreuvé par l'école et la culture, ma position fait de moi le détenteur non pas d'un savoir, mais des connaissances, et l'allié inconscient d'un système asymétrique (où sont définis le dominant qui sait et qui a un rôle à jouer, et le dominé qui a sa mentalité). Suis-je donc l'homme indiqué pour vraiment reconnaître l'ethnoscience qui est en conformité avec la culture africaine ?

La pratique dans le milieu africain et certains succès de l'ethnoscience m'incitent à plus de modestie et à remettre en cause l'option occidentale, fondée sur le principe de la pensée unique. Ces réalités amènent à prendre en considération les modèles africains, à interroger chaque chercheur sur les savoirs ethnoscientifiques des tradipraticiens (thérapeutes traditionnels), par exemple, sur les méthodes et les concepts qu'ils utilisent, et sur l'efficacité de ces méthodes. Le chercheur occidental, désormais à l'écoute de la tradition et du guérisseur, perd sa position d'enseignant et devient un "apprenant" pour découvrir l'ethnoscience qui n'est plus perçue uniquement comme l'étude comparative des connaissances dans différentes cultures, mais comme la façon dont sociétés et cultures produisent et consomment leurs savoirs, en trouvant solutions aux problèmes, non seulement matériels, mais psychiques. Il s'agit donc d'une compréhension et d'une pratique à déchiffrer dans chaque culture.

Contrairement au Sud-Est asiatique où le tradi-modernisme profite aux peuples autochtones, la coexistence entre les techniques africaines et modernes reste centripète. L'origine et la provenance de la racine du "ginseng" sont mieux connues que celles des plantes tropicales exploitées dans les laboratoires du CNRS. L'acupuncture qui a aujourd'hui ses adeptes en Occident et toute la pharmacopée orientale, dont ce légendaire *ginseng*, font bénéficier de brevets aux laboratoires

[391] La mondialisation n'est autre chose que l'avatar du capitalisme international.

asiatiques, mais l'ORSTOM[392] accumule gratuitement des connaissances homéopathiques et allopathiques tirées des rares descendants des guérisseurs survivant dans le monde tropical.

Le chercheur occidental fait aujourd'hui une profession de foi en l'existence des « valeurs asiatiques » jusqu'à reconnaître l'énergie *Yin-Yang* comme science[393] à l'origine de l'acupuncture, mais il dévalorise les « valeurs africaines » et ignore l'ethnoscience qui enrichit sans qu'il le sache certaines pharmacies occidentales, notamment dans le domaine de l'homéopathie. Très souvent, la dimension ésotérique, sacrée, religieuse de la cure traditionnelle africaine décourage le chercheur occidental à la culture et même le chercheur africain formé dans les universités occidentales. Cependant, le *Yin-Yang* qui n'appartient pas au domaine de la biologie moléculaire et qui échappe totalement à la rationalité et aux méthodes expérimentales occidentales, s'intègre sans restriction dans la technoscience : l'énergie *Yin-Yang* qui n'est même pas décelable à l'ampèremètre ! En Occident, on accepte sans incrédulité que les aiguilles d'or et d'argent des Chinois, en rétablissant l'équilibre de l'énergie *Yin-Yang* dans des canaux immatériels invisibles au microscope et indécelables au bistouri - dans lesquels elle circule - mettent le corps en condition pour que puisse s'accomplir la destinée spirituelle de l'homme. Face à l'Orient, l'occidentalisme se réduit pour avoir pris en compte certaines données de la philosophie orientale.

D. L'occidentalisme et son domaine d'action

1. L'anthropocentrisme et la question de l'homme

Parmi les études menées sur la question de l'homme, le structuralisme seul me paraît compréhensible, au sens fort du terme, dans le cadre d'une histoire récente. Au lendemain de la Première Guerre mondiale, cette idéologie s'installe dans certains milieux intellectuels de l'Occident, une mentalité caractérisée par le sens de la relativité de toute philosophie, la prise de conscience des limites de la rationalité et du rationalisme, les revendications d'esprits particuliers pour que vérité ne puisse être conçue que comme tension entre des vérités contra-

---

[392] Office de Recherche Scientifique dans les Territoires d'Outre-mer.

[393] *Cahier du CIRPES* n° 6, Juin - Décembre 1973, p. 53.

CIRPES : Centre International de Réflexion Prospective sur la Personne et sur la Société.

dictoires, la découverte de la solidarité comme dimension sociale et l'envoi à l'analyse du canon d'humanisme. Des discours éloquents se font entendre dans les auditoires académiques et dans des cercles des intellectuels. Des écrits se succèdent sans interruption : Nietzsche, Heidegger, Sartre et autres, évoquent chacun dans sa conception la question de l'homme et de l'humanisme. Leurs œuvres portent des questionnements sur l'être humain et sa signification.

Pendant ce temps, le structuralisme fait ses armes. Une littérature de voyages chez "les sauvages" remet en vigueur la tradition des explorateurs des 15e et 16e siècles, les langues africaines servent de banc d'essai aux théories linguistiques nouvelles, la recherche des marxistes occidentaux s'appesantit sur le mode de production asiatique et relève principalement dans les œuvres de Marx et Engels des textes qui assouplissent la théorie des stades ainsi que la rigidité jusque-là admise au sujet de l'évolution socio-économique. Il se fait alors sentir un besoin de dépaysement, de purification intellectuelle, d'un certain retour aux origines, souci quelque peu paternaliste d'égalitarisme, vague complexe du Blanc vis-à-vis du Non-Blanc, autant de mobiles réels. Il faudrait leur ajouter certains espoirs que l'on projette dans cette nouvelle "Amérique" du 21e siècle. En outre, la recherche méthodologique se double d'un malaise qui révèle un désarroi certain concernant la vision totale de l'homme, produit historique de la société européenne : l'anthropocentrisme européen.

Dans la foulée, les ethnologues interrogent l'histoire. Leur question : « Dans quelle mesure le mode de pensée proprement historique est apte à nous permettre de communiquer avec des modes de pensée non historiques ?[394] » est analogue à celle que les marxistes posent au capital : « Dans quelle mesure le caractère historique du capital permet-il une universalisation de son contenu non seulement à la société européenne d'aujourd'hui, mais aussi aux sociétés qui (...) ont connu un développement différent ?[395] »

Une chose est certaine, c'est que la différence pose problème. Il est cependant moins certain qu'il se soit agi à un quelconque moment de poser le problème de l'altérité à propos d'une "désoccidentalisation" ou "universalisation" du savoir scientifique. En effet, à l'intérieur du

---

[394] M. P. EDMOND, L'anthropologie structuraliste et l'Histoire, *La Pensée* n°123, octobre 1965, p. 43.
[395] *Ibid.*, pp. 43-44.

contexte européen, la question de la différence s'est posée de manière autrement plus aiguë pendant la décade 1940-1950 qui, reprenant le désarroi des années 30 et s'interrogeant sur l'héritage de Nietzsche, a ramassé en son sein, de manière particulièrement virulente, la question du sens de l'homme[396].

2. De l'homme-nature à l'homme occidentalisé

D'innombrables définitions de l'homme ont été données. Parmi elles, la plus pertinente, à mon sens, est celle d'Aristote qui définit l'homme comme un animal social. D'autres philosophes apportent la différence de leurs égards. Le thomisme estime que l'homme est une créature imprégnée d'animalité, mais partageant la perfection secrète de Dieu. Mais à mon avis, l'homme est la partie intelligible de la Nature dans la mesure où il crée ses propres standards sans recourir aux procédures étrangères. Boris Vian semble partager ce point de vue lorsqu'il estime que « l'homme est cette partie de la Nature dans laquelle la causalité peut, dans les circonstances appropriées, être remplacée par la finalité, dans laquelle la fin conditionne les moyens[397] ».

Selon les phénoménologues (Descartes ou Hegel), l'homme n'est qu'une conscience qui explore le monde, cherchant à découvrir le principe ultime de toute réalité. Le marxisme, de son côté, admet que l'homme est matière avant d'être agent de transformation. Mais, en tant que matière, il ne représente rien s'il est seul : il doit nécessairement être en relation avec ses semblables. Le rapport fondamental, c'est le mode social de production défini au cours des temps par le communisme primitif, l'esclavagisme, le féodalisme, le capitalisme, le socialisme et le communisme. Par ailleurs, l'existentialisme, idéologie animée d'abord par l'Allemand Heidegger et ensuite par le Français Sartre, admet que l'homme n'est rien, seulement il se distingue des autres êtres vivants par la conscience.

De son côté, le sociologue François Hetman introduit deux notions contraires : celle de l'homme grégaire et celle de l'homme socratique[398]. Il définit « l'homme multiple » qui est la caractéristique de l'homme grégaire comme celui dont l'intérêt profond de la condition humaine est de vivre pour le groupe et par le groupe. Celui-ci ressent

---

[396] MUDIMBE, V. Y., *L'autre face du royaume. Une introduction à la critique des langages en folie*, Lausanne, L'âge de l'homme, 1973, p. 50.

[397] Boris VIAN, *Traité de civisme*, Paris, Christian Bourgeois Editeur, 1979, p. 175.

[398] François HETMAN, *La maîtrise du futur*, Paris, Seuil, 1971, p. 18.

l'isolement individuel comme une maladie. Par contre, selon Hetman, l'homme socratique représente le mythe de l'homme isolé, « perfectible en tant qu'être de raison, libre arbitre, chercheur impénitent mais lucide d'une harmonie triadique où le beau, le bien et le vrai se confondent dans une même notion de rationalité suprême[399] ». L'auteur montre que depuis la révolution industrielle, cette rationalité a débouché sur l'ordre implacable des organisations et sur la rigueur impersonnelle de la Technique. Selon lui, l'homme socratique va finir par se détruire lui-même, non pas pour avoir exalté son individuation en prônant l'inviolabilité de la personne humaine, mais pour avoir sublimé la connaissance et sacralisé l'acquisition. En tout cas, la liste d'idées définissant l'homme est longue... Mais l'homme dont il est question n'est pas un homme particulier compris dans un contexte précis ou dans une histoire déterminée ; c'est de l'homme dans sa généralité qu'il s'agit, une sorte d'universel, purement logique, sans densité ontologique et sans attache socioculturelle. Il ne s'agit pas de l'homme au sens de Pierre Teilhard de Chardin, la Noosphère[400]: nappe pensante et produit d'une hominisation évolutive.

En réalité, toute distinction des individus me semble totalement absurde. L'évolution matérialiste de l'homme n'est conditionnée que par celle de son milieu social. Certains penseurs comme Michel Foucault, estiment que l'homme n'existe pas avant la fin du 18e siècle. Pour la pensée classique, note Foucault, l'homme ne se loge dans la Nature que par l'intermédiaire de cette "nature" régionale, limitée et spécifique qui lui est accordée par droit de naissance comme à tous les autres êtres :

> « Si la nature humaine s'enchevêtre à la Nature, c'est par les mécanismes du savoir et par leur fonctionnement ; ou plutôt dans la grande disposition de l'*épistémè* classique, la Nature, la nature humaine et leurs rapports sont des moments fonctionnels, définis et prévus. Et l'homme, comme réalité épaisse et première, comme objet difficile et sujet souverain de toute connaissance possible, n'y a aucune place. Les thèmes modernes d'un individu vivant, parlant et travaillant selon les lois d'une économie, d'une philologie et d'une biologie, mais qui par une sorte de torsion interne et de recouvrement aurait reçu, par le jeu de ces lois elles-mêmes, le droit de les connaître et de les mettre entièrement au jour, tous ces thèmes pour nous familiers et liés à l'existence des "sciences humaines" sont exclus par la pensée classique[401] ».

---

399 *Idem*.

400 Pierre TEILHARD DE CHARDIN, *Le phénomène humain*, Seuil, 1955, p. 195.

401 FOUCAULT, M., *Les mots et les choses*, Paris, Gallimard, 1966, p. 321.

Ces préoccupations sont déjà formulées par Jean-Jacques Rousseau. Selon ce penseur, le précepte le plus difficile et le plus important de la morale est celui contenu dans l'inscription sur le fronton du Temple de Delphes : « Connais-toi toi-même.... et tu connaîtras l'univers et les dieux ». Il écrit à ce sujet : « La plus utile et la moins avancée de toutes les connaissances me paraît être celle de l'homme[402] ». Dans sa nature originelle, l'homme est uniforme sur le comportement ; mais considéré dans une société donnée, il devient autre. Et Rousseau de renchérir : « comment connaître la source de l'inégalité parmi les hommes, si l'on ne commence par les connaître eux-mêmes ? » Mais Platon, dans *Les Lois*, reconnaît toutefois que ce devoir de connaissance de soi reste une tâche difficile aux mortels :

> Mes amis, dirons-nous, vous qui ne durez exactement qu'un jour, il vous est difficile non seulement de connaître ce qui est à vous, mais comme dit l'inscription de Delphes, de vous connaître vous-mêmes dans le moment présent...[403]

La pensée évolutionniste nous enseigne que l'être humain évolue selon les conditions du temps et de l'espace. La Nature, ayant produit le primitif, aurait disparu avec lui en léguant son patrimoine à l'homme social à partir d'un certain contrat. Depuis que s'impose le système technicien, surgit un nouveau type d'homme - le technicien entreprenant - qui tire son origine historique, d'abord dans l'esprit cartésien augmenté du calvinisme, ensuite dans le capitalisme. Aujourd'hui, cet individualiste utilitariste n'incarne pas seulement l'homme occidental au sens propre du terme, mais tout homme occidentalisé, c'est-à-dire, l'homme moderne dominé par une mégalomanie du moi, un besoin d'infinitude. Puisque le rythme actuel du progrès technique et sa capacité de propagation à travers la planète sont les indices probants de l'occidentalisation du monde, la chorégraphie de l'homme occidental et de l'homme occidentalisé, sur la société, leur langage commun et leur imagination portent désormais des connotations anthropocentriques.

3. La récupération anthropocentrique

Certes, Rousseau a bien montré les causes de l'inégalité parmi les hommes, mais c'est Kant qui, pour avoir poussé jusqu'au bout les

---

[402] J.-J. ROUSSEAU, *Du Contrat social*, Paris, Ed. Garnier, p. 331.

[403] PLATON, *Les Lois, XI-XII* (923a), *Œuvres complètes*, tome XII, 2ème partie, Paris, Belles Lettres, 1956, p. 23.

exigences d'un point de vue finitiste de la connaissance, devient le promoteur de la révolution moderne qui place l'homme occidental au-dessus du savoir. Par la définition du réel et la thématisation de la fin et de l'infini, Kant tire la source du savoir de la philosophie occidentale de la Renaissance à la Révolution française. Il place ce cadre dans l'idéalisation de l'homme pris en son universalité, estimant que le *Cogito* humain, fini, cherche à retrouver en lui-même l'infini qui le dépasse en lui conférant sa positivité. C'est à ce niveau que ce penseur montre la possibilité d'une pensée essentiellement anthropocentrique en introduisant, comme le dit Bréhier : « une foi dans la rénovation possible de l'homme par l'usage de sa liberté[404] ».

La pensée anthropocentrique - unique - dont on pourrait saisir la genèse chez Montaigne, trouve chez le philosophe allemand, à tout le moins, un moment important. Comprenant une connaissance de l'homme en général, une connaissance de l'homme tournée vers ce qui doit produire la sagesse dans la vie, et une étude des possibilités et des limites de l'homme de manière à débloquer certaines de ses possibilités gelées par suite d'une situation aliénante. L'anthropologie kantienne est demeurée ainsi centrée sur l'homme unidimensionnel et se veut une tentative de réponse à une interrogation majeure, celle dont Rousseau faisait déjà sa préoccupation, celle qui demeurera, insistante et frondeuse des sciences et techniques qui se constituent au cours du 19e siècle. La tentative de Kant est un échec puisque dans son héritage, selon Vuillemain, « à aucun moment la révolution copernicienne n'atteint le véritable temps de la finitude parce qu'à aucun moment elle n'identifie le "je pense" et le temps[405] ». Pour ma part, je me demande par quelle sensation, quelle faculté de connaissance concrète Copernic théorisait le mouvement des corps célestes ?

L'étude positive des civilisations (races humaines, leurs origines et leur histoire, leurs coutumes et leurs institutions) se fixe explicitement une visée de compréhension anthropologique. Les modes d'acquisition des connaissances ne sont pas uniformes parce qu'il existe une différenciation des cultures dans le monde. L'application au social de la théorie évolutionniste reçue de Darwin et Lamarck explique ce caractère de différenciation entre les hommes. L'observation des sociétés dites "primitives", le phénomène de colonisation, l'accu-

---

404 E. BREHIER, *Histoire de la philosophie*, Paris, PUF, 1962, p. 567.
405 J. VUILLEMAIN, *L'héritage kantien et la révolution copernicienne*, Paris, PUF, 1954, p. 306.

mulation des richesses à l'échelle mondiale ou la puissance du capitalisme, le modernisme actuel, n'ont fait que renforcer la thèse selon laquelle le savoir technoscientifique reste l'apanage de l'homme occidental. En tout cas, l'ensemble des études anthropologiques menées jusqu'ici en Occident, en particulier les préjugés des anthropologues occidentaux sur les sociétés "sauvages", veulent expliquer avant tout l'histoire de l'homme occidental, dont la continuité évolutive représente à un stade donné toutes les caractéristiques de ce qu'il convient d'appeler « homme technicien ». Celui-ci, par son virus contagieux, universalise son mode d'existence et contamine toutes les civilisations du monde. En fin de compte, l'homme technicien en arrive à l'édification d'un sanctuaire digne d'un culte, consacré à la Technique.

E. Les bases de l'édification du sanctuaire technicien

Généralement, un sanctuaire représente un lieu saint, exclusivement réservé aux adeptes d'une religion donnée. Certains chrétiens laissent entendre que le sanctuaire de Dieu se situe partout où se trouve le tabernacle du Christ, les musulmans affirment qu'il est à la Mecque. Pour la religion naturelle dont le fondement se trouve dans la conscience humaine, seul un cœur pieux représente le sanctuaire divin. Cependant, ce que je préfère appeler « sanctuaire technicien » n'a pas de rapport avec la religion naturelle ou révélée, mais avec une culture caractérisée par un univers de la perfection technoscientifique et de l'usage massif des connaissances technologiques. Ses lieux d'implantation sont des technopoles. Le sanctuaire technicien ne reçoit pas une liturgie du genre grégorien ou du type *spirituals*, les chants mélodieux sont remplacés par les bruits des machines et les nuisances sonores que provoquent les engins de circulation, de navigation. L'encens y est remplacé par la fumée polluante que dégagent en permanence les usines et les automobiles. Les laboratoires, en tant que lieu d'expérimentation, ont désormais perdu leurs connotations scolaires ; l'industrie n'y fonctionne plus suivant les méthodes taylorienne et fordienne : elle est devenue un lieu robotisé, fermé aux profanes. Tout est formaté, numérisé et miniaturisé.

Dans ce monde dominé par des machines et des appareils de tout acabit, la Technique joue un triple rôle, symbolique de toutes les activités humaines, poétique relativement aux objets ou son action sur le milieu *(design)*, et idéologique en vue de mettre en place un nouvel ordre socioculturel, un nouveau style de vie uniforme, admis pour toutes les civilisations.

1. La révolution du symbolique

Au fur et à mesure que l'homme s'occupe de la Technique, celle-ci le dépasse ; elle s'appesantit sur tout ce qui existe autour de lui, à commencer par le milieu naturel. La Technique n'est plus un instrument destiné à produire des symboles, elle devient elle-même un symbole, digne de culte. Ses parades ressemblent à celles d'un jeu d'artifice, suscitant admiration et merveilles. La réalité du culte de la Technique est évidente, effective. La clé du sanctuaire technicien se trouve en Occident, détenu par l'homme occidental, seul capable d'accorder des bénédictions à ceux qui sollicitent les fruits de la Technique. Il n'y a que l'homme occidental qui en dispose le secret et l'initiative, surtout depuis la phase la plus avancée de la révolution industrielle, marquant l'entrée dans l'époque postindustrielle actuelle. En tant que symbole, la Technique se représente à la fois par le signifiant (un produit technique par exemple) et le signifié (la puissance ou la performance).

La puissance symbolique de l'Occident lui permet d'exploiter à sa guise les richesses naturelles de la planète, de créer des biens, souvent artificiels, d'améliorer les conditions de vie des hommes, de la flore et de la faune ; bref de pousser la construction du sanctuaire technicien à l'extrême en se portant garante d'un pouvoir de vie ou de mort. Ce processus, fondé sur l'idéologie de la Technique, permet à l'homme occidental qui en est responsable, de bouleverser l'ancien ordre (naturel) pour instaurer un nouvel ordre qui suscite, au demeurant, un certain désordre générateur d'efforts restructurants.

À la suite de cette révolution du symbolique que l'on observe en premier lieu, on voit donc les hommes à partir du même milieu faire autre chose en investissant une technicité nouvelle sur toutes les ressources. Finis le large spectre qui dominait à l'état de nature, l'agriculture à la houe, la chasse-cueillette tous azimuts. Le meneur de jeu n'est plus *Homo Technicus*, mais la Technique elle-même qui bouleverse les relations traditionnelles en dépit des résistances que lui opposent la Nature et ses mœurs. Elle ne tient pas compte de l'échelle de besoins humains. Besoins primaires ou secondaires, tous ont la même importance. Les forces socioculturelles, fréquemment complices de l'activité technique nouvelle et sans exercice de contrôle, confirment le potentiel de la Technique, sa capacité d'intervention dans tous les domaines, de transformation de toute matière, et aussi sa capacité de destruction du milieu naturel.

Parmi les innombrables progrès techniques dont il sera peut-être hérétique de douter, on peut citer deux exemples : l'autoroute et la vitesse. L'autoroute est une réalité : elle est aussi un symbole. Elle symbolise un monde offert à la liberté de l'individu contemporain : franchissement accéléré des espaces, contraction du temps, voie majestueuse de la modernité. Il en est de même pour la vitesse qui est aussi bien une idéologie qu'un symbole. La vitesse est une idéologie parce qu'on croit aisément que tout ce qui se déplace à grande allure est un signe du progrès, que toute mobilité est positive. Dès lors, le progrès devient un mythe symbolisable. Le simple proverbe « on n'arrête pas le progrès » est un principe maintes fois répété qui donne forme à l'idéologie de la Technique. Mais plus généralement, le progrès technique suppose la performance de l'outillage, la transformation de la matière et de l'écosystème naturel en artifices.

2. La poétique à la Technique

Pour comprendre le sens poétique de la Technique, il faut d'abord ramener ce mot à son étymologie, du verbe *poeien* qui signifie "faire." Les encyclopédies[406] renseignent que c'est Platon qui est le premier à donner la pleine détermination de la *poiesis* : « cause qui, quelle que soit la chose considérée, fait passer celle-ci du non-être à l'être[407] ». Cette cause manipule toute croyance afin que les travaux ou les œuvres dépendant d'une *technè*, quelle qu'elle soit, deviennent des *poeisis*, et que l'on considère leurs producteurs comme des poètes (créateurs).

La *poeisis* des Grecs, confirme Michel Cazenave, indique fondamentalement un processus de fabrication ou de création[408]. Mais l'auteur explique que la tradition platonicienne gardait une double position devant la poésie, selon qu'il s'agit de ce qu'on appelait la poésie commune, comme on parlait de mémoire commune - qui est une poésie liée à l'imaginaire -, ou au contraire de la poésie au sens vrai, de la

---

406 *Encyclopedia Universalis*, Corpus 22, Paris, E.U.F., 1995, p. 123.

407 *Idem*. L'ouvrage indique Platon, *Banquet*, 205 b.

408 Michel CAZENAVE, *La science et les figures de l'âme*, Paris, Editions du Rocher, 1996, p. 263.

poésie créatrice, de la poésie fabricante de son monde[409]. Cazenave nous apprend encore que Platon, dans *Phèdre*, disait de la poésie qu'elle est le fruit de l'enthousiasme - de l'en-thousiasme (*en-theos*) de la possession par les dieux - et qu'elle introduit de ce fait un discours véridique, non pas de notre monde, mais du monde de l'âme qu'elle fabrique sous la dictée des Muses[410].

Aujourd'hui, la Technique se sert de la poésie pour créer son propre monde. L'expression de ce poétisme technicien se manifeste surtout dans sa préoccupation permanente de refaire le paradis perdu, beau et performant. Et puisqu'il existe toujours une corrélation entre la beauté et le sens de perfection, la Technique pousse ainsi l'homme à nourrir un sentiment de finitude pour conquérir toutes les merveilles du monde. L'homme se détache du domaine de l'art naturel pour s'enchevêtrer dans ce qu'on appelle *design* : l'esthétique artificielle. Dès lors, la Technique se permet d'agresser le milieu naturel, d'intervenir, de s'interposer dans les cycles naturels et transformer par étapes l'environnement naturel en un mouvement dont le modernisme actuel est l'émanation. Il se crée un univers d'objets de façon non seulement spontanée, comme l'estime Jacques Ellul, mais volontaire et consciente[411]. La Technique devient alors poétique dans un sens néo-platonicien. Des représentations purement mentales remplacent un monde naturel jadis entretenu par le travail manuel. Celles-ci deviennent tout un art et symbolisent un monde technicien inondé de l'assortiment des objets de l'environnement quotidien, des objets qui représentent les périodes actuelle et future. La Technique, confondue à l'art, s'universalise réellement en donnant lieu à « un parc des objets qui se renouvelle sans cesse et s'étend jusqu'à la totalité de l'environnement humain[412] ». Par la symbiose Art-Technique, la nécessité de justifier l'art naturel disparaît, parce que la Technique est devenue l'expression du monde esthétique apparemment lucratif. L'effet visuel gratuit qu'on trouvait jadis dans les grands temples, dans les bords des fleuves, sur les montagnes ou dans des bosquets, est devenu maintenant un lieu payant de l'environnement technique. En tant que *design*, c'est-à-dire projet pour « la nouvelle beauté du monde », tout le monde s'engage dans sa recherche et s'affole pour elle, malgré sa cherté. De plus en plus, partout, le *design* supplante l'idylle. La fonction traditionnelle de

---

409 *Idem*.
410 *Idem*.
411 Jacques ELLUL, *op., cit.*, 1977, p. 187.
412 *Idem*.

la technique ainsi relayée par cette image esthétique devient indécente, réduit aux usages moins confortables. L'image en soi fait appel à un *credo*, à des slogans dont la signification devrait faire bondir les amoureux de la liberté et de la beauté : « Notre bien-être doit passer par la Technique ; notre avenir dépend de la Technique ». Le concepteur-designer[413] sort de sa carapace et tient en mains tous les projets que gère l'entrepreneur de l'esthétique. Il imagine des prototypes de bolide à fabriquer dans le domaine de l'automobile. Le besoin d'architecture moderne s'amplifie en inspirant de nouvelles normes d'urbanisation. Nombreux édifices s'élèvent jusqu'au plafond du ciel (des gratte-ciel), portant obstruction au paysage naturel. Par ailleurs, la Technique, en tant que milieu de l'homme, s'occupe non pas seulement de l'environnement humain, mais aussi des parcs exotiques pour entretenir la beauté des plantes, des oiseaux et des animaux sauvages. C'est ainsi qu'elle s'est toujours engagée à la recherche de l'Eden perdu.

Or, en sa qualité d'être technicien, le *designer* qui travaille sur des produits, des ensembles de produits ou des ensembles de grandes dimensions comme des usines ou des villes, se montre moins sensible aux tenants et aux aboutissants de ses conceptions. Il ne se rend pas immédiatement compte de la responsabilité qui lui incombe dans la déformation d'un phénomène naturel, d'un paysage qui se dresse devant lui comme patrimoine. Selon Yves Deforge, il se limite à prendre en charge l'univers consommatoire, social, esthétique, en interprétant les valeurs, en les faisant jouer dans ce qui est toujours une vision systémique[414]. Certes, le *design* est une voie privilégiée pour cultiver le goût technique, mais il est aussi un symbole de la destruction de l'environnement naturel. Ce n'est qu'avec le temps que ces productions techniques peuvent devenir, par un système de causalités circulaires, les symboles d'une société, d'une culture. Car une fois conservés, ces objets font à la longue le patrimoine culturel d'un peuple.

Le peuple asiatique a suivi ce modèle qui ne cesse de lui réussir depuis ces dernières décennies, contrairement à l'Afrique noire qui se retrouve en recul, sous ravage de son patrimoine colonial. La Tech-

---

413 Concepteur-designer, ingénieur-designer ou plus simplement designer, sont des titres qui ont été adoptés en France pour marquer qu'il s'agissait d'une redéfinition du rôle du concepteur. Ils sont souvent employés dans l'architecture automobile, dans l'industrie de carrelage ou de marbre.

414 Yves DEFORGE, *De l'éducation technologique à la culture technique*, Paris, ESF éditeur, 1993, p. 103.

nique comme poétique sera encore loin d'être vécu en Afrique tant que l'élite au pouvoir n'aura pas encore manifesté sa volonté d'inscrire le développement matériel au programme de gouvernance. L'Université africaine partage cette responsabilité à cause de son caractère introverti et non incitatif, incapable de stimuler la recherche par elle-même.

3. La Technique comme idéologie

La Technique est une réalité ; elle est aussi une idéologie. Dans ce cas, selon Roger Lesgards, le terme idéologie laisse entendre « l'ensemble de représentations et d'idées qui se sont enfermées sur elles-mêmes et qui, ne vérifiant plus leur pertinence, se tiennent pour des certitudes et deviennent croyances ; système de pensée qui ne se critique plus, qui est devenu incapable de penser son origine, sa filiation et a perdu la pertinence de son apport aux réalités, aux évolutions, à la vie ; système donc qui, ainsi bloqué, tend à faire passer dans l'opinion, dans la conscience collective, des "évidences verrouillées", des "faits incontournables" présentés comme des contraintes ne laissant aucune marge de manœuvre[415] ». En Afrique noire, l'homme est ethnocentrique. Il trouve sa raison d'être à sa tribu, à son clan, à son village. Il s'y mêle et s'y intériorise. L'idéologie pour lui, c'est cette croyance qui pénètre son âme. L'élite n'est pas technicienne, elle se recrute plutôt dans une vision transcendantale qui éternise la tradition.

Dans son livre *Dieu et l'utopie*, Gabriel Vahanian montre que l'idéologie est armée d'une visée unique qui a poussé à ramener l'homme à l'intérieur des seuls espaces que puisse lui assigner le savoir[416]. Ainsi, tout ce qui est présenté comme "technique", comme "fonctionnel", paraît positif. La "technologie" obtient force de loi. Des raisons technologiques sont souvent invoquées pour masquer des problèmes sociaux ou des options politiques discutables. Quand on incrimine des "dysfonctionnements", c'est pour appeler un surcroît de technique qui permettra de les maîtriser. L'idéologie technicienne concentre l'esprit des gens sur le "comment" pour occulter la redoutable question de "pourquoi": c'est ainsi que, au lieu de s'interroger sur les causes et sur les effets de la violence à la télévision, on croit résoudre

[415] Roger LESGARDS, Technique, idéologie et citoyenneté. Le cas des nouvelles technologies de l'information et de la communication, *Krisis*, n° 18, novembre 1995, p. 123.
[416] Gabriel VAHANIAN, *Dieu et l'utopie. L'Eglise et la technique*, Paris, Les éditions du CERF, 1977, p. 52.

la question en inventant une puce électronique qui permettra de crypter les scènes traumatisantes. Ici, le mot idéologie prend un sens apolitique. Selon Jacques Ellul, elle trouve son commencement dans le public cultivé qui lui a attribué des qualités spéciales, extraordinaires, et s'en est fait une représentation globale[417]. On s'en remet donc au génie des spécialistes, car le discours technocratique - qu'il vienne du moindre technicien ou du plus grand expert - a toujours pour effet de faire taire les non-spécialistes, c'est-à-dire la majorité de la population. Jürgen Habermas, dans son excellent livre *La technique et la science comme "idéologie"*[418], développe cette question d'une façon magistrale. Après avoir mis l'accent sur l'impact de la rationalité technoscientifique sur « le monde vécu social (*soziale Lebenswelt*)[419] », il démontre que lorsque la connaissance et l'intérêt sont inhérents, confondus, ils deviennent ensemble instrument d'auto réflexion et facteur de domination[420]. L'élite, dans le système technicien, se recrute parmi les techniciens et non dans une sphère tribale. La connaissance est une enseigne indiscutable, et aussi l'intérêt reste la trame de toute idéologie et sa raison d'être fondamentale.

À partir de cette constatation, il apparaît alors possible d'appréhender la galopade contemporaine des nouvelles techniques sans la diaboliser, sans non plus lui prêter des vertus magiques qui conduiraient automatiquement les hommes vers un monde meilleur. S'agissant des « Nouvelles Technologies de l'Information et de la Communication (NTIC) », on constate que celles qui sont développées à partir du "tout numérique", des techniques informatiques qui permettent de compresser mots, sons et images pour en stocker et en diffuser le plus grand nombre en les faisant converger sur un ensemble d'appareils qui se ressemblent en un seul "Multimédia" : télévision, téléphone, fax, mini-ordinateur, etc., sont aujourd'hui proposées dans un emballage fabriqué à l'aide de différents paramètres idéologiques. Parmi ces paramètres, il faut retenir les trois principaux.

Le premier paramètre tient la Technique pour la parousie de l'éternité en marche. Il fait appel à des équations du genre progrès technique = progrès social et culturel = progrès tout court = bonheur. A titre d'exemple, on remarque que les nations dont l'indice du déve-

---

[417] Jacques ELLUL, *Le bluff technologique*, Paris, Hachette, 1988, p. 209.

[418] Jürgen HABERMAS, *La technique et la science comme "idéologie"*, Paris, Gallimard, 1978, 211 pages.

[419] *Ibid.*, p. 75.

[420] *Ibid.*, p. 157.

loppement humain est le plus élevé du monde sont celles qui ont connu un progrès technique supérieur. Mais, le progrès matériel seul ne peut constituer un critère du développement humain, lorsqu'on semble ignorer sa dimension morale ou éthique. Selon leurs promoteurs, ces techniques nouvelles devraient permettre aux hommes de progresser dans l'information sur le monde, dans la circulation des idées bonnes et des services utiles, dans leur propre richesse culturelle par un meilleur accès à une formation intellectuelle, dans leur capacité à développer une civilisation plus ouverte. Mais selon Roger Lesgards, un tel schéma néo-positiviste demeure subjectif, car les NTIC, comme leurs devancières, pourront aussi mentir, désinformer, pervertir les couches sociales, construire des simulacres et permettre à ceux qui en détiendront les clés, de sélectionner les images et les mots en fonction de critères et d'intérêts particuliers, enchevêtrés, opaques et donc difficilement contrôlables[421]. Ici, tout se résume par l'idéologie du "virtuel" qui prédomine dans ce système technique considéré globalement.

Le second paramètre idéologique survient d'énormes investissements que suscitent ces nouvelles techniques. Puisque la Technique est le symbole de puissance en relations internationales, les Etats y allouent annuellement de gros crédits pour s'affirmer dans leur compétition. Certes, l'investissement d'aujourd'hui étant l'offre de la main-d'œuvre, à long terme, elles seront nécessairement créatrices de très nombreux emplois. Or, en réalité, l'installation de nouvelles machines haut de gamme ne créera pas des emplois, elle en supprimera un grand nombre, au contraire. Ces machines rendront certainement obsolètes de nombreux métiers et formations.

Le troisième ingrédient idéologique, c'est le dogme de la communication. Il consiste à croire et à faire croire que les problèmes sociaux sont d'abord des problèmes de communication, qu'une société se développe d'abord par sa capacité à transporter ses messages, et qu'en conséquence il suffit de multiplier les tuyaux, d'accroître leur capacité de transmission et de stockage, pour qu'advienne une société nouvelle plus démocratique, plus conviviale, ouverte et paisible. Parce que les possibilités de la communication se multiplient à l'infini, l'idéologie de la Technique est censée attiser un fantastique besoin que tous les peuples auraient le devoir d'éprouver. La technoscience se révèle un véritable dogme quotidien auquel tout le monde est sommé de croire. Les autoroutes de l'information et le multimédia se présen-

[421] Roger LESGARDS, *op. cit.*, p. 123.

tent alors comme une vision messianique qu'on prétend offrir à la société : une promesse pour « sortir de la crise », la possibilité d'une « diffusion de masse du savoir », des capacités accrues de création, l'avènement de nouveaux types de communautés autonomes, décentralisées, voire d'une « manière moderne de penser ». En tout cas, tout y est. On fait croire que la Technique a pour fonction de structurer l'univers social, d'une façon qui ne peut être que positive pour l'humanité. On fait déployer la fibre optique dans les fonds de mer et de terre ainsi que dans les airs pour simplifier la communication à travers la planète. On fait croire que la Technique est une fin en soi, les choses n'iront pas ainsi contrairement à la nature humaine. La réalité est telle que la Technique affaiblit l'homme au lieu de le rendre vigoureux. Cette invalidité provoquée lui donne de plus en plus accès à un certain nombre de prothèses pour vivre, pour se mouvoir, pour travailler. Des moyens de communication de masse peuvent brouiller l'horizon plus que l'éclairer, rapprocher ou éloigner en isolant, mettre en commun ou disloquer, rendre la réalité plus transparente ou plus opaque, libérer aussi bien qu'engendrer de nouveaux genres de dominations. Bref, la communication peut facilement favoriser un contrôle déloyal de plus forts sur les plus faibles. C'est aussi bien le mensonge publicitaire (qui assimile indûment "publicité" et "communication") que la clef de la réussite professionnelle. Voilà toutes les recettes de l'occidentalisme technicien dans le monde d'aujourd'hui.

III. QUESTION DE RESPONSABILITÉ

1. La notion de responsabilité et son évolution

a) Définition

Etymologiquement le mot responsabilité vient du latin *respondere*[422], qui signifie répondre, être digne de, se porter garant d'une promesse. Cette expression implique l'idée de dette envers quelqu'un.

Au sens le plus large, inspiré par cette étymologie, la responsabilité est l'obligation de répondre de quelque chose devant une Autorité, d'en être caution, de s'en porter garant. On dira par exemple qu'à cause du néocolonialisme, les Occidentaux sont rendus responsables de la misère en Afrique, ou que les immigrés sont rendus responsables du chômage en France. S'il y a des guerres en Afrique, ce sont les Occidentaux qui en répondent ; de même s'il n'y a pas de travail en Europe, ce sont les immigrés qui en répondent. On sait toujours qu'en régime parlementaire, la responsabilité ministérielle désigne le fait que les ministres peuvent être mis en cause, appelés à se justifier devant le Parlement. Ils devront répondre aux questions, aux interpellations des parlementaires sur la politique gouvernementale dont ils sont caution.

b) Évolution du principe de responsabilité

Dans presque toutes les sociétés antérieures au modernisme, une hiérarchie sociale était clairement établie. De même en biologie, la taxinomie détermine la classification des formes vivantes dans une certaine hiérarchie. Dans la Grèce antique, par exemple, cette hiérarchie reflétait celle de dieux. Chaque classe sociale détenait un rôle précis. Il existait des rites et codes, devoirs religieux et devoirs civiques qui encadraient la vie quotidienne. Les cas de conscience étaient réservés à une élite restreinte : chefs civils et militaires, qui devaient répondre de leurs erreurs, de leurs fautes, devant les juridictions souvent impitoyables[423]. La masse populaire, qui ne participait pas à l'exercice du pouvoir, ne pouvait se sentir responsable, ni à l'égard de celui-ci, ni même à l'égard des esclaves. La responsabilité

---

422 Jacqueline RUSS, *Dictionnaire de philosophie*, Paris, Bordas, p. 250.

423 Jean-Marie DOMENACH, *La responsabilité*, Paris, Hâtier, 1994, p. 5.

était exclusivement un domaine réservé aux dirigeants, aux dieux et à leurs serviteurs ainsi qu'à de rares héros qui, telle Antigone[424], prennent sur eux le risque d'une transgression. Par contre Caïn pour s'être irresponsabilisé dans la garde de son frère, manqua le mérite de devenir héros. Mais le crime de Romulus, plus flagrant que celui de Caïn pour avoir tué son pair homozygote, le fit accéder au rang de héros fondateur de l'Empire romain.

L'idée de responsabilité fut aussi reprise en tant que telle dans la société féodale médiévale fort hiérarchisée. Dans l'immensité de son pouvoir, le suzerain contractait un engagement implicite aussi bien à l'égard du roi que de ses vassaux. Ce double engagement impliquait pour lui des droits à exercer et des obligations à accomplir.

L'ère moderne, qui vit l'émergence de l'Etat-Nation, dut rompre avec cette tradition holiste qui consacre le système de hiérarchie croisée. Le roi était responsable devant l'État que lui-même incarnait. Le peuple étant son sujet, l'honneur y primait le droit. Ce fut l'ère de l'absolutisme royal. Il a fallu attendre le 18e siècle pour que le principe de responsabilité soit individualisé.

L'esprit des Lumières prépare la société aux mœurs politiques et juridiques fondées essentiellement sur les idées de Rousseau et Montesquieu présentées respectivement dans « Le contrat social » et « L'esprit des lois ». Leur concrétisation fut la Révolution française de 1789 et la « Déclaration universelle des droits de l'homme et du citoyen » consacrant l'égalité devant la loi. Dès lors toute personne devenait individuellement responsable devant la société. Celle-ci seule apprécie les actes et les sanctionne. C'est la naissance du droit moderne.

2. La responsabilité causale

a) Fondement de l'objet responsable

Après avoir établi l'effectivité de la responsabilité, la société sanctionne les actes dont quelqu'un est tenu pour responsable. Lorsque les actes sont bienséants, l'individu est déclaré responsable positif. Dans ce cas il est susceptible de recevoir une décoration (Mérite

---

[424] Ici, je considère Antigone comme expression d'une exception dans l'ordre naturel, celle d'un amour fraternel profond, contrairement au caïnisme qui en est une réalité.

civique, Mérite agricole, Mérite artistique, Chevalier de l'ordre de ceci ou de cela, etc.), car on estime qu'il a bien servi la société. On ne peut pas oublier dans ce cas que les récompenses sont, elles aussi, des sanctions. Lorsqu'au contraire, l'individu désobéit à la loi, il devient un responsable négatif, ses actes sont passibles d'une amende ou d'une peine de prison.

Ainsi la responsabilité recouvre à la fois l'idée d'un état (on dira par exemple : l'homme est le seul responsable de son propre destin ; les parents sont responsables des dommages causés par leurs enfants mineurs), celle d'une capacité (la responsabilité est fonction du degré de discernement dont l'individu fait l'objet) et celle d'une obligation (être responsable, c'est avoir à répondre).

Les sociétés médiévales européennes auraient connu certaines pratiques encore en application dans la société africaine traditionnelle. Toute faute était confessée, le pardon et la pénitence l'effaçaient. La civilisation européenne du 18e siècle élaborait des codes de justice pour déterminer les culpabilités et évaluer les responsabilités, en suivant l'évolution d'une société qui se laïcisait de plus en plus et qui attribuait aux individus ce qu'elle attribuait auparavant à Dieu (le pouvoir de déterminer leurs actes). C'est ce qu'affirme Jean-Marie Domenach[425]. Et l'auteur surenchérit que « la responsabilité ne semble s'éloigner de la culpabilité à l'égard de Dieu que pour entrer dans une zone de culpabilité diffuse ». Avec la naissance du droit positif, le respect des normes religieuses et morales cède au souci de ne pas commettre des infractions. La vie quotidienne de l'homme est régie par ce droit réglementaire, mais garantie sous régime de protection sociale ou d'assurance. Une part croissante de la vie privée entre même dans la zone dangereuse de la responsabilité : bruits, mauvais usages des appareils, contrôle des enfants, toxicomanie, sida, etc.[426] Aujourd'hui, dans tous les Etats de droit, les populations sont obsédées par le sentiment de culpabilité des uns envers les autres.

b) Culpabilité, responsabilité et dommage : liaison de cause à effet

La culpabilité n'est autre chose que l'établissement d'une faute préjudiciable reconnue comme telle. Dans un sens le plus restreint, on appelle responsabilité, l'endossement de cette culpabilité. Les effets

---

[425] Jean-Marie DOMENACH, *op. cit.*, p. 6.
[426] *Ibid.*, p. 7.

coupables constituent l'ensemble de dommages qu'un individu doit avoir causé sur une tierce personne par une action malveillante. Ce dommage peut être matériel ou moral.

Un dommage est matériel lorsqu'il est le produit d'un dégât causé sur un individu ou sur son bien. Exemple : un sinistre automobile entre deux conducteurs peut causer soit la mort de l'un soit la destruction de son véhicule ; ainsi, le dommage établi sera sous la responsabilité du conducteur présumé fautif.

Par ailleurs, le dommage est moral lorsque la personne qui en est victime s'estime blessée dans sa propre intimité. C'est le cas d'une injure qui, dans la plupart de cas est passible des sanctions juridictionnelles. Toutefois, un tel dommage fait appel à la conscience lorsque l'individu qui offense se rend personnellement compte de sa bévue.

Depuis les Romains, le droit n'a cessé de réglementer les différents conflits qui opposent les citoyens *(Civis).*Dans l'histoire du droit, la véritable ébauche d'un droit civil aurait vu le jour en France au 12e siècle. Ce droit concerne les citoyens en tant que particulier, et se distingue progressivement du droit pénal que consacre le code pénal de 1810 portant l'empreinte napoléonienne[427]. Selon Jean-Marie Domenach, le code pénal énonce les crimes et délits, ainsi que les peines qui les sanctionnent[428]. Dans le monde, chaque pays, chaque région dispose d'un code civil, d'un code pénal, etc., élaborés conformément aux structures sociales ainsi qu'aux mœurs et mentalités appropriées. En Afrique traditionnelle où parfois la responsabilité est héréditaire, le code se traduit dans les traditions, us et coutumes observés en tant que tel sur un panel juridique hérité des ancêtres. Ces codes déterminent les responsabilités des individus vis-à-vis de la société.

En général, le droit ne parvient pas à isoler la culpabilité. D'abord parce que beaucoup de coupables échappent à la justice, ou sont acquittés faute de preuve (présomption d'innocence). Ensuite, parce que la laïcisation et le modernisme ne fondent plus le droit sur des bases religieuses. Les erreurs judiciaires subsistent, les innocents sont rendus coupables. La raison d'État entraîne la croissance des pouvoirs humains. Or les hommes devraient chercher un coupable par des méthodes naturelles. C'est aussi l'avis de Jean-Marie Domenach lorsqu'il affirme : « Dans les sociétés archaïques, la responsabilité pouvait s'abriter derrière la fatalité : elle baignait dans la mythologie

---

[427] *Idem.*
[428] *Idem.*

commune[429] ». L'auteur saisit l'exemple d'Œdipe qui s'était rendu coupable des crimes les plus affreux, or raisonnablement ceux-ci ne lui auraient pas pu être imputés. Il montre, à cet effet, que « les modernes ont nettoyé la responsabilité de sa gangue magique et tragique où elle est individualisée, ciblées, jaugée, par la philosophie, la religion chrétienne et les lois[430]».

La raison humaine et les institutions ont parfois leur logique propre en matière de responsabilité, c'est ainsi que « L'Étranger » de Camus fut condamné non pas pour sa responsabilité criminelle, mais pour une cause « absurde ». Selon Domenach, les progrès de la raison détruisent les fatalités et les culpabilités héréditaires (type africain ou judéochrétien), et ce faisant, ils instituent la responsabilité de tous. « Cette responsabilité est l'autre nom de la démocratie, estime-il[431] ». Et ceci me conduit à confirmer la question de l'individualité de la responsabilité au-delà de son aspect généralisable. Dans la civilisation négro-africaine, un individu peut être responsable du dommage causé par l'un de ses aïeux. La faute d'Adam ne s'inscrit-elle pas également dans cette même logique ? La responsabilité se révèle ainsi transcendante si la réparation d'un dommage n'est pas intervenue à telle ou telle génération. À la longue, elle se collectivise et devient un phénomène de société.

Les juristes ont élaboré des théories qui regroupent plusieurs aspects de responsabilité causale. C'est d'abord la théorie de la faute selon laquelle le principe de la responsabilité civile repose sur la présomption générale de faute, de la part du responsable, au moins par imprudence ou par négligence. Plus récente est la théorie du risque qui s'applique aussi bien sur la responsabilité causale que sur la responsabilité préventive. Si quelqu'un procrée des enfants, s'il achète un véhicule automobile, s'il dispose de chiens dans son environnement immédiat pour assurer sa propre sécurité, etc., il introduit volontairement dans la communauté un risque, une source de dommages possibles. Il est donc légitime qu'il en supporte les conséquences.

---

[429] *Ibid.*, p. 8.
[430] *Idem.*
[431] *Idem.*

c) Théories de la faute et du risque

En matière de responsabilité, la faute reste l'élément fondamental, la pierre angulaire en l'absence de laquelle le présumé responsable ne peut être incriminé, car naturellement tout acte malveillant susceptible d'entraîner un dommage peut être associé à l'acte prémédité.

Le dictionnaire Micro-Robert définit la faute comme « manquement à la règle morale, au devoir ». La Bible définit le péché (du latin *peccatum*, faute) comme transgression de la loi divine[432]. Mais, selon les experts et juristes, il s'agit d'un manquement à une obligation préexistante[433]. Toutefois ces énoncés corroborent toutes les spéculations sur la faute d'Adam : manquement grave à une obligation.

La théorie juridiste de la faute ne peut pas permettre d'appréhender toute la réalité de la question liée aux enjeux techniques. Une faute technique, par exemple, ne peut pas être comprise comme une faute dans son sens théorique ; elle provient généralement d'une erreur. Souvent la faute provient de la conscience, mais l'erreur est le produit du hasard, de l'inattention (par exemple : erreur chirurgicale, erreur de construction, etc.) Sur le plan juridique, une erreur peut devenir indiscutablement une faute, entraînant des préjudices importants, mais il ne s'agit pas forcément d'un manquement à une obligation. Selon Guy Nicolas, de telles fautes – issues des maladresses, négligences ou inattentions – n'en demeurent pas moins inexcusables à une époque où la notion de prudence est plus présente et où chaque domaine technique est accompagné par un ensemble de conseils de « bonnes pratiques » pour éviter les incidents ou accidents[434]. De nos jours, la faute technique engendre toujours la faute pénale, tel fut le dénouement de l'affaire Garretta ou scandale du sang contaminé qui a défrayé la chronique en France entre les années 1992 et 1994.

En matière de responsabilité médicale, il peut arriver que l'erreur soit la conséquence non pas d'une négligence, mais d'une méconnaissance de la maladie. Dans ce cas, la théorie de la faute devient alors pure et simple absurdité.

Par ailleurs, la théorie du risque est une notion conséquente au débat construit autour du dogme de la responsabilité pour faute. Pour

[432] Romains 7 :7-8.
[433] Guy NICOLAS, *La responsabilité médicale*, Paris, Flammarion, 1996, pp. 27-28.
[434] *Ibid.*, p. 28.

contourner le dilemme de la faute, chaque domaine technique susceptible d'engager sa responsabilité se dote d'un dispositif réglementaire. Il s'agit là d'une stratégie permettant de cerner le risque.

Selon le Micro-Robert, un risque est un danger éventuel plus ou moins prévisible. Après avoir mis en place un recueil de déontologie, il faut analyser minutieusement chacune des dispositions pour se rassurer que la prévention a été effective et que toutes les règles de prudence ont été respectées.

L'application de la notion du risque a été réalisée dans le domaine de la pharmacologie où elle remplit de volumineux dossiers sur la façon d'administrer des médicaments et sur leur commercialisation (ne peut être vendu que sur ordonnance du médecin, signale-t-on souvent) dans le cadre de ce qu'on appelle « pharmacovigilance ». Il s'agit là d'une démarche exemplaire qui, selon Guy Nicolas, reste pour l'instant limitée aux médicaments, mais qui devrait être étendue à l'ensemble des opérations et arsenaux techniques.

d) Moralité et responsabilité sociale

Une moralité responsable est fondée sur les mœurs, l'éthique et la conscience. Elle s'applique lorsque l'individu doit répondre de ses actes devant le tribunal de sa propre conscience, c'est-à-dire en son for intérieur. Quant à l'éthique, elle sert de pont entre la morale et la conscience. Elle est réparatrice de défauts de conscience. Si en conscience, l'individu estime avoir commis une faute, avoir désobéi à la loi morale, il se fera des reproches, il éprouvera un sentiment de remords. Mais il ressentira au contraire de la fierté s'il croit s'être bien conduit. Fierté, remords, apparaissent en quelque sorte comme des sanctions intérieures, purement morales. La responsabilité commune d'Einstein et d'Oppenheimer, sans lesquels le secret de la fusion nucléaire n'aurait permis la destruction du Japon en 1945, restait figée dans la conscience de ces deux savants. Elle était commune, mais partagée du moment que les remords devaient succéder à la fierté. C'est ainsi que Michio Kushi et Alex Jack ont écrit au sujet d'Einstein :

> « Einstein écrivit aussi au Président Franklin D. Roosevelt la lettre historique par laquelle il l'avertissait de la nécessité de mettre au point la bombe atomique avant que les Nazis n'y parviennent. L'Allemagne, cependant se rendait au moment où étaient fabriquées les premières bombes atomiques américaines, et celles-ci furent en définitive utilisées contre le Japon en 1945. Einstein conscient du fait que la destruction d'Hiroshima et de Nagasaki était moralement injustifiable, regrettera amèrement sa participation à

la mise au point de la bombe. Il consacrera les dix dernières années de sa vie à la paix mondiale et à la promotion d'un gouvernement planétaire[435] ».

À travers ce scénario, on voit qu'Einstein, interpellé par le tribunal de sa propre conscience, se donne lui-même une peine de condamnation intérieure. On peut alors tout simplement parler ici de la responsabilité du scientifique, et celle-ci n'engage pas directement son auteur. Cette dimension du problème distingue la responsabilité morale de la responsabilité sociale. Cette distinction préalable m'amène à préciser en profondeur les caractéristiques de ces deux types de responsabilité, leurs conditions ou leurs formes particulières.

Contrairement à la responsabilité morale, abstraite, la responsabilité sociale, elle, relève généralement du domaine juridique. Elle est fondée sur la coutume, la tradition, c'est-à-dire sur les rapports entre les sujets de droit. Elle s'applique lorsqu'on est tenu de répondre devant une juridiction ou devant une Autorité sociale. Elle produit en conséquence des effets juridictionnels importants.

En tout état de cause, être responsable, c'est connaître ses droits et devoirs, ses obligations : c'est se sentir garant d'une situation que l'on gère. Voici un époux qui trompe sa femme. Il cède à l'attrait de l'aventure, à l'espoir du plaisir. Cela a plus de valeur pour lui, à ce moment, que le devoir de fidélité. Il n'est pas responsable mais irresponsable, car le bonheur de sa famille, l'avenir de ses enfants, tout cela s'estompe quelque peu pour lui. Pour comprendre ceci il importe de remarquer qu'il n'y a pas dans l'expérience morale concrète un bien et un mal absolus mais une hiérarchie de valeurs. Les satisfactions apportées par l'argent sont une valeur, le plaisir sensuel est aussi une valeur. Sans doute l'honnête homme, l'homme libre – libéré des passions – éprouve intensément des valeurs supérieures : le respect de la vie, la loyauté, la bonne foi. Si certains agissent mal, autrement dit sacrifient les valeurs supérieures aux valeurs inférieures, le bien à leur bien, n'est-ce pas parce que l'attrait violent des valeurs inférieures – plaisir, argent, puissance – a étouffé au moins pour un moment l'exigence des valeurs supérieures ?

On ne manquera pas de m'objecter que cette analyse ne convient pas à tous les cas : ce n'est qu'un point de vue d'un Africain engagé. Il arrive que certains coupables prennent toujours le mal pour le bien. C'est tout simplement l'inversion de valeurs souvent à la base

---

[435] MICHIO KUSHI et Alex JACK, *Un monde de paix*, Paris, Éditions de la Maisnie, 1990, p. 176.

de l'anomie sociale. Ils commettent des fautes avec ingénuité au nom d'une échelle des valeurs passionnelles (qui n'est pas l'échelle des valeurs véritables). Mais d'autres n'accomplissent-ils pas le mal en pleine connaissance de cause et alors même qu'ils saisissent parfaitement la juste hiérarchie des valeurs ? On cherche à faire du bien mais on fait du mal. Ceci correspond aux dires de l'apôtre Paul lorsqu'il est écrit dans la Bible[436] :

> Ce qui est bon, je le sais, n'habite pas en moi, c'est-à-dire dans ma chair : j'ai la volonté, mais non le pouvoir de faire le bien. Car je ne fais pas le bien que je veux, et je fais le mal que je ne veux pas. Et si je fais ce que je ne veux pas, ce n'est plus moi qui le fais, c'est le péché qui habite en moi. Je trouve donc en moi cette loi : quand je veux faire le bien, le mal est attaché à moi.

L'usine qui fabrique des armes, en voulant augmenter sa productivité, attire les faiseurs de guerre dans le monde. Le proxénète trafique les femmes dans l'intention de réaliser un important chiffre d'affaires, mais les mœurs sociales en souffrent ; elles sont perverties et les maladies sexuelles se propagent. Le biologiste qui manipule les gènes, avec l'espoir de découvrir l'origine des maladies et trouver de nouveaux moyens thérapeutiques, introduit parfois des nouvelles épidémies dans la société. Il ne sera pas étonnant qu'un jour, les virus informatiques puissent s'attaquer à l'homme et lui créer un disfonctionnement organique ! Tous ces responsables savent très bien que leurs œuvres sont contraires à l'exigence morale sociale. En ce cas pourtant on ne saurait prétendre qu'ils jouissent d'une pleine liberté ! Agir contre ses propres valeurs, c'est réellement être un esclave, l'esclave des mobiles qui déterminent le groupe social alors même que celui-ci les condamne. Tel est pris qui croyait prendre, dit-on. Voilà ma profession de foi d'homme de science d'origine africaine.

---

436 Romains 7 : 18-21.

BIBLIOGRAPHIE

ALBESSARD, N., *D'où vient l'humanité ?*, Paris, Encyclopédie planète, 1969.

ALLAND, A., *La dimension humaine*, Paris, Seuil, 1974.

ALLEGRE, Claude, *Dieu face à la science*, Paris, Fayard, 1997.

AMOURETTI, M.C. et COMET, G., *Hommes et techniques de l'Antiquité à la Renaissance*, Paris, Armand Colin, 1993.

ANSART, Pierre, *Les sociologies contemporaines*, Paris, Seuil, 1990.

ARENDT, Hannah, *La crise de la culture*, Paris, Gallimard, 1972.

ARIES, Philippe, *Le Temps de l'histoire*, Monaco, Éditions du Rocher, 1954.

ARISTOTE, *La politique*, Paris, Vrin, 1962.

ARISTOTE, *Éthique à Nicomaque*, Paris, Belles Lettres, 1964.

ASSOUN, Paul-Laurent, *Le fétichisme*, Paris, PUF (Que sais-je ?), 1994.

ATTALI, Jacques, *L'économie de l'apocalypse. Trafic et prolifération nucléaire*, Paris, Fayard, 1995.

AUBERTIN.C., et VIVIEN, F-D., *Les enjeux de la biodiversité*, Paris, Économica, 1998.

AUZIAS, Jean-Marie, *La philosophie et les techniques*, Paris, PUF, 1971.

AXELOS, K., *Marx, penseur de la technique,* 2 vol., Paris, Éd. du Minuit, 1961.

BA, Amadou Hampâté, *Aspects de la civilisation africaine*, Paris, Présence africaine, 1972.

BACHELARD, Gaston, *Le nouvel esprit scientifique*, Paris, PUF, 1980.

BACON, Francis, *La nouvelle Atlantide*, Paris, Payot, 1983.

BADIOU, Alain, *L'éthique. Essai sur la conscience du mal*, Paris, Hatier, 1993.

BALFET, Hélène, *Observer l'action technique : des chaînes opératoires pourquoi faire ?*, Paris, Editions du CNRS, 1991.

BARATAY, Eric, *L'Église de l'animal*, Paris, Éditions du Cerf, 1996.

BARDE, Jean-Ph., *Economie et politique de l'environnement*, Paris, PUF, 1992.

BARTOLI, Henri, *L'Économie multidimensionnelle*, Paris, PUF, 1992.

BASSARD, M., GALLAND, B. et JOYE, D., *Transformations techniques et sociétés*, Paris, Berne, Editions scientifiques européennes, 1992.

BATLLE, Annie, *Les travailleurs du futur*, Paris, Seghers, 1986.
BAUDOUY, M.A. et MOUSSAY, R., *Civilisation contemporaine*, Paris, Hatier, 1965.
BEAUNE, J. C., *La technologie*, Paris, PUF, 1972.
BEAUNE, J. C., *La technologie introuvable : recherche sur la définition et l'unité de la technologie à partir de quelques modèles du XVIIIe et XIXe siècle*, Paris, Vrin, 1980.
BELTRAN, A. et GRISET, P., *Histoire des techniques aux XIXe et XXe siècle*, Paris, A. Colin, 1990.
BERGER, G., DARCET, J. et DEMONIQUE, M., *Rapport de l'Occident avec le reste du monde*, Paris, PUF, 1959.
BERNARD, Jean, *Grandeur et Tentations de la médecine*, Paris, Buchet/Chastel, 1973.
BERNOM, M. et BODELLE, J., *La science en Amérique*, Paris, Robert Laffont, Paris, 1987.
BESNIER, Jean-Michel, *L'humanisme déchiré*, Paris, Bernard grasset, 1992.
Bibliothèque des Archives de Philosophie (B.A.P.*), Civilisation technique et humanisme*, Colloque de l'Académie internationale de philosophie des sciences, Paris, Beauchesne, 1968.
BIDET, J. et TEXIER, J., *Le nouveau système du monde*, Paris, PUF, 1994.
BIENAYME, Alain, *L'économie des innovations technologiques*, Paris, PUF (Que sais-je ?), 1994.
BILLY, J., *Les techniciens et le pouvoir*, Paris, PUF, 1960.
BIOLAT, Guy, *Marxisme et environnement*, Paris, éd. sociales, 1973.
BLANC, Jacques, *Construire un monde solidaire*, Paris, Les bergers et les mages, 1992.
BLANC, Marcel, *L'ère de la génétique*, Paris, La Découverte, 1986.
BLANQUET, Marie-France, *Autoroutes électroniques et téléports*, Paris, ESF, 1995.
BLAUG, Mark, *Méthodologie économique*, Paris, Economica, 1982.
BLOCH, Ernst, *La philosophe de la Renaissance*, Paris, Éd. Payot et Rivages, 1994.
BONNARD, André, *Civilisation grecque, tome III*, Lausanne, La Guilde du Livre, 1959.
BORN, Max, *La responsabilité du savant dans le monde moderne*, Paris, Payot, 1967.
BORRILLO, D., *Sciences et démocratie*, Strasbourg, Presses Universitaires de Strasbourg, 1993.

BOULANGER, P., et PERELMAN, *Le réseau et l'infini*, Paris, Nathan, 1990.
BOURG, Dominique, *Les sentiments de la nature*, Paris La Découverte, 1993.
BOURG, Dominique, *L'homme artifice. Le sens de la Technique*, Paris, Gallimard, 1996.
BOUTAT, Alain, *Relations technologiques internationales. Mécanismes et enjeux*, Lyon, PUL, 1991.
BRAUDEL, Fernand, *Civilisation matérielle, économie et capitalisme : XVe-XVIIe siècle. 3 tomes*, Paris, A. Colin, 1979.
BRETON, Philippe, *Histoire de l'informatique*, Paris, Seuil, 1990.
BRETON, Philippe, *La tribu informatique. Enquête sur une passion moderne*, Paris, Éditions Métaillée, 1990.
BRETON, Philippe, *De l'image de l'homme. Du Golem aux créatures virtuelles*, Paris, Seuil, 1995.
BRIL, Jacques, *Un crépuscule incertain. Réflexion prospective sur la culture occidentale*, Paris, Ed. Payot et Rivages, 1993.
BRUN, Jean, *Platon et l'académie*, Paris, PUF (Que sais-je ?), 1960.
BRUN, Jean, *Les conquêtes de l'homme et la séparation ontologique*, Paris, PUF, 1961.
BRUN, Jean, *La nudité humaine*, Paris, Fayard, 1973.
BRUN, Jean, *Les masques du désir*, Paris, Buchet-Chastel, 1981.
BRUN, jean, *Le rêve et la machine. Technique et Existence*, Paris, Éditions de La Table Ronde, 1992.
BRUNIER, M. et LACROIX, G, *Les technopoles*, Paris, PUF (Que sais-je ?), 1996.
BURGAT, Florence, *L'animal dans les pratiques de la consommation*, Paris, PUF (Que sais-je ?), 1995.
BURNHAM, J., *L'ère des organisateurs*, Paris, Calmann-Lévy, 1947.
CAILLOIS, Roger, *Les jeux et les hommes*, Paris, Gallimard, 1958.
CANDOLE, A.de, *Histoire des sciences et des savants depuis deux siècles*, Paris, Fayard, 1987.
CANTO-SPERBER, Monique, *Dictionnaire d'éthique et de philosophie morale*, Paris, PUF, 1996.
CARFANTAN, J.-Y. et CONDAMINES, C., *Vaincre la faim, c'est possible*, Paris, Seuil, 1983.
CARFANTAN, J.-Y. et CONDAMINES, C., *Qui a peur du tiers monde ? Rapports Nord-Sud : les faits*, Paris, Seuil, 1980.
CARON F., et CARDOT, F., *Histoire de l'Electricité en France. Tome I : Espoir et conquête 1888-1918*, Paris, Fayard, 1991.

CAZENAVE, Michel, *La science et les figures de l'âme*, Paris, Éditions du Rocher, 1996.
CERTEAU, M. de, *La culture au pluriel*, Paris, seuil, 1993.
CESAIRE, Aimé, *Discours sur le colonialisme*, Paris, Présence Africaine, 1955.
CESAIRE, Aimé, *Cahier d'un retour au pays natal*, Paris, Présence Africaine, 1956.
CEUZIN, Paul, *Sciences et techniques*, Paris, Hachette, 1973.
CHAIX-RUY, Jules, *Pour connaître la pensée de Nietzsche*, Paris, Bordas, 1964.
CHALMEL, Patrick, *L'entreprise de demain et le travail de l'homme : technologies, valeurs et modes de vie*, Paris, Mame, 1992.
CHANGEUX, Jean-Pierre, *Fondements naturels de l'éthique*, Paris, Odile Jacob, 1993.
CHARBONNEAU, B., *Le système et le chaos*, Paris, éd. anthropos, 1973.
CHARBONNEAU, B., *Nuit et jour. Science et culture*, Paris, Economica, 1991
CHARTIER, M., et cie, *Aux débuts de la vie. Des catholiques prennent position*, Paris, La Découverte, 1990
CHIROLLET, J-C., *Esthétique et technoscience*, Liège, Mardaga, 1994.
CLAPIER-VALLADON, S., *Panorama du culturalisme*, Paris, Epi, 1976.
CLARKE, A.C., *Profils du Futur*, Paris, Planète, 1964.
CLERCQ, Mgr Auguste de, *Les chrétiens devant les Manga, Bakishi, Mikiya*, Kananga, Éditions de l'Archidiocèse, réimpression, 1985.
COLIN, P., et cies, *Le modernisme*, Paris, Éditions Beauchesne, 1980.
Colloque de Cerisy, *Karl Popper et la science moderne*, Paris, Aubier, 1989.
COMBARNOUS, M., *Comprendre les techniques et la technique*, Paris, Éditions sociales, 1984.
COUTROT, Th. et HUSSON, M., *Les destins du Tiers Monde. Analyse, bilan et perspectives*, Paris, Editions Nathan, 1993.
DAUMAS, Maurice, *Histoire générale, des techniques*, Paris, PUF, 1962.
DAUMAS, Maurice, *Le cheval de César ou le mythe des révolutions techniques*, Paris, éditions des archives contemporaines, 1991.
DEBRAY, Régis, *Vie et mort de l'image. Une histoire du regard en Occident*, Paris, Gallimard, 1992.

De BRESSON, Christian, *Comprendre le changement technique*, Les presses de l'Université d'Ottawa, Éditions de l'Université de Bruxelles, 1993.
De CLOSETS, F., *En danger de progrès*, Paris, Gallimard (Idées), 1972.
De CLOSETS, F., *Scénarios du futur*, Paris, Denoël, 1978.
DEFORGE, Yves, *Technologie et génétique de l'objet industriel*, Paris, Malvines, 1985.
DEFORGE, Yves, *De l'éducation technologique à la culture technique*, Paris, E.S.F., 1993.
DELAISI de PARSEVAL, G., et BIGEARGEAL, L., *Objectif bébé. Une nouvelle science : la babologie*, Paris, Autrement, 1985.
DEMEULENAERE, Pierre, *Homo oeconomicus. Enquête sur la constitution d'un paradygme*, Paris, PUF, 1996.
DENT, Harry, *Le grand boom de 1994*, Paris, Éditions générales FIRST, 1993.
DERIAN, J. C. et STAROPOLI, A., *La technologie incontrôlée ? Une présentation du « Technology Assessment »*, Paris, PUF, 1975.
DERRE, J.R., GADILLE, J. et cies, *Civilisation chrétienne. Approche d'une idéologie XVIIIe-XXe siècle*, Paris, Éditions Beauchesne, 1975.
DESCARTES, R., *Discours de la méthode*, Paris, Flammarion, 1966.
DESSUS, Benjamin, *Atlas des énergies pour une monde vivable*, Paris, 1994.
DIOP, Cheikh Anta, *L'unité culturelle de l'Afrique noire*, Paris, présence Africaine, 1956.
DIOP, Cheikh Anta, *Parenté génétique de l'Egyptien pharaonique et des langues négro-africaines*, Dakar, Ifan-NEA, 1977.
DOBZHANSKY, F., *L'Homme en évolution*, Paris, Flammarion, 1966.
DOMENACH, Jean-Marie, *La responsabilité. Essai sur le fondement du civisme*, Paris, Hatier, 1994.
DOMENACH, Jean-Marie, *Approches du modernisme*, Paris, Édition Marketing, 1995.
DORST, J., *La nature dé-naturée*, Paris, Seuil, 1970.
DOTTORI, J. F., *Biosphère pour demain. La société du troisième millénaire*, Clamecy, Nouvelle Imprimerie Laballery, 1996.
DROUIN, Pierre, *L'autre futur*, Paris, Fayard, 1989.
DROUOT, Patrick, *Nous sommes tous immortels*, Paris, Éditions du Rocher, 1988.
DUCASSÉ, Pierre, *Histoire des techniques*, Paris, PUF, 1945.

Du CASTEL, François, *La Révolution communicationnelle. Les enjeux du multimédia*, Paris, L'Harmattan, 1995.
DUCHET, René, *Bilan de la civilisation technicienne*, Paris, Éd. Privat, 1955.
DUFOUR, Arnaud, *Internet*, Paris, PUF (Que sais-je), 1995.
DUMONT, René, *L'utopie ou la mort*, Paris, Seuil, 1973.
DUMONT, René, *Un monde intolérable. Le libéralisme en question*, Paris, Seuil, 1988.
DUPREEL, E., *Deux essais sur le progrès*, Bruxelles, Lamertin, 1928.
DURKHEIM, E., *Les formes élémentaires de la vie religieuse*, Paris, PUF, 1960.
EDELMAN, Bernard et HERMITTE, Marie-Angèle, *L'homme, la nature et le droit*, Paris, Christian Bourgeois, 1988.
ELGOZY, G., *Le bluff du futur*, Paris, Calmann-Lévy, 1977.
ELIADE, Mircéa, *Le sacré et le profane*, Paris, Gallimard, 1966.
ELLUL, Jacques, *La technique ou l'enjeu du siècle*, Paris, A. Colin, 1954.
ELLUL, Jacques, *Fausse présence au monde moderne*, Paris, Éditions de l'ERF, 1964.
ELLUL, Jacques, *L'Apocalypse : architecture en mouvement*, Paris, Desclée de Brouwer, 1976.
ELLUL, Jacques, *Le système technicien*, Paris, Calmann-Lévy, 1977.
ELLUL, Jacques, *L'Espérance oubliée*, Paris, Gallimard, 1997.
ELLUL, Jacques, *A temps et à contretemps*, Paris, Le centurion, 1981
ELLUL, Jacques, *Changer de révolution. L'inéluctable prolétariat*, Seuil, 1982.
ELLUL, Jacques, *Ce que je crois*, Paris, grasset, 1987.
ELLUL, Jacques, *Le bluf technologique*, Paris, Hachette, 1988.
ELLUL, Jacques, *Propagandes*, Paris, Economica, 1990.
Encyclopedia Universalis, Paris, E.U.F., éditions 1993-1995.
Encyclopédie BORDAS, Paris, SGED, 1994.
ERNY, Pierre, *L'enfant et son milieu en Afrique noire*, Paris, L'Harmattan, 1987.
ERNY, *L'enfant dans la pensée traditionnelle de l'Afrique noire*, Paris, L'Harmattan, 1990.
FABRE-LUCE, Alfred, *L'or et la bombe*, Paris, Calmann-Lévy, 1968.
FARMER, G., et HAMBLIN, D. J., *Premiers sur la Lune*, Paris, Laffont, 1970.

FEIGENBAUM, E. et McCORDUCK, *La cinquième génération. Le pari de l'intelligence artificielle à l'aube du 21e siècle*, Paris, interÉditions, 1984.
FERRY Luc, *Le nouvel ordre écologique*, Paris, Bernard Grasset, 1922.
FERRY Luc, *L'Homme-Dieu ou le sens de la vie*, Paris, Grasset, 1993.
FEYERABEND, Paul, *Contre la méthode. Esquisse d'une théorie anarchiste de la connaissance*, Paris, Seuil, 1979.
FLICHY, Patrice, *L'innovation technique*, Paris, La découverte, 1995.
FORAY, Dominique et FREEMAN, Christopher, *Technologie et richesse des nations*, Paris, Economica, 1992.
FOUCAULT, M., *Les mots et les choses*, Paris, Gallimard, 1966.
FOUCAULD, M., *Archéologie du savoir*, Paris, Gallimard, 1969.
FOURASTIÉ, J-J., *La réalité économique*, Paris, Hachette, 1986.
FOURASTIÉ, J-J., *La civilisation de 1975*, Paris, PUF (Que sais-je ?), 1957.
FOURASTIÉ, J-J. et LALEUF, A., *Révolution à l'Ouest*, Paris, PUF, 1957.
FREEMAN, Christopher, MENDRAS, Henri (dir.), *Le Paradigme informatique*, Paris, Descartes et cie, 1995.
FREUD, Sigmund, *Malaise dans la civilisation*, Paris, PUF, 1971.
FRIEDMANN, Georges, *Villes et campagnes*, Paris, A. Colin, 1953.
GALBRAITH, J. K., *Le Nouvel état industriel*, Paris, Gallimard, 1968.
GANDHI (Le mahatma), *Tous les hommes sont frères*, Paris, Galimard-Unesco, 1969.
GAUCHET, M., *Le désenchantement du monde*, Paris, Gallimard, 1985.
GARAULDY, R., *Le grand tournant du socialisme*, Paris, Gallimard, 1969.
GÉNÉREUX, J., *Introduction à l'économie*, Paris, Seuil, 1992.
GERAUD, Roger, *Avortement et eugénique*, Paris, André Gérard, 1974.
GERNET, Louis, *Le génie grec dans la religion*, Paris, La Renaissance du livre, 1932.
GILDER, Georges, *Richesse et pauvreté*, Paris, Albin Michel, 1981.
GILLE, Bertrand, *Histoire des techniques*, Paris, Calmann-Lévy, 1970.
GORZ, André, *Les chemins du paradis*, Paris, Galilée, 1983.
GRANGER, G.G., *La science et les sciences*, Paris, PUF, 1993.
GRAS, A., *Grandeur et dépendance. Sociologie des macrosystèmes techniques*, Paris, PUF, 1993.
GRIAULE, Marcel, *Arts de l'Afrique noire*, Paris, Editions du chêne, 1947.

GRJEBINE, A., *Théories de la crise et politiques économiques*, Paris, Seuil, 1990.
GROS, F., JACOB, ROYER, P., *Sciences de la vie et société. Rapport présenté à M. Le Président de la République*, Paris, La Documentation française, 1979.
GUÉRIN-HENNI, Anne, *Les pollueurs. Luttes sociales et pollution industrielle*, Paris, Seuil, 1980.
HABERMAS, Jüngen, *La technique et la science comme idéologie*, Paris, Gallimard, 1978.
HABERMAS, Jüngen, *Le discours philosophique de la modernité. Douze conférences*, Paris, Gallimard, 1988.
HAUDRICOURT, André-Georges, *La technologie, science humaine. Recherches s'histoire et d'ethnologie des techniques*, Paris, Éditions de la Maison des sciences de l'homme, 1987.
HEGEL, *Phénoménologie de l'esprit*, Paris, Aubier, 1966.
HEISENBERG, W., *La Nature dans la physique contemporaine*, Paris, Gallimard (Idées), 1962.
HETMAN, François, *La maîtrise du futur*, Paris, Seuil, 1971.
HOTTOIS, Gilbert, *Le signe et la technique. La philosophie à l'épreuve de la technique*, Paris, Aubier, 1984.
HOTTOIS, Gilbert, *Pour une éthique dans un univers technicien*, Bruxelles, Editions de l'Université de Bruxelles, 1984.
HOTTOIS, Gilbert, *Evaluer la technique : aspects éthiques de la philosophie de la technique*, Paris, Vrin, 1988.
HOTTOIS, Gilbert, *Science-fiction et science spéculative, Bruxelles*, Editions de l'Université de Bruxelles, 1988.
HOTTOIS, Gilbert, *Le paradigme bioéthique : une éthique pour la technoscience*, Bruxelles, De Boeck Université, 1990.
HOTTOIS, Gilbert, *Simondon et la philosophie de la « culture technique »*, Bruxelles, De Boeck Université, 1990.
HOTTOIS, Gilbert, *Entre symboles et technoscience. Un itinéraire philosophique*, Paris, PUF, Champ Vallon, 1995.
HOUNTONDJI, Paulin J., *Les savoirs endogènes : pistes pour une recherche*, Paris, Karthala, 1994.
HUGO, Victor, *Notre Dame de Paris*, Paris, Librairie générale française, 1972.
HUISMAN, Denis et MALFRAY, Marie-Agnès, *Les pages les plus célèbres de la philosophie occidentale*, Paris, Perrin, 1989.
HUIZINGA, J., *Homo Ludens. Essai sur la fonction sociale du jeu*, Paris, Gallimard, 1951.

HUNTINGTON, Samuel P., Le *choc des civilisations*, Paris, Odile Jacob, 1997.
HUTIN, Serge, *Hommes et civilisations fantastiques*, Paris, Éditions J'ai lu, 1970.
HUYGHE, R., *Sens et destin de l'art, 2 tomes*, Paris, Flammarion, 1967.
ILLICH, Ivan, *Némésis médicale. L'expropriation de la santé*, Paris, seuil, 1975.
JACOB, André, *Encyclopédie philosophique universelle II*, Paris, PUF, 1990.
JACOMY, Bruno, *Une histoire de technique*, Paris, Seuil, 1990.
JONAS, H., *Le principe responsabilité. Une éthique pour la civilisation technologique*, Paris, Éditions du cerf, 1990.
KABOU, Axelle, *Et si l'Afrique refusait le développement ?*, Paris, L'Harmattan, 1991.
KAHN, Axel, *Les plantes transgéniques en agriculture*, Montrouge, John Libbey Eurotext, 1996.
KANT, E., *Fondement de la métaphysique des mœurs*, Paris, Librairie Delagrave, 1960.
KANT, E., *Critique de la faculté de juger*, Paris, Vrin, 1965.
KANT, E., *Anthropologie du point de vue pragmatique*, Paris, Flammarion, 1993.
KAY, Ann, *Mythes et légendes du monde archaïque*, Paris, PUF, 1987.
KHAMES, Djamel, *Le multimédia : Du CD-Rom aux autoroutes de l'information*, Paris, Les éditions du téléphone, 1994.
KINGSTON, J. et LAMBERT, D., *Les grands bouleversements mondiaux*, Turnout, Editions Christophe Colomb, 1979.
KLEMM, F., *Histoire des techniques*, Paris, Payot, 1966.
KOYRÉ, A., *Les philosophes et la machine*, Paris, A. Colin, 1961.
KRAEMER, Hendrik, *La foi chrétienne et les religions non chrétiennes*, Neuchâtel, Delachaux § Niestlé, 1956.
KUHN, Th., *La structure des révolutions scientifiques*, Paris, Flammarion, 1983.
LA BIBLE DE JÉRUSALEM (sous la direction de l'École biblique de Jérusalem), nouvelle édition Desclée de Brouwer, Paris, 2000.
LADRIÈRE, Jean, *Les enjeux de la rationalité : le défi de la science et de la technologie aux cultures*, Paris, Aubier-Montaigne/Unesco, 1977.
LAGADEC, Patrick, *La civilisation du risque. Catastrophes technologiques et responsabilité sociale*, Paris, Seuil, 1981.
LAGNACE, Louis, *La croissance économique*, Paris, PUF, 1980.

LAGUERRE, M., *L'Ordre Naturel. Essai à contre-courant*, Paris, Editions de l'éternel retour, 1993.
LALONDE, Brice, *Le pouvoir de vivre. Projet des écologistes*, Paris, Écologie mensuel, 1981.
LANDE, D., *L'Europe technicienne*, Paris, Gallimard, 1975.
LAOT, L., *La croissance économique en question*, Paris, La Découverte, 1990.
La Sainte Bible, version Louis SEGON, Paris, Société biblique de Genève, 1979.
La Sainte Bible, version TOB, Paris, Société biblique française, 1977.
LATOUCHE, Serge, *Le procès de la science sociale*, Paris, Éd. Anthropos, 1984.
LATOUCHE, Serge, *L'occidentalisation du monde. Essai sur la signification, la portée et les limites de l'uniformisation planétaire*, Paris, La Découverte, 1989.
LATOUR, Bruno, *La vie de laboratoire*, Paris, La Découverte, 1988.
LATOUR, Bruno, *La science en action*, Paris, La Découverte, 1989.
LATOUR, Bruno, *Nous n'avons jamais été modernes. Essai d'anthropologie symétrique*, Paris, La Découverte, 1991.
LATOUR, B. et CALLON, *Michel, La science telle qu'elle se fait*, Paris, La Découverte, 1991.
LATOUR, Bruno, *Aramis ou l'amour des techniques*, Paris, La Découverte, 1993.
LAZARD, Francette, *La révolution inattendue*, Paris, Messidor/ Éditions sociales, 1991.
LEBRETON, Ph., *La nature en crise*, Paris, Éd. du sang de la terre, 1988.
LEFEBVRE, Henri, *Le manifeste différentialiste*, Paris, Gallimard, 1970.
LEGENDRE, Pierre, *L'empire de la vérité. Introduction aux espaces dogmatiques industriels*, Paris, Fayard, 1983.
LEGENDRE, Pierre, *L'inestimable objet de la transmission. Étude sur le principe généalogique en Occident*, Paris, Fayard, 1985.
LE GOFF, Jacques, *Pour un autre Moyen Äge. Temps, travail et culture en Occident : 18 essais*, Paris, Gallimard, 1977.
LEROI-GOURHAN, André, *Évolution et Technique. 1er volume : L'Homme et la Matière*, Paris, Albin, Michel, 1943.
LEROI-GOURHAN, André, *Évolution et Techniques. 2e volume : Milieu et Techniques*, Paris, Albin Michel, 1945.

LEROI-GOURHAN, André, *Le geste et la parole. 1ère partie : Technique et langage*, Paris, Albin Michel, 1964.
LEROI-GOURHAN, *Le geste et la parole. 2ème partie : La mémoire et les rythmes*, Paris, Albin Michel, 1965.
LEVINSON, Charles, *L'inflation mondiale et les firmes multinationales*, Paris, Seuil, 1973.
LEVI-STRAUSS, Claude, *Les structures élémentaires de la parenté*, Paris, Editions Mouton et Cie, 1967.
LEVY, Pierre, *Les technologies de l'intelligence*, Paris, Seuil, 1993.
LINDENBERG, D., *Le marxisme introuvable*, Paris, Calmann-Lévy, 1975.
LOICHOT, Marcel, *La réforme pancapitaliste*, Paris Robert Laffont, 1966.
LORENZI, Jean-Hervé et BOURLES, Jean, *Le choc du progrès technique*, Paris, Economica, 1995.
MACHIAVEL, *Le Prince*, Paris, Librairie Générale Française, 1983.
MAESTRE, Claude-Jerôme, *La science contre ses maîtres*, Paris, Grasset, 1973.
MAGNAN, C., *La nature sans foi ni loi*, Paris, Belfond/Science, 1988.
MAILLET, Pierre, *La croissance économique*, Paris, PUF, 1972.
MALDONADO, Tomàs, *Environnement et idéologie*, Paris, Union général des éditions, 1972.
MALICIER, D., MIRAS, A., FEUGLET, P. et FAIVRE, *P., La responsabilité médicale. Données actuelles*, Paris, Éd. Alexandre Lacassagne, 1992.
MALINOWSKI, B., *Une théorie scientifique de la culture*, Paris, Maspero, 1970.
MALINOWSKI, B., *Trois essais de la vie sociale des primitifs*, Paris, Payot, 1975.
MANNONI, O., *La machine*, Paris, Tchou, 1977.
MARCUSE, Herbert, *Eros et civilisation. Contribution à Freud*, Paris, Les éditions de minuit, 1963.
MARCUSE, Herbert, *Culture et société*, Paris, les éditions de minuit, 1965.
MARCUSE, Herbert, *L'homme unidimensionnel*, Paris, Les éditions de minuit, 1968.
MARCUSE, Herbert, *Raison et révolution*, Paris, Les éditions de minuit, 1968.
MARÉCHAL, Jean-Paul, *Le prix du risque*, Paris, Presses du CNRS, 1991.

MARÉCHAL, Jean-Paul, *Le rationnel et le raisonnable*, Presses universitaires de Rennes, 1997.
MARITAIN, Jacques, *La responsabilité de l'artiste*, Paris, Librairie Arthème Fayard, 1961.
MARITNET, A. C., *Épistémologies et sciences de gestion*, Paris, Economica, 1980 ;
MARX, Jacques, *Problèmes d'histoire du christianisme : Athéisme et Agnosticisme*, Éditions de l'Université de Bruxelles, 1986.
MARX, Karl, et ENGELS, F., *Manifeste du parti communiste*, traduction de Molitor, Paris, Éditions sociales, 1964.
MASSIGNON, Louis, *Introduction à l'étude des revendications islamiques*, Paris, Éditions Ernest Leroux, 1920.
MASSON, Philippe, *Titanic, le dossier du naufrage*, Paris, Tallandier, 1992.
MAUNIER, René, *Sociologie coloniale*. 3 tomes, Paris, Domat-Montchrestien, 1932-1942.
MAUSS, Marcel, *Sociologie et anthropologie*, Paris, PUF, 1966.
MAUSS, Marcel, *Manuel d'ethnographie*, Paris, Payot, 1967.
MBITI, John, *Religions et philosophie africaines*, Yaoundé, Éditions CLE, 1972.
MEINESZ, Alexandre, *Le roman noir de l'algue tueuse*, Paris, Belin, 1997.
MICHIO KUSHI et JACK, Alex, *Un monde de paix*, Paris, Éditions de la Maisnie, 1990.
MILLET, Louis et MAGNIN, Brigitte, *Les sciences humaines aujourd'hui*, Paris, Entreprise Moderne d'Édition, 1972.
MOKHTAR, G., *Histoire générale de l'Afrique, tome II : L'Afrique ancienne*, Paris, Unesco/NEA, 1980.
MONGIBEAUX, Jean-François, *L'apocalypse n'aura pas lieu*, Paris, Olivier Orban, 1982.
MOREAU, Jean-François, *Les racines du libéralisme. Une anthologie*, Paris, Seuil, 1978.
MORIN, Edgar, *Le paradigme perdu : la nature humaine*, Paris, Seuil, 1973.
MORIN, Edgar, *La méthode. Tome 1 : La nature de la nature*, Paris, Seuil, 1977.
MORIN, Edgar, *Sociologie*, Paris, Fayard, 1984.
MOSCOVICI, Serge, *La société contre nature*, Paris, Union générale d'éditions, 1969.

MOSSE, Eliane, *La crise... et après. Comprendre la politique économique : 2 tomes*, Paris, Seuil, 1989.
MUDIMBE, V. Y., *L'autre face du royaume. Une introduction à la critique des langages en folie*, Lausanne, l'âge de l'homme, 1973.
MUMFORD, Lewis, *Technique et civilisation*, Paris, Seuil, 1950.
MUMFORD, Lewis, *Le mythe de la technique. La technologie et le développement humain. Tome I*, Paris, Fayard, 1967.
MURAISE, Eric, *Testament pour un monde futur*, Paris, Julliard, 1971.
M.T.R., *Recherche et Technologie : actes du colloque national 13-16 janvier*, Paris, La Documentation française, 1982.
MWAMBA MPUTU, B., *Pages d'histoire des relations et institutions internationales*, Kinshasa, Éditions de l'Odyssée, 2013.
NAUD, Yves, *Les O.V.N.I. et les extra-terrestres dans l'histoire, 5 tomes*, Genève, Editions Famot, 1977.
NEEDHAM, J., *La science chinoise et l'Occident*, Paris, Le Seuil, 1973.
NICOLAS, Guy, *La responsabilité médicale*, Paris, Flammarion, 1996.
NIETZCHE, F., *Contribution à la généalogie de la morale*, Paris, Union générale d'éditions, 1974.
NORA, S., et MINC, A., *L'informatisation de la société : Rapport à Monsieur le Président de la République*, Paris, La Documentation française, 1978.
NUSSBAUM, Bruce, *L'après pétrole. La nouvelle géographie du pouvoir dans le monde*, Paris, Éditions Acropole, 1983.
OBENGA, Théophile, *Les Bantu. Langues, peuples, civilisations*, Paris, Présence africaine, 1980.
OLENDER, Maurice, *Le consensus, nouvel opium ?*, Paris, Seuil (Le genre humain), 1990.
OLIVENNES, D., et BAVEREZ, N., *L'impuissance publique*, Paris, Calmann-Lévy, 1989.
OPPENHEIMER, J. R., *La science et le bon sens*, Paris, Gallimard, 1955.
PACKARD, V., *L'homme remodelé*, Paris, Calmann-Lévy, 1978.
PAPON, P., *Les logiques du futur : science, technologie et pouvoirs*, Paris, Aubier, 1989.
PASSET, René, *L'Économique et le Vivant*, Paris, Economica, 1996.
PEAN, Pierre, *Pétrole : la troisième Guerre Mondiale*, Paris, Calmann-Levy, 1974.
PERRIN, D., *L'impact des nouvelles technologies*, Paris, Les éditions de l'organisation, 1993.

PERROUX, François, *Pour une philosophie du nouveau développement*, Paris, Aubier/Unesco, 1981.
PHILIBERT, Myriam, *Le Grand secret des pierres sacrées*, Paris, Éditions du Rocher, 1992.
PIAGET, Jean, *La construction du réel chez l'enfant*, Neuchâtel, Delachaux et Niestlé, 1937.
PICHOT, A., *La naissance de la science. 1. Mésopotamie, Égypte,* Paris, Gallimard, 1991.
PLATON, *Œuvres complètes, 10 vol.*, Paris, Les Belles Lettres, Traduction A. Diès, 1956.
PLATON, *La République*, Paris, Garnier-Flammarion, 1966.
POISSON, Alb., *Cinq traités d'alchimie des plus grands philosophes*, Paris, Bibliothèque Chacornac, 1890.
POLANYI, K., *La grande transformation*, Paris, Gallimard, 1983.
POPPER, Karl, *La quête inachevée*, Paris, Calmann-Lévy, 1981.
POSTEL-VINAY, K., *La révolution silencieuse du Japon*, Paris, Calmann-Lévy, 1994.
PRADES, Jacques, *La technoscience. Les fractures des discours*, Paris, L'Harmattan, 1992.
PRIGOGINE, I. et STENGERS, I., *La Nouvelle Alliance. Métamorphose de la science*, Paris, Gallimard, 1979.
RACHET, G. et M. F., *Dictionnaire de la civilisation grecque*, Paris, Librairie Larousse, 1968.
Rencontre de Bouaké, *Tradition et modernisme en Afrique*, Paris, Seuil, 1965.
RESWEBER, Jean-Paul, *Langages et déplacements du religieux*, Paris, Editions du CERF, 1987.
RESWEBER, Jean-Paul, *Le questionnement éthique*, Paris, CARICRIPT, 1990.
RIESMAN, David, *L'abondance, à quoi bon ?*, Paris, R. Laffont, 1969.
ROBIN Jacques, *Changer d'ère*, Paris, Seuil, 1986.
ROBIN Jacques, *Quand le travail quitte la société post-industrielle*, Paris, Éd. GRIT, 1994.
ROBINSON, John A. T., *Dieu sans Dieu*, Paris, Nouvelles éditions latines, 1964.
ROCHER, Guy, *Introduction à la sociologie générale : 1. l'Action sociale*, Paris, Éditions H.M.H., 1968.
ROCHER, Guy, *Introduction à la sociologie générale : 2. l'Organisation sociale*, Paris, Éditions H.M.H., 1968.

ROCHER, Guy, *Introduction à la sociologie générale : 2. Le changement social*, Paris, Éditions H.M.H., 1968.
ROCHET, Waldeck, *Le Marxisme et les chemins de l'avenir*, Paris, Éditions sociales, 1966.
RODINSON, Maxime, *Islam et capitalisme*, Paris, Editions du Seuil, 1966.
RODINSON, Maxime, *Entre Islam et Occident*. E. Khoury, Paris, Les Belles Lettres, 1996.
ROQUEPLO, Ph., *Le partage du savoir*, Paris, Seuil, 1982.
ROQUEPLO, Ph., *Penser la technique : pour une démocratie concrète*, Paris, Seuil, 1983.
ROQUEPLO, Ph., *Pluies acides : menaces pour l'Europe*, Paris, Economica, 1988.
ROQUEPLO, Ph., *Entre savoir et décision, l'expertise scientifique*, Paris, INRA Éditions, 1997.
ROSNAY, Joël de, *L'homme symbiotique. Regards sur le troisième millénaire*, Paris, Seuil, 1995.
ROSNY, Eric de, *L'Afrique des guérisons*, Paris, Karthala, 1992.
ROSTOW, W. W., *Les étapes de la croissance économique*, Paris, Éditions du Seuil, 1963.
ROUSSEAU, Jean-Jacques, *Émile ou de l'éducation*, Paris, Garnier-Flammarion, 1966.
ROUSSEAU, Pierre, *Histoire des techniques*, Paris, Librairie Arthème Fayard, 1956.
RUBINSTEIN, Michel, *L'impact de la domotique sur les fonctions urbaines*, Dublin, F.E.A.C.V.T., 1993.
RUSS, jacqueline, *La pensée éthique moderne*, Paris, PUF, 1994.
SALOMON, Jean-Jacques, *Science et Politique*, Paris, Le Seuil, 1970.
SALOMON, Jean-Jacques, *Prométhée empêtré*, Paris, Pergamon (Futuribles), 1982.
SAMIR AMIN, *L'accumulation à l'échelle mondiale, 2 tomes*, Paris, Éditions Anthropos, 1970.
SURAT, Denis, *L'Atlantide et le règne des géants*, Paris, Éditions Denoël, 1954.
SAUVY, Alfred, *La machine et le chômage*, Paris, Dunod, 1980.
SCARDIGLI, Victor, *Les sens de la technique*, Paris, PUF (Sociologie d'aujourd'hui), 1992.
SCHÄFER-GUIGNIER, *Et demain la terre... Christianisme et écologie*, Éditions Labor et Fides, 1990.
SCHMUCK, Claudine, *Introduction au multimédia*, Paris, Afnor, 1995.

SCHURÉ, Edouard, *Les grands initiés. Esquisse de l'histoire secrète des religions*, Paris, Librairie Académique Perrin, 1960.
SEBAG, Lucien, *Marxisme et structuralisme*, Paris, Payot, 1967.
SERRES, Michel, *Le contrat naturel*, Paris, Éd. François Bourin, 1990.
SERRES, Michel, *Éclaircissements : cinq entretiens avec Bruno Latour*, Paris, Éd. François Bourin, 1992.
SHAPIN, Steven, *La révolution scientifique*, Paris, Flammarion, 1998.
SHELDRAKE, Rupert, *L'âme de la nature*, Paris, Éditions du Rocher, 1992.
SIEGFRIED, André, *Itinéraires de contagion*, Paris, Armand Colin, 1960.
SIMONDON, Gilbert, *L'individu et sa genèse physico-biologique*, Paris, PUF, 1964.
SIMONDON, Gilbert, *Du mode d'existence des objets techniques*, Paris, Aubier, 1969.
SMITH, Adam, *Recherches sur la nature et les causes de la richesse des nations*, Paris, Gallimard, 1976.
SPENGLER, O., *L'homme et la Technique*, Paris, Gallimard (Idées), 1958.
SPINOZA, *L'Éthique*, Paris, Gallimard, 1997.
SPITAELS, Guy, *Les conflits sociaux en Europe : grèves sauvages, contestation, rajeunissement des structures*, Paris, Éditions Gérard et Cie, 1971.
STAMM, Anne, *Les civilisations africaines*, Paris, PUF (Que sais-je ?), 1993.
STENGERS, I., *L'invention des sciences modernes*, Paris, La Découverte, 1993.
TRISTANI-POTTEAUX, F., *Les journalistes scientifiques*, Paris, Economica, 1997.
SUE, Roger, *Temps et ordre social*, Paris, PUF, 1994.
SURET-CANALE, J., et DURAND, M-F, *La faim*, Paris, Éditions Massidor/La Farandole, 1987.
TEILHARD de CHARDIN, P., *Le phénomène humain*, Paris, France Loisirs, 1990.
TEMPELS, Placide, *La philosophie bantoue*, Paris, Présence africaine, 1948.
TESTART, Jacques, *Le désir du gène*, Paris, Flammarion, 1994. TESTART, Jacques, *Des grenouilles et des hommes. Conversations avec Jean Rostand*, Paris, Stock, 1995.

THUILLIER, Pierre, *La grande implosion. Rapport sur l'effondrement de l'Occident : 1999-2002*. Paris, Fayard, 1995.
TISCHNER, Joseph, *Éthique de solidarité*, Limoges, Librairie Adolphe Ardant-Criterion, 1983.
TOFFLER, A., *Le choc du futur*, Paris, Denoël-Gonthier, 1983.
TOFFLER, A., *La troisième vague*, Paris, Denoël, 1983.
TOULOUSE, Gérard, *Regard sur l'éthique des sciences*, Paris, Hachette, 1998.
TOURAINE, A., *La société post-industrielle*, Paris, Denoël-Gonthier, 1969.
TROUDE-CHASTENET, *Lire Ellul. Introduction à l'œuvre sociopolitique de Jacques Ellul*, Presses universitaires de Bordeaux, 1992.
UNESCO, *La culture clef du développement*, Paris, Unesco, 1983.
VAHANIAN, Gabriel, *Dieu et l'utopie. L'Église et la technique*, Paris, Les éditions du CERF, 197.7
VAHANIAN, Gabriel, *Dieu anonyme ou la peur de mots*, Paris, Desclée de Brouwer, 1989.
VAHANIAN, Gabriel, *L'utopie chrétienne*, Paris, Desclee de Brouwer, 1994.
VALÉRY, Paul, *Regards sur le monde actuel*, Paris, Gallimard, 1945.
VAN PARIJS, Ph., *Sauver la solidarité*, Paris, Cerf, 1995.
VEDRAMIN, P., et VALENDUC, G., *L'écho des savants. La communication scientifique et le grand public*, Bruxelles, EVO Société, 1996.
VÉRIN, Hélène, *La gloire des ingénieurs*, Paris, A. Michel, 1993.
VERNANT, Jean-Pierre, *Mythe et pensée chez les grecs. Études de psychologie historique, tome II*, Paris, François Maspéro, 1974.
VIAN, Boris, *Traité de civisme*, Paris, Christian Bourgeois Éditeur, 1979.
VINCK, Dominique, *Sociologie des sciences*, Paris, Armand Colin, 1995.
VUILLEMAIN, *L'héritage kantien et la révolution copernicienne*, Paris, PUF, 1954.
WADE, Philip, et FALCAUD, Didier, *Cyberplanète. Notre temps virtuel*, Paris, Autrement, 1998.
WATSON, Lyall, *Histoire naturelle du surnaturel*, Paris, Albin Michel, 1974.
WATTE, P., et Cies, *Péché collectif et responsabilité*, Bruxelles, Facultés universitaires Saint Louis, 1986.
WATZLAWICK, P., *L'invention de la réalité, Paris*, Seuil, 1988.

WEBER, Max, *L'éthique protestante et l'esprit du capitalisme*, Paris, Plon, 1993.
WITKOWSKI, N., *L'état des sciences et des techniques*, Paris, La Découverte, 1991.
ZAHAN, D., Religion, spiritualité et pensée africaines, Paris, Payot, 1970.
ZANTMAN, A., *Le Tiers-Monde : les stratégies de développement à l'épreuve des faits…*, Paris, Hatier, 1990.

TABLE DES MATIÈRES

L'Afrique
aux éditions L'Harmattan

Dernières parutions

PÉTAUDIÈRE (LA) COLONIALE
Canu Adrien-Henri - Présentation de Boris Lesueur avec la collaboration de Roger Little
Les dénonciations des scandales nés des relations entre la France et le continent africain ne sont pas neuves. Dès la conquête, ce qui se passait aux colonies était scandaleux : népotisme, corruption, prévarication, incompétence... tous les vices de la République se répandaient outre-mer, créant une vraie pétaudière ! Le réquisitoire d'A. H. Canu n'épargne personne, ni la Marine, ni le tout nouveau ministère des Colonies, ni le lobby colonial et son personnage emblématique Eugène Étienne.
(Coll. Autrement mêmes, 24.00 euros, 196 p.)
ISBN : 978-2-343-00210-1, ISBN EBOOK : 978-2-296-51713-4

PARTENAIRES EN DÉVELOPPEMENT ET RÉDUCTION DE LA PAUVRETÉ EN AFRIQUE NOIRE
Amouzou Essè
Cet ouvrage jette un regard assez sceptique sur la lutte contre la pauvreté. Cette démarche humaniste qui est récurrente dans les discours des grands décideurs mondiaux et des organismes internationaux tranche étrangement avec la persistance de la pauvreté dans les sociétés du Tiers Monde. Le contraste se trouve ici éludé par une exploration objective des ressorts opaques des mécanismes financiers et des relations peu transparentes entre le Nord et le Sud.
(Coll. Études africaines, 27.00 euros, 270 p.)
ISBN : 978-2-336-00230-9, ISBN EBOOK : 978-2-296-51700-4

DÉMOCRATIE (LA) À L'ÉPREUVE DU RÉGIONALISME EN AFRIQUE NOIRE
Amouzou Essè
Cet ouvrage fait le bilan analytique des expériences africaines du multipartisme amorcé à l'entrée de la décennie 1990. Il relate les dominances événementielles des révolutions démocratiques en Afrique subsaharienne. Les grandes tendances de cette période résident dans les conférences nationales, l'adoption de constitutions démocratiques et des élections comme mode de dévolution du pouvoir. L'élément identitaire qui va miner les expériences démocratiques en Afrique noire est mis en exergue.
(Coll. Études africaines, 23.00 euros, 222 p.)
ISBN : 978-2-336-00267-5, ISBN EBOOK : 978-2-296-51699-1

IMPUNITÉ – Jusqu'où l'Afrique est-elle prête ?
Cours Nouveau, Revue africaine trimestrielle de stratégie et de prospective 9, 10, 2013
L'attitude toute récente de l'Afrique et des Africains de poursuivre en Afrique même, les leaders et les dirigeants convaincus de crimes contre l'Humanité, exprime une inversion de tendance qu'il y a lieu de soutenir et d'élargir, pour les portes qu'elle ouvre comme pour les nouvelles lignes d'horizon de pensée et d'action qu'elle laisse entrevoir. Voici donc venu le temps de repenser les questions stratégiques de l'Afrique, à commencer par celle des futurs Africains, en rapport avec l'action.
(37.00 euros, 356 p.) *ISBN : 978-2-343-00208-8, ISBN EBOOK : 978-2-296-51626-7*

QUI MENACE LA PAIX ET LA STABILITÉ EN AFRIQUE ?
Yomba Ngué Roger - Préface d'Emmanuel Argo
L'Afrique a malheureusement été le théâtre de nombreux conflits, dus au legs de la période coloniale et de la traite négrière, mais aussi à cause des répercussions des migrations incontrôlées, de l'injustice sociale, de la corruption, de l'autoritarisme des dirigeants etc. Le

plus important, c'est l'enseignement qu'on en tire et les décisions que l'on prend pour en sortir afin de construire un avenir plus probant et prometteur pour les générations futures.
(Coll. Harmattan Côte-d'Ivoire, 26.50 euros, 268 p.)

ISBN : 978-2-336-00607-9, ISBN EBOOK : 978-2-296-51543-7

CULTURES VIRILES ET IDENTITÉ FÉMININE
Essai sur le genre en Afrique subsaharienne
Djombe Calvin Thomas
Le principe mythologique et cosmogonique africain implique des constructions religieuses, imaginaires qui fondent une puissance virile symbolique. Son pouvoir induit une injonction à la stigmatisation de la femme. Le projet d'une philosophie féministe africaine suppose de repenser, de reconcevoir l'ensemble des paradigmes de cette société ; il traduit une volonté de déconstruction de ces conditions assujettissantes pour déboucher sur la reconstruction autonome de l'identité féminine.
(Coll. Etudes africaines, 32.00 euros, 236 p.)

ISBN : 978-2-336-29147-5, ISBN EBOOK : 978-2-296-51623-6

PRÉOCCUPATIONS ENVIRONNEMENTALES ET DROIT DE L'ENTREPRISE DANS L'ESPACE OHADA
Tairou Yafradou Adam
Prévu pour promouvoir les investissements en Afrique à travers la sécurisation juridique et judiciaire des activités économiques, et non pour protéger l'environnement, l'analyse des instruments que le droit OHADA développe fait ressortir qu'ils peuvent favoriser la protection de l'environnement tant par l'entreprise *in bonis* que par l'entreprise en redressement puis en liquidation judiciaires.
(Coll. Études africaines, 41.00 euros, 432 p.)

ISBN : 978-2-296-99391-4, ISBN EBOOK : 978-2-296-51723-3

MANIFESTE DE LA RENAISSANCE AFRICAINE
Entre la mémoire et la prophétie
Dessinga Giscard Kevin
Restituer l'histoire aux générations africaines montantes, établir la part de responsabilité historique des uns et des autres, poser le problème de l'Afrique en termes de responsabilité partagée et, enfin, lancer un SOS pour que l'Afrique devienne la première préoccupation des Africains et de tous ceux qui aiment l'Afrique… c'est offrir aux nouvelles générations les armes dont elles ont besoin pour envisager le futur, sans complexes mais avec détermination, lucidité et dignité.
(Coll. Harmattan Italia, 14.00 euros, 88 p.)

ISBN : 978-2-336-00032-9, ISBN EBOOK : 978-2-296-51610-6

COMPRENDRE LA GOUVERNANCE
Hatcheu Tchawe Emil
Cet ouvrage est une contribution à la compréhension et à la pratique du «vivre ensemble» et du «gérer ensemble» en toute transparence. Les mutations de la société contemporaine, les crises qui ébranlent les certitudes et les acquis, l'émergence de nouveaux acteurs qui exigent d'être pris en compte dans la gestion des affaires qui les concernent, sont autant de motifs qui imposent que le concept de gouvernance soit revisité en permanence.
(Coll. Harmattan Cameroun, 18.00 euros, 168 p.)

ISBN : 978-2-336-00927-8, ISBN EBOOK : 978-2-296-52996-0

MONDIALISATION (LA) ET LA SOCIÉTÉ DE L'INFORMATION
Quelle place pour l'Afrique au sud du Sahara ?
Zongo Rachel - Préface de Serge Théophile Balima
Face aux enjeux de la mondialisation et les défis du développement de la communication dans les pays en développement, quelle place l'Afrique subsaharienne occupe-t-elle dans cette société globalisée ? Quelle solution la communauté internationale préconise-t-elle contre la fracture numérique pour lutter contre la pauvreté et favoriser le développement des sociétés africaines ?
(Coll. Etudes africaines, 48.00 euros, 510 p.)

ISBN : 978-2-336-00899-8, ISBN EBOOK : 978-2-296-53022-5

ÉTALEMENT (L') URBAIN EN AFRIQUE – Défis et paradoxes
Sous la direction de Hatcheu Tchawe Emil
On prévoit un triplement des zones urbaines entre 2000 et 2030 dans les pays en voie de développement. Voici un panorama des questions que pose l'étalement des villes camerounaises et congolaises : la question foncière, la survie dans les mangroves, la crise de l'eau potable, les limites des villes nouvelles, la gestion des déchets...
(Coll. Harmattan Cameroun, 25.50 euros, 248 p.)
ISBN : 978-2-336-00928-5, ISBN EBOOK : 978-2-296-53006-5

PARTENARIAT (LE) EUROPE-AFRIQUE DANS LA MONDIALISATION
Nkunzumwami Emmanuel
Voici les parcours historiques des relations entre Africains et Européens depuis environ cinq siècles. L'ouvrage propose une nouvelle organisation de l'Afrique sur ses cinq régions, en vue d'exploiter et rentabiliser leurs immenses richesses naturelles pour la relance de leur développement économique et social. L'Europe peut y contribuer par le savoir-faire industriel et la maîtrise des technologies qui manquent à l'Afrique. Le partenariat entre l'Europe et l'Afrique devient alors l'une des clés de succès dans la mondialisation.
(Coll. Etudes africaines, 37.50 euros, 374 p.)
ISBN : 978-2-296-99820-9, ISBN EBOOK : 978-2-296-51482-9

PROBLÉMATIQUE (LA) DE L'ÉTAT DE DROIT EN AFRIQUE DE L'OUEST
Cissé Losséni
Maintenir la Paix et la Sécurité internationales, telles sont quelques-unes des missions fondamentales des grandes institutions internationales multilatérales, qu'il s'agisse de l'ONU ou de l'Union Africaine. Or, les outils juridiques et diplomatiques propres à chacune de ces institutions supranationales se trouvent parfois inappropriés à la résolution des conflits. L'auteur s'appuie sur des cas d'école qui ont la pertinence de situer la réflexion au coeur de l'actualité la plus récente.
(Coll. Etudes africaines, 28.00 euros, 284 p.)
ISBN : 978-2-336-00252-1, ISBN EBOOK : 978-2-296-51483-6

UNION (L') AFRICAINE FACE AUX CONTRAINTES DE L'ACTION COLLECTIVE
Mvelle Guy
Cet ouvrage montre que, contrairement à l'idée d'une division de l'Afrique à partir des identités francophones et anglophones ou à partir d'une partition entre adversaires et partisans d'une intégration immédiate ou par étapes, l'absence de cohésion observée au sein de l'Union africaine a pour source les comportements stratégiques adoptés par certains États, pourtant engagés officiellement dans une action collective.
(Coll. Harmattan Cameroun, 15.50 euros, 156 p.)
ISBN : 978-2-336-00894-3, ISBN EBOOK : 978-2-296-51507-9

APPROCHES NAÏVES DU NOIR DANS LES MÉDIAS FRANÇAIS
Discours et identités problématiques
Bibang Claver
Comment le Noir, négro-africain ou négro-antillais, est-il perçu dans les médias français. Mis en procès et travaillés par les médias, Noirs et Blancs, au-delà de toute procédure manichéenne, se font héritiers d'une longue tradition de stéréotypes, pourvoyeurs et vecteurs de prêt-à-penser qui fondent en partie leur légitimité dans le langage. Cet ouvrage travaille à la déconstruction de ces idées reçues.
(Coll. Pensée Africaine, 21.00 euros, 208 p.)
ISBN : 978-2-336-00588-1, ISBN EBOOK : 978-2-296-51381-5

REPENSER LE MARCHÉ DE L'AFRIQUE À PARTIR DU CULTUREL
Sous la direction de Félix Ntep et Lambert Lipoubou
Les auteurs de cet ouvrage jettent un regard critique sur les constructions intellectuelles forgées pour le marché de l'Afrique. S'appuyant sur diverses expériences de terrain et sur des bases conceptuelles originales, ils tentent de rendre compte des spécificités et des cohérences propres aux échanges marchands entre Africains et entre Africains et non-Africains. Ce livre

donne ainsi des repères tant méthodologiques que pragmatiques, touchant l'organisation et l'ingénierie culturelles.
(Coll. Etudes africaines, 25.50 euros, 248 p.)
ISBN : 978-2-336-00590-4, ISBN EBOOK : 978-2-296-51301-3

ÉVALUER L'ENVIRONNEMENT AU SAHEL
Premières réflexions sur la gouvernance locale
Sous la direction de Maurizio Tiepolo
Au Sahel, l'environnement est sujet à pressions : changement climatique, extraction de ressources naturelles, croissance démographique et urbanisation. Ces dernières années, les gouvernements du Burkina Faso, du Niger et du Sénégal ainsi que l'aide internationale ont investi plus de 1,6 milliards d'euro dans ce secteur. Néanmoins, la gouvernance environnementale locale peine à atteindre des résultats. Quels outils sont utilisés ? Quels sont les obstacles rencontrés ? Comment les surmonter ?
(Harmattan Italia, 46.00 euros, 480 p.)
ISBN : 978-2-336-00013-8, ISBN EBOOK : 978-2-296-51328-0

AFRIQUE-CPI MARIAGE FORCÉ OU DIVORCE DE RAISON ?
Cours nouveau
Revue africaine trimestrielle de Stratégie et de Prospective
Le volet répressif de la Gouvernance mondiale, dont la CPI est à la fois le juge d'instruction et l'instance de mise en accusation, fait office de fenêtre ouverte sur les réalités vraies du système dont il présente les effets pervers et les excès. La gouvernance judiciaire mondiale est régie par les principes du droit européen qui ont été imposés à un Globe où les nouvelles puissances émergentes et les anciens peuples colonisés réclament instamment un *New Deal* judiciaire.
(25.00 euros, 238 p.) *ISBN : 978-2-336-29005-8, ISBN EBOOK : 978-2-296-51274-0*

GÉOPOLITIQUE MARITIME DU GOLFE DE GUINÉE AU XXIe SIÈCLE
Ndutumu Samuel Sylvin - Préface du général de corps d'armée René Claude Meka
De la course aux ressources énergétiques au développement de politiques de sécurité, en passant par les mutations liées à l'explosion-révolution du trafic maritime conteneurisé, cet ouvrage tente de rendre compte des interactions maritimes désormais en marche dans le système sous-régional. Il propose des solutions allant dans le sens d'un développement harmonieux et durable des États du golfe de Guinée.
(Coll. Harmattan Cameroun, 16.00 euros, 156 p.)
ISBN : 978-2-336-00897-4, ISBN EBOOK : 978-2-296-51386-0

AFRIQUE (L') DES GRANDS LACS – Annuaire 2011-2012
Sous la direction de F. Reyntjens, S. Vandeginste et M. Verpoorten
Par l'analyse de thèmes d'actualité dans les domaines politique, social et économique, cet Annuaire offre des clés pour une lecture de l'évolution de la région des Grands Lacs en 2011 et au premier semestre 2012.
(Coll. Afrique des Grands Lacs, 46.50 euros, 464 p.)
ISBN : 978-2-296-99738-7, ISBN EBOOK : 978-2-296-51340-2

COOPÉRANTS (LES) FRANÇAIS EN AFRIQUE
Portrait de groupe (années 1950-1990)
Coordonné par Goerg Odile, Raison-Jourde Françoise
La présence d'un grand nombre de Français dans les Etats africains devenus indépendants constitue une des caractéristiques majeures du mode de relations entre la France et son ancien Empire. Quelles sont les motivations concrètes ou idéologiques qui poussèrent à l'expatriation ? Quels rôles jouèrent localement ces coopérants ? Deux générations se distinguent : celle des anciens administrateurs reconvertis, au côté de jeunes venus investir leur énergie au service du tiers-monde.
(Coll. Etudes africaines, 27.00 euros, 262 p.)
ISBN : 978-2-336-00885-1, ISBN EBOOK : 978-2-296-51169-9

L'HARMATTAN, ITALIA
Via Degli Artisti 15; 10124 Torino

L'HARMATTAN HONGRIE
Könyvesbolt ; Kossuth L. u. 14-16
1053 Budapest

ESPACE L'HARMATTAN KINSHASA
Faculté des Sciences sociales,
politiques et administratives
BP243, KIN XI
Université de Kinshasa

L'HARMATTAN CONGO
67, av. E. P. Lumumba
Bât. – Congo Pharmacie (Bib. Nat.)
BP2874 Brazzaville
harmattan.congo@yahoo.fr

L'HARMATTAN GUINÉE
Almamya Rue KA 028, en face du restaurant Le Cèdre
OKB agency BP 3470 Conakry
(00224) 60 20 85 08
harmattanguinee@yahoo.fr

L'HARMATTAN CAMEROUN
BP 11486
Face à la SNI, immeuble Don Bosco
Yaoundé
(00237) 99 76 61 66
harmattancam@yahoo.fr

L'HARMATTAN CÔTE D'IVOIRE
Résidence Karl / cité des arts
Abidjan-Cocody 03 BP 1588 Abidjan 03
(00225) 05 77 87 31
etien_nda@yahoo.fr

L'HARMATTAN MAURITANIE
Espace El Kettab du livre francophone
N° 472 avenue du Palais des Congrès
BP 316 Nouakchott
(00222) 63 25 980

L'HARMATTAN SÉNÉGAL
« Villa Rose », rue de Diourbel X G, Point E
BP 45034 Dakar FANN
(00221) 33 825 98 58 / 77 242 25 08
senharmattan@gmail.com

L'HARMATTAN TOGO
1771, Bd du 13 janvier
BP 414 Lomé
Tél : 00 228 2201792
gerry@taama.net

www.ingramcontent.com/pod-product-compliance
Lightning Source LLC
LaVergne TN
LVHW011305061026
849535LV00005B/1413
* 9 7 8 2 3 4 3 0 1 4 3 7 1 *